bbda 北京大数据协会

大数据分析人员技术技能系列丛书

大数据分析素养

北京大数据协会 编

中国统计出版社
China Statistics Press

图书在版编目(CIP)数据

大数据分析素养 / 北京大数据协会编. —— 北京 : 中国统计出版社，2022.9

(大数据分析人员技术技能系列丛书)

ISBN 978-7-5037-9957-0

Ⅰ. ①大… Ⅱ. ①北… Ⅲ. ①数据处理 Ⅳ. ①TP274

中国版本图书馆 CIP 数据核字(2022)第 166247 号

大数据分析素养

作　　者/北京大数据协会
责任编辑/罗　浩　徐　颖
封面设计/黄　晨
出版发行/中国统计出版社有限公司
通信地址/北京市丰台区西三环南路甲 6 号　邮政编码/100073
电　　话/邮购(010)63376909　书店(010)68783171
网　　址/http://www.zgtjcbs.com
印　　刷/河北鑫兆源印刷有限公司
经　　销/新华书店
开　　本/787×1092mm　1/16
字　　数/330 千字
印　　张/19
版　　别/2022 年 9 月第 1 版
版　　次/2022 年 9 月第 1 次印刷
定　　价/59.00 元

《大数据分析人员技术技能系列丛书》编委会

主　　编　张宝学

副 主 编　孙刚凝　郝　琦

技术编辑　梁　峰

序

人类社会正在走入智能时代。新一轮科技革命和产业革命深入发展，大数据产业正以一种革命风暴的姿态闯入人们视野，其技术和市场发展速度之快前所未有。大数据正在改变着我们的生产方式，企业的生产经营如何建立数据思维，如何应用数据技术，如何实现价值主张，需要大数据人才；大数据正在改变着我们的生活方式，如何将个人发展融入科技变迁，如何将个人特长汇入国家需求，如何在数字化成长中实现个人价值，需要掌握大数据技术技能。

大数据分析就是在新的形势下产生的新领域和新职业。大数据是中共中央国务院印发的《国家标准化发展纲要》中规定的关键技术领域，需要大力推动职业标准研制与产业推广。智能时代，大数据已成为国家战略资源，成为生产要素。数据强国不仅需要数据科学家、计算机科学家，更需要海量的大数据分析人员。但在数字产业化、产业数字化蓬勃发展"枝繁叶茂"的背后，是大数据人才的重度紧缺。据《中国经济的数字化转型：人才与就业》报告显示，目前我国大数据人才缺口超过150万，尤其是兼具技术能力与行业经验的复合型人才更加缺乏。因此要努力培养技术精良、品德高尚的大国工匠，铸造数据强国的百年基业，成就新一代的未来梦想。

一名优秀的数据分析人员既要熟练掌握数据分析之"道"——数据分析的策略、方法，也要熟练掌握数据分析之"术"——数据分析工具的使用。因此要积极探索大数据分析人才的培养模式，应社会所需，与市场接轨，与未来对接，提高高校大数据人才培养的实用性、前沿性和科学性。

本书依据北京大数据协会和智蓝大数据科技有限公司共同制定的《大数据分析人员职业技术技能标准》(全国团体标准 T/BBDA 01-2021)编写，是中国大数据网联合北京大数据协会举办的《全国大学生大数据分析技术技能大赛》和北京大数据协会《初级数据分析师》证书考试指定的参考书目，也可作为本科及高职院校相关专业的教材，还可供数据分析相关从业人员查阅、参考使用。读完这本书，你可能不会觉得自己像一个有能力创造新方法的数据科学家，但希望你能觉得自己像一个数据分析从业者，能够驱动一个数据分析项目，使用正确的方法解决实际问题，为数据强国尽一份力。

致谢以下专家：

董　莉　贺炎俊　李　东　李长虹　刘永亮　秦中峰　唐晓彬　吴密霞
张　蕊　安百国　董　琳　胡　迪　李高高　李忠华　马建辉　陶丽新
徐秀丽　张润彤　白欢朋　范一炜　胡　刚　李高荣　梁　峰　马景义
任　韬　王典朋　徐　湛　张伟婵　曹显兵　宏伟方　胡　涛　李红梅
刘　芳　马亚中　荣耀华　王　芳　严雪林　张新雨　陈铭祥　户艳领
李建东　刘　军　孟尚雄　王　倩　张　瑛　陈　云　耿　娟　黄丹阳
李启寨　刘立新　欧高炎　宋仲伟　王珊珊　张忠占　成立立　郭　茜
贾金柱　刘　苗　彭　岩　苏　辉　王　昕　赵俊龙　程希明　郭绍俊
康雁飞　刘　帅　彭　珍　苏宇楠　王学辉　张才明　赵琬迪　韩　嵩
孔祥顺　李雪梅　刘　扬　乔媛媛　隋涤凡　王　耘　张　凤　周艳杰
邓　柯　何　煦　李春林　李玉双　刘　毅　秦　磊　孙树童　魏传华
朱利平

前言

本书分为两部分：第一部分为大数据分析基础，第二部分为法律、伦理与职业道德。

第一部分为大数据分析基础。第一至四章讲述了数据分析的基本概念，介绍业务问题的构建，业务数据描述和业务指标量化方法。第五章介绍了统计学中的基础知识以及抽样、参数估计、统计推断的基本方法。第六章介绍优化模型、回归模型的设定、估计方法。第七至八章介绍了大数据与云计算的核心概念、主要特征、数据模型。

第二部分为法律、伦理和职业道德。第九章对大数据相关法律知识进行了概述。第十至十三章介绍了五部与大数据相关度较高法律的立法背景、主要内容及其解读。这五部法律分别为《民法典》中"隐私权和个人信息保护"部分、《个人信息保护法》《数据安全法》《网络安全法》《统计法》。第十四章讲述了数据从业人员应当遵守的法律义务和违规时应承担的法律责任。第十五章探讨了大数据在算法歧视、算法滥用、数字鸿沟、数据垄断四个方面的伦理风险。第十六章从国际和国内两个视角，讲述了大数据相关人员应遵循的道德标准及行为规范。通过对本书的学习，读者可以掌握数据分析的基础知识及分析方法，并且了解大数据分析人员应当具有的法律及道德素养，胜任大数据分析的基本工作。

本书根据北京大数据协会《大数据分析人员职业技术技能标准》数据分析师考试大纲编写，超出大纲范围的章节可作为阅读提高内容。

参与本书编写的作者有康跃和孙如意老师。本书在编写过程中难免有疏漏，恳请广大读者给予批评指正！

目　　录

第一部分　大数据分析基础

第二部分　相关法律、伦理与职业道德

第一部分 大数据分析基础

第一章
数据分析概论

本章学习目标

了解数据分析相关概念，掌握数据分析基本步骤，了解数据分析类型的划分，掌握基本的数据分析方法。了解数据分析师应掌握哪些知识。

本章思维导图

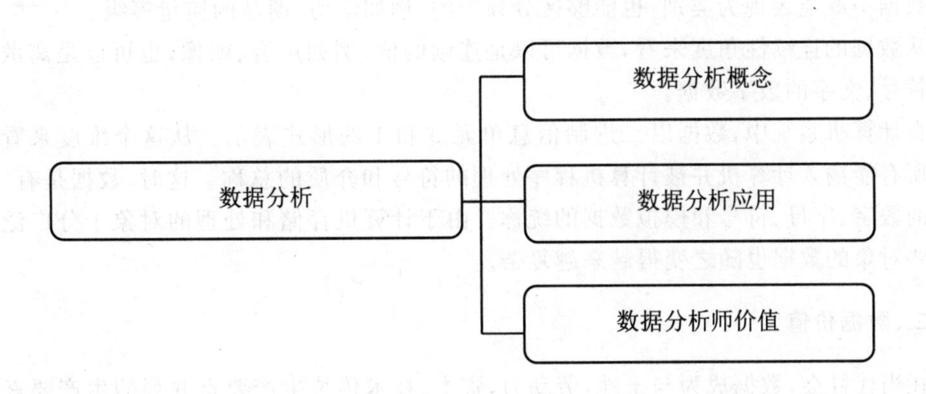

本章介绍数据分析的相关定义、概念。介绍基本的数据分析方法、表格法和作图法。讨论数据分析师应该具备哪些基本的能力，如何保持持久的竞争力，不吃青春饭。大数据时代数据分析师应该掌握的基础知识包括：数学基础、统计学基础、数据挖掘模型、计算机基础、管理学基础。

第一节　数据分析概念

在现代经济环境中，任何一个企业都会面对客户，并且在经营过程中产生千万甚至上亿的数据来观察客户的行为，支撑自身公司业务的发展。

数据分析是用适当的分析方法对收集来的大量数据进行分析，将它们加以汇总和存储，以求最大化地开发数据的功能，发挥数据的作用。数据分析是一个从数据中通过分析手段发现业务价值的过程。这个过程的起点可以是确定企业的分析目的，这个过程的终点是发现业务价值，利用数据提供支撑。

数据分析的数学基础是统计学，但直到计算机的发展才使得实际上对大数据操作成为可能，并使得数据分析在各个行业获得推广。所以，数据分析是统计学与计算机科学相结合的产物。

一、数据的定义

数据是对客观事物观察的结果，表现在实验，测量，观察，调查的过程中，是对客观事物的逻辑归纳，也是用于表示客观事物的未经加工的原始素材。我们可以从不同维度对数据进行描述。

首先，统计学中将数据分为定性数据和定量数据。只能归入类别而不能用数值进行测度的数据称为定性数据。类别不区分顺序的，是定类数据，例如性别、产品的品牌等。定量数据中既能表现为类别，也能够区分顺序的，例如学历、商品的质量等级。

从数据的连续性角度来看，数据可以是连续的值，例如声音、图像，也可以是离散的，例如符号、文字的数字数据。

在计算机系统中，数据以二进制信息单元 0 和 1 的形式表示。从这个维度来看，数据是所有能输入计算机并被计算机程序处理的符号和介质的总称。这时，数据是有一定意义的数字、字母、符号和模拟数据的统称。由于计算机存储和处理的对象十分广泛，表示这些对象的数据也随之变得越来越复杂。

二、数据价值

在当代社会，数据成为与土地，劳动力，资本，技术传统生产要素并列的生产要素，加快数据要素市场建设关系到国家的发展。同时，在信息技术推动下，数据资源的应用已经由商业和经济领域，逐步扩大到政治，社会治理和公共政策领域，这就给国家的网络信息安全与主权带来较大的挑战。

根据相关统计，截至 2019 年末，数字经济的总体规模达到了 35.8 亿元，占 GDP 的 36.2%。2021 年上海数据交易所成立，其面向全球开展数据综合交易，被认为“可能是第 4 次工业革命的变革性事件之一”。

数据为什么具有价值？我们将从下述的三个方面来对其进行讨论。

第一，数据的价值是生态环境的产物。一些经济学家认为价值是有立场的，对于同样的内容，其价值往往因人而异，抽象的价值是不存在的。

所以，这部分经济学家认为价值并非数据的天然属性，而是对数据应用有效性的估值，带有很大主观性的成分，从而推断数据的价值是特定生态环境的产物，必须从数据与其应用环境的关系上去理解数据的价值。

第二，数据的使用价值取决于使用效果。数据有无价值要看其贡献是否大于成本，这种评价标准与使用者目标的价值相关，数据作为实现目标的手段，其价值是无法超过目标本身的，项目越重要数据价值会越高。

数据价值还与使用者驾驭数据的能力有关，缺乏数据处理手段，缺乏数据理解能力都会制约应用效果。对使用价值研究有助于降低成本，要有明确的应用目标，要提升使用工具的能力并避免过量使用数据。

第三，交换价值强调稳定的应用规模。在许多研究中，大家经常将数据资源与石油资源进行比较，这是从交换价值视角强调数据资源的重要性，但实际上数据资源与石油资源的价值特点非常不同，石油交易稳定能够形成价值共识，而数据资源容易过时且供需匹配很困难，难以形成数据价值共识。

数据资源长远价值的不稳定提醒数据管理者，不是所有数据都有价值都值得保存，应当保存未来真正用得上的数据，避免垃圾数据的堆积。

三、数据分析目的

数据分析或数据挖掘是把隐藏在各种大小杂乱无章的数据集中的有价值信息提炼出来，从而找到数据中存在的内在规律。在实际应用中，数据分析可帮助个人和企业做出判断，以便采取适当行动。

对于企业来说，在产品的整个生命周期，从市场调研到售后服务和最终处置的各个过程都需要运用数据分析。例如，产品设计人员在开始一个新的产品设计之前，要通过广泛的设计调查，分析调查数据来判断设计方向，所以，数据分析在工业设计中具有极其重要的地位。

通过数据分析，企业管理者可以达到下述三个目标。

第一，企业现状分析。管理者需要明确在当前市场环境下，企业的产品市场占有率是多少，注册用户的来源有哪些，注册转化率是多少，购买转化率是多少，竞争对手的产品是什么，其发展现状如何，和竞争对手对比，优势有哪些，不足又有哪些等等，都是属于企业现状分析。这里包括两方面的内容，分析自身的现状和分析竞争对手的现状。

第二，运营过程中的原因分析。在具体的业务中，企业经常会遇到在某一天用户突然很活跃，而在另一天用户突然大量流失的现象，每一个变化都是有原因的，企业要做的就是找出这些原因，并提出解决办法。

第三，利用数据分析预测未来。管理者要具有用数据分析的方法预测未来产品的变化趋势的能力，这对于企业管理者来说至关重要。作为运营者，可根据最近一段时间产品的数据变化，根据趋势线和运营策略的力度，去预测未来的趋势，并用接下来的一段时间去验证这个趋势是否可行，而且实现数据驱动业务增长。

四、数据分析类型划分

在实际应用中,我们将数据分析按照用途划分为描述性统计分析、探索性数据分析以及验证性数据分析。

描述性统计分析是用定量方法去描述数据的特点,即对数据做统计性描述,主要包括数据的频数分析、数据的集中趋势分析、数据离散程度分析、数据的分布以及一些基本的统计图形。描述性统计分析是统计分析的第一步,做好这第一步是下面进行正确统计推断的先决条件。

探索性数据分析是指对数据集在尽量少的预先假设下通过作图、制表、方程拟合、计算特征量等方法来探索数据的结构和规律的一种数据分析方法,是对传统统计学假设检验手段的补充。

传统的统计分析方法常常先假设数据符合一种统计模型,然后依据数据样本来估计模型的一些参数及统计量,以此了解数据的特征,但实际中往往有很多数据并不符合假设的统计模型分布,这导致数据分析结果不理想。

探索性数据分析则是一种更加贴合实际情况的分析方法,它强调让数据自身“说话”,通过探索性数据分析我们可以最真实,最直接的观察到数据的结构及特征。

当我们拿到一份数据时,如果做数据分析的目的不是非常明确,针对性不是非常清晰时,那就更有必要进行探索性数据分析,它能帮助我们先初步的了解数据的结构及特征,甚至发现一些模式或模型,再结合行业背景知识,也许就能直接得到一些有用的结论。

探索性数据分析的方法主要包括汇总统计和可视化,下面分别做介绍。汇总统计是用量化的单个数值,例如均值和方差,来捕获数据集的特征,从统计学的观点看,这里所提的汇总统计过程就是对统计量的估计过程。可视化技术能够帮助数据分析人员快速吸收大量可视化信息并发现其中的模式,是十分直接且有效的数据探索性分析方法,但可视化技术具有专门性和特殊性,采用怎样的图表来描述数据及其包含的信息与具体的业务紧密相关。

探索性数据分析和验证性数据分析是很多机器学习算法遵循的思想。探索阶段侧重于发现数据中包含的模式或模型,验证阶段侧重于评估所发现的模式或模型。

验证性数据分析通常强调对已有假设的检验,也就是根据数据样本所提供的证据,做出肯定还是否定有关总体的声明。因此在进行验证性数据分析时,首先要收集相关理论,已有研究等形成明确,完善的假设,并根据假设设计问卷,进行抽样测量,最后检验,修改原假设。验证性数据分析的常用方法分别为极大似然估计法和最小二乘法。

数据分析有极广泛的应用范围,如果我们将上述数据分析类型进行结合,就得到典型的数据分析步骤:

步骤一,进行数据分析准备。了解生成数据的业务逻辑及数据之间的内在联系。理清原始数据字段、合成指标的定义、存储类型及适用范围。检查所获得数据的正确性、一致性及完整性。确定后续分析对缺失数据的处理方法。

步骤二,探索性数据分析。当数据刚取得时,可能杂乱无章,看不出规律,通过作图、制表、用各种形式的方程拟合、计算各种特征量等手段探索规律性的可能形式,即往什么方向和用何种方式去寻找和揭示隐含在数据中的规律性。

步骤三，模型选定分析。在探索性分析的基础上提出一类或几类可能的模型，然后通过进一步的分析从中挑选一定的模型。

步骤四，验证性数据分析。通常使用数理统计方法对所定模型或估计的可靠程度和精确程度做出推断。

第二节　数据分析应用

一、数据分析方法

最原始和最常用的数据分析方法是表格法和作图法，这两种方法能够解决数据分析中的许多问题，我们分别对他们进行介绍。

第一，表格法是将数据按一定规律用表格方式表达出来，是记录和处理数据最常用的方法。表格的设计要求对应关系清楚，简单明了，有利于发现相关量之间的相关关系。此外还要求在列中注明各个量的名称，符号，数量级和单位等。根据需要还可以列出除原始数据以外的计算栏目和统计栏目等。

第二，作图法可以最醒目地表达各个变量之间的变化关系。从图线上可以简便看出我们需要的某些结果，还可以把某些复杂的函数关系，通过一定的变换用图形表示出来。

图表和图形的生成方式主要是通过 Excel 电子表格。将数据输入表格中，通过对 Excel 进行操作，得出最后结果，结果可以用图表或者图形的方式表现出来。图形和图表可以直接反映出数据结果，这样大大节省了管理者的时间，帮助管理者们更好地分析和预测市场所需要的产品。同时这些分析形式也运用在产品销售统计中，这样可以直观地给出最近的产品销售情况，并可以及时地分析和预测未来的市场销售情况等。所以数据分析法在企业运营管理中运用非常广泛，而且是极为重要的。

二、案例解读

案例 1.1　沃尔玛经典营销案例——啤酒与尿布

这个案例在数据分析领域广为流传，但它确实是数据分析中的经典。“啤酒与尿布”的故事产生于 20 世纪 90 年代的美国沃尔玛超市中，沃尔玛的超市数据分析人员在分析销售数据时发现了一个令人难于理解的现象，在一些特定的情况下，“啤酒”与“尿布”两件看上去毫无关系的商品会经常出现同一个购物篮中，这种独特的销售现象引起了分析人员的注意，经过后续调查发现，这种现象出现年轻的父亲身上。

在美国有婴儿的家庭中，一般是母亲在家中照看婴儿，年轻的父亲前去超市购买尿布。父亲在购买尿布的同时，往往会顺便为自己购买啤酒，这样就会出现啤酒与尿布这两件看上去不相干的商品经常会出现同一个购物篮的现象。如果这个年轻的父亲在一个商场中只能买到两件商品之一，则他很有可能会放弃购买尿布而到另一家商店，直到可以一次同时买到啤酒与尿布为止。

沃尔玛发现了这一独特的现象，开始在商场中将啤酒与尿布摆放在相同的区域，让年轻的父亲可以同时找到这两件商品，并很快地完成购物。而沃尔玛超市也可以让这些客户一次购买两件商品，而不是一件，从而获得了很好的商品销售收入，这就是“啤酒与尿布”故事的由来。

当然“啤酒与尿布”的故事必须具有数据分析方法的支持。数据分析人员通过分析购物篮中的商品集合，从而找出商品之间关联关系的关联算法，并根据商品之间的关系，找出客户的购买行为。这就是著名的商品关联关系的计算方法—关联算法。沃尔玛从20世纪90年代开始将关联算法引入到POS机数据分析中，并获得了成功，于是产生了“啤酒与尿布”的故事。

案例1.2 使用数据分析实现智慧营销

澳大利亚一家提供银行服务、普通保险、寿险和理财服务的多元化金融服务集团，旗下拥有5个业务部门，管理着14类商品，由公司及共享服务部门提供支持，其在澳大利亚和新西兰的运营业务与900多万名客户有合作关系。

该公司在过去十年通过合并与收购，使客户增长了200%，这极大增加了客户数据管理的复杂性，特别是数据的孤岛问题，如果解决不好，必将对公司利润产生负面影响。所以，通过数据分析，公司建设了一套解决方案，至少可以在下面三个业务方面取得显著成效。首先，显著增加了市场份额，但没有增加营销开支。第二，每年大约能够节省1000万美元的系统集成与相关成本。第三，避免向同一客户重复邮寄相同信函并且消除冗余系统，从而同时降低直接邮寄与运营成本。

由此可见，公司通过该方案将此前多个孤立来源的数据集成起来，实现智慧营销，对控制成本、增加利润起到非常积极的作用。

第三节 数据分析师价值

在当前就业市场来看，数据分析师的高薪属性一直是很多年轻毕业生的关注点，很多人更是因为看到其可观的薪资才会想要转行从事数据分析岗位。但数据分析师需要具备多种能力才能够胜任。

一、能力决定价值

数据分析师这个职业实际上对人的综合能力要求很高，应该是非常善于解决问题的人，具体来说包括以下能力：

第一，具有较强的业务能力。数据分析工作并不是简单的数据统计与展示，它有一个重要的前提就是需要懂业务，包括行业知识、公司业务及流程等，最好有自己独到的见解。数据分析的目的就是通过研究数据实现转化增长，若脱离行业背景和公司业务内容，数据分析就是一堆没有价值的数据图表而已。

第二，具有一定管理能力。数据分析师一方面需要搭建数据分析框架，确定统一的业务指标。另一方面需要针对数据分析的结论研究出根本原因，并为下一步的工作目标做出指导性的规划。

第三，掌握数据分析的能力。数据分析师必须要掌握一些行之有效的数据分析方法，并能灵活的与自身实际工作相结合。数据分析师常用的数据分析方法有：对比分析法、分组分析法、交叉分析法、结构分析法、漏斗图分析法、综合评价分析法、因素分析法、矩阵关联分析法等。高级的分析方法有：相关分析法、回归分析法、聚类分析法、判别分析法、主成分分析法、因子分析法、对应分析法、时间序列等。

第四，能够熟练使用数据分析工具或软件。数据分析工具是实现数据分析方法理论的工具，面对越来越庞杂的数据，数据分析师必须要掌握相应的工具对这些数据进行采集、清洗、分析和处理，以快速准确地得到最后的结果。常用工具有：Excel、SQL、Python、R、BI 等

第五，数据分析报告设计和撰写能力。是指运用文字、图和表将数据分析师的观点清晰、明确地展现出来，使分析结果一目了然。图表设计是门大学问，如何选择图形，如何进行版式设计，颜色怎样搭配等，都需要掌握一定的设计原则。

二、发展趋势

数据分析师为什么拿高的薪资？大势所趋，在国家的十四五规划和 2035 远景目标纲要中，都明确提出了要加快数字化发展，建设数字中国。目前，中国正在快速发展，各行各业都在加快数字化转型，每天会产生海量数据，而数据分析师就是数据海洋里的淘金者。现在几乎所有的企业，都在基于数据为用户提供服务，需要有专业的数据分析相关人才进行数据解读与应用，供不应求的状况自然会导致市场价格上调，也就是体现在数据分析师不低的薪资上。

三、不吃青春饭

数据分析师具有一定的编程能力，但不是完全属于程序员职业。相比程序员普遍的 35 岁焦虑感，数据分析师可以说少了很多这样的烦恼，甚至可以说是一个越久越吃香的职业。因为数据分析师的工作不仅仅是简单的获取数据，处理数据，是需要解决业务问题的，数据从业务中来，再反馈到业务中去。深入不同的业务场景，从数据出发找到业务痛点，为业务出谋划策，长此以往，随着从业年龄的积累，手里会总结下各种各样的业务知识，甚至能够从数据角度越来越快发现问题，解决问题，直接为业务创造价值。这就是为什么有 5 年以上经验的数据分析师往往能年薪几十万的原因。

一般情况下，数据分析师有两个职业发展途径可供选择：一种是偏向技术型，一种是偏向业务型。技术型分析师是在专门的挖掘团队里面从事数据挖掘和分析工作的。如果你能在这类专业团队学习成长，那是幸运的，但进入这类团队的门槛较高，需要扎实的数据挖掘知识、挖掘工具应用经验和编程能力。该类分析师更偏向技术线条，未来的职业通道可能走专家的技术路线。技术型分析师的角色包括数据工程师、挖掘工程师、数据科学家、建模工程师、数据架构师、ETL 工程师等，这些称谓都或多或少代表了其工作性质。业务型分析师是下沉到各业务团队或者运营部门的数据分析师，成为业务团队的一员。他们的工作是支撑业务运营，包括日常业务的异常监控、客户和市场研究、参与产品开发、建立数据模型提升运营效率等。该类型的分析师偏向产品和运营，可以转向做运营和产品。

四、需要一定的技术门槛

不同于互联网行业门槛较低的运营和产品经理，数据分析师可以说是有一定准入门

槛的。首先,数据分析师需要掌握不同学科不同专业的知识,例如:数学知识,统计学知识,数据分析的思维,计算机知识。

其次,还要掌握数据处理方面的技能,例如:SQL 和 Excel 等数据处理工具,Python、R 等编程语言,以及一些数据表格,图形及商业报表工具,以及一些业务的理解能力。

掌握上述这些知识和技能是需要花费时间与精力的,能够做到别人做不到的事情,这才是数据分析师的核心竞争力。当然这些能力的获得也不是轻松的,如果是零基础想要转行数据分析,选择进行系统的学习,我们认为是性价比更高的选择。

五、数据分析师需要掌握的专业知识

数据分析师所需要的知识是交叉,主要涉及基础数学、统计学、数据挖掘、计算机科学和管理学五大领域。我们将对学习这些学科领域的要点知识进行一些介绍。

(一)数学基础

数据分析的数学基础部分包括微积分、线性代数、概率论这 3 门学科,其中学习的重点是微积分的求极值方法、线性代数的矩阵运算、概率论的概率分布和特征值计算。

(二)统计基础

数据分析的统计基础大体包括下面四个方面:描述统计,推断统计,回归,时间序列。

(三)数据挖掘技术

数据分析的数据挖掘方法主要包括贝叶斯方法、多元回归方法、分类方法、聚类方法。

(四)计算机基础

数据分析的计算机基础包括利用 Excel 工具的数据图表可视化、SQL 查询、CSV 文件读写、Python 基本编程和其他常用软件工具的使用。

(五)管理学基础

数据分析的管理学基础大致包含下述方面:对标管理,战略管理,营销管理,商战谋略,物资管理,质量管理,成本管理,财务管理,资本运营,人力资源,领导力提升。

第四节 思考与练习

一、单选题

1. 以下关于数据的说法错误的选项是(　　)。

A. 数据都能参加数值运算

B. 图像声音也是数据的一种

C. 数据的表示形式是多样的

D. 不同类型的数据处理方法不同

答案:A

2. 在下述关于数据价值的评价中,不正确的是(　　)。

A. 数据价值与使用者使用数据的能力有关

B. 数据的价值是抽象的

C. 数据价值并非数据的天然属性而是对数据应用有效性的估值

D. 数据资源与石油资源的价值特点不一样

答案:B

3. 在下述关于数据分析目的的评价中,正确的是(　　)。

A. 解决其他学科不能解决的数据分析问题

B. 根据客户的需要提供所要的结论

C. 从数据中发现规律,并依据相关学科解释数据

D. 为"预设结论"寻找支持

答案:C

4. 下面关于描述性统计分析的描述,正确的选项是(　　)。

A. 用来概括,表述数据整体状况以及数据间关联,类属关系

B. 在数据之中发现新的特征

C. 已有假设的证实或证伪

D. 对数据进行可视化表示

答案:A

5. 下列关于数据概念的理解,正确的是(　)

A. 数据是一种能量

B. 数据是对事物的描述

C. 数据是一种能源

D. 数据是一种物质

答案:B

6. 以下关于数据价值的叙述中,不正确的是(　　)。

A. 数据的价值与数据的利用有关

B. 从海量低价值密度数据中常可以挖掘出有价值的信息

C. 数据的价值与数据量成正比

D. 大量低价值数据应保存在低成本环境中

答案:C

7. 数据的价值是通过数据共享和(　　)后获取最大的数据价值

A. 算法共享

B. 共享应用

C. 数据交换

D. 交叉复用

答案:D

8. 下面关于数据分析的基本步骤的描述,正确的是(　　)。

A. 收集数据、处理数据、制作数据图表

B. 确定问题、收集数据、处理数据、制作数据图表

C. 确定问题、处理数据、制作数据图表,依据数据图表分析得出结论

D. 确定问题、收集数据、处理数据,制作数据图表,依据数据图表分析得出结论

答案:D

9. 数据分析师是非常有价值的，他的工作与现实生活是密切相关的，以下哪些是银行数据分析师的应用场景（　）？

A. 信用卡的审批额度

B. 掌上银行对消费者产品的推荐

C. 贵宾客户流失的预测

D. 以上都是

答案：C

二、多项选择题

1. 下面关于数据价值的观点，说法正确的是（　）。

A. 数据的真实价值就像漂浮在海洋中的冰山，第一眼只能看到冰山一角，而绝大部分则隐藏在表面之下。

B. 判断数据的价值需要考虑到未来它可能被使用的各种方式，而非仅仅考虑其目前的用途。

C. 在基本用途完成后，数据的价值仍然存在，只是处于休眠状态

D. 数据的价值是其所有可能用途的总和

E. 数据的价值由使用结果决定

答案：ABCDE

2. 下述关于数据分析的主要目的的说法，正确的是（　　）

A. 删除异常的和无用的数据

B. 挑选出有用和有利的数据

C. 以图表形式直接展现数据

D. 发现问题并提出解决方案

E. 对未来进行预测

答案：ABCDE

3. 数据分析步骤包括（　　）

A. 方向选择分析

B. 数据处理

C. 模型选定分析

D. 推断分析

E. 改进分析

答案：ABCDE

第二章
业务指标分析

本章学习目标

理解业务问题构建的主要内容，了解战略分析、消费者分析、产品分析的主要方法。了解数据有哪些类型，掌握对客户数据、行为数据、产品数据常用的分析指标。

本章思维导图

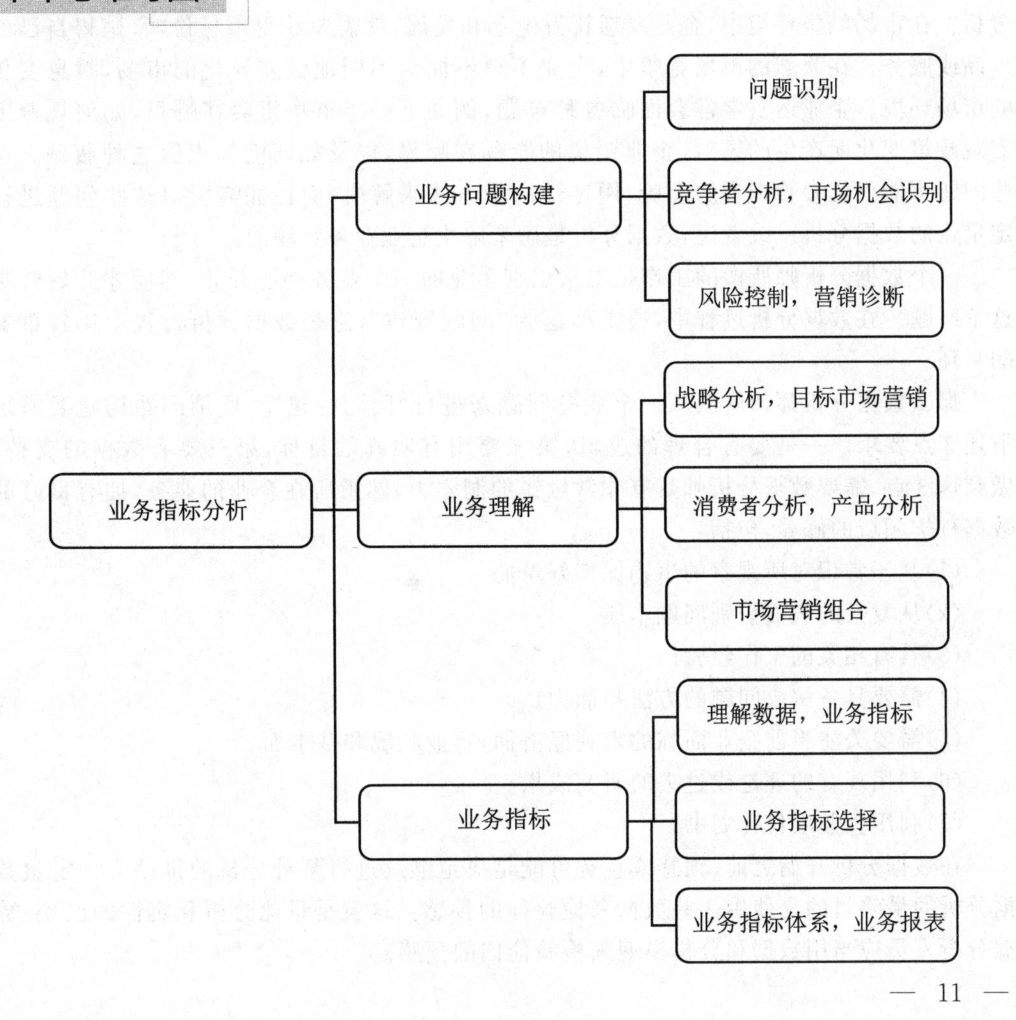

在大数据时代，企业在经营过程中面临很多问题，如果不能迅速而有效地分析业务数据，大量数据被忽略，或处理不当，或未被充分利用，企业仅仅凭借不完整或不可信的信息来制定决策，其结果将会导致企业经营上的失败。

业务分析可以有效改变这一局面。业务分析可以帮助企业构建商业智能，绩效管理，内容管理等方面的能力，从而可以辨认出关键的市场模式，降低管理成本并提高资源利用效率，积极主动地管理风险，实现利润的增长。

作为一个数据分析师要明确数据分析是用于解决企业面临的各种业务问题，并帮助企业更准确地预测未来，发现以前无法预见的商机。进行数据分析时需要思考下述问题：

(1)企业需要利用数据分析达到的业务目标是什么?

(2)数据分析所包括哪些内容?

(3)如何进行数据分析?

第一节　业务问题构建

在讨论企业的数据分析目标时，数据分析人员需要知道，为什么企业需要开展数据分析?在市场经济环境中，企业要想获得生存和发展，就需要获得市场份额，销售自己的产品或服务。在激烈的市场竞争中，企业不得不面对不同地区差异化的市场，瞬息变化的市场环境。企业运营常常会面临各种难题，例如下一年市场机会在哪里，如何规避因宏观政策变化而产生的风险，企业销售的瓶颈在哪里，以及如何能够克服这种瓶颈。这些问题不能仅依赖管理者的经验，用定性决策方法来解决，而往往需要对这些问题进行定量化的数据分析。或者说，数据分析是用来解决企业业务难题的。

一个数据分析师所做的工作是要从识别企业的一个业务问题开始，然后才开始解决这个问题。在数据分析过程中，通常称这为“问题构建”，它是数据分析过程中比较重要的一环。

那么数据分析师如何能从一个业务问题来进行“问题构建”?所谓问题构建要满足下述3点要求。一是要有合理的逻辑，第二要用有明确的目标，第三要有数据的支持。做到这3点，需要数据分析师具有非常敏锐的洞察力，熟悉所在企业的业务，拥有良好的数据科学领域的修养，包括：

(1)基于常识对所观察的事物保持好奇心。

(2)从复杂的表面识别问题本质。

(3)具有相关的工作经验。

(4)需要具备解决问题的方法与能力。

(5)需要关注当前企业面临的宏观经济面，行业状况和基本面。

(6)利用现有的理论或过去的研究成果。

(7)利用企业项目计划书。

在数据分析开始之前，预感或直觉可能是决定继续进行某种分析的推动力。定量数据分析的最终目的是使用一些数据来检验你的预感。这就是量化分析和定性的区别，数据分析人员应当用数据和分析模型来检验他们的预感。

一、问题识别

为了对某项业务问题进行“问题构建”，在问题识别这个阶段，最重要的事情是充分理解该项业务的核心问题是什么，以及这个问题在企业中的重要程度。这两个问题的答案不仅会帮助我们弄清楚“通过解决问题能够达到什么目的”，也有利于随后的阶段性工作的顺利开展。

在识别问题阶段，数据分析人员需要找到企业内部利益相关者，就是哪些人员从这个业务中受益，很明显，企业的管理者和决策者拥有解决业务问题的资源，管理层在问题的处理上能实现事半功倍的效果。当然，在企业中，管理层是内部利益相关者，企业股东，投资人，部门中层管理人员和企业员工也都是内部利益相关者。

在这一步，数据分析师需要认真思考谁是识别利益相关者，以及他们对待你即将处理问题的态度。对于要解决的业务问题，如何识别利益相关者？为了避免数据分析项目一开始就会陷入困境，需要根据下面问题的提示来寻找企业内部利益相关者。

(1)哪些人员与数据分析项目的成功有关联？

(2)他们是否对存在的问题和解决方案有一个大概的了解？

(3)他们是否有能力提供必要的资源？是否有能力推进定量分析项目成功所必需的业务变革？

(4)他们是否都支持在决策制定过程中使用数据分析人员的分析方法和数据？

(5)你所推荐的分析案例和交流方式是否与他们常用的思维与决策方式相一致？

(6)你是否计划向他们提供定期反馈和阶段性成果报告？

数据分析师通常有这种习惯，即完全不考虑利益相关者就直接一头扎进分析工作当中。对自己所掌握的分析技能越是自信，分析师就越不会考虑分析结果最终呈现给谁看，以及根据分析结果采取行动的“决策者”是谁。

对利益相关者的管理就涉及以下两个方面。第一，对将要立项的数据分析项目，识别所有与项目有关的利益相关者，并记录这些利益相关者的需求。其次，评估和分析利益相关者感兴趣的方向及其对数据项目的影响，基于这些了解来管理利益相关者的预期，并采取适当行动。

利益相关者分析能够帮助数据分析人员识别影响项目主要的决策者，并确定最有可能用分析结果说服这些决策者的方法。如果决策者将分析结果束之高阁，不据此采取任何行动的话，那么即使是最严苛、最站得住脚的分析方法也会变得毫无用处。事实上，如果这是唯一能让决策者信服的证据，那么从方法论的角度采用一个有争议的分析方法进行分析工作也是有意义的。

在本小节接下来的部分，我们将讨论在企业经营活动过程中经常面临的一些共性业务问题，包括市场机会发现、风险控制、问题诊断，数据分析师可以通过它们来进行“问题构建”。通过对这些业务问题的分析，数据分析师才能展现数据分析的意义。

二、竞争者分析

竞争者分析，是所有企业管理者均需面对的战略分析的难题。其内容包括识别现有的直接竞争者和潜在竞争者的现状及未来动向，收集与竞争者有关的数据，对竞争者的战略意图和各层面的战略进行分析，识别竞争者的长处和短处，洞察竞争者在未来可能采用的战略和可能做出的竞争反应。

竞争者分析目的是准确判断竞争对手的战略定位和发展方向，并在此基础上预测竞争对手未来的战略，准确评价竞争对手对本组织的战略行为的反应，估计竞争对手在实现可持续竞争优势方面的能力。对竞争对手进行分析是确定本组织在行业中战略地位的重要方法。

在这个方面，数据分析人员应当具有从市场和行业两个方面来识别企业竞争者的相关业务知识。具体来说，要识别竞争者的策略，判断竞争者目标，评估竞争者的优势和劣势。数据分析人员还应能够帮助管理层确定竞争者的战略，及判断竞争者的反应模式。以下通过一个案例来说明准确识别竞争者对企业的重要性。

案例 2.1 黑莓公司为什么会消亡？

当黑莓公司的高管在 2007 年 1 月第一次看到苹果公司推出的智能手机时，他们确信这种手机不会给黑莓公司带来任何威胁。黑莓公司高管认为，他们自己的移动设备对商业用户来说应当是更好的选择。苹果公司的产品的价格更贵，电池续航短得多，只有 2G 信号，还是触屏键盘。有多少商业用户会选择它？

在短期内，黑莓公司高管的想法确实是对的。这家手机制造商生产的手机有着更易使用的键盘，注重保护客户安全，还拥有被称为“黑莓信使”的创新型短信服务，深受专业的商业用户欢迎，因而业绩稳步发展。2009 年一季度，在美国的市场份额达到 55%，在全球达到 20%。但是，在接下来的 3 年里，仍旧在迅速增长的手机市场却开始冷落黑莓公司的手机产品。人们转而将目光投向新一代触屏智能手机，不再关注键盘手机。

2012 年一季度，黑莓公司手机的增长遭到了残酷的打击。其用户数量的增长一直停滞不前。从这种状况可以明显看出，消费者对黑莓公司竞争对手的产品产生了强烈的兴趣。这个季度，黑莓的营业收入为 280 亿美元，比上季度下降了 33%，比去年同期下降了 43%。黑莓高管开始对公司的前景忧心忡忡，公司解雇了 4500 名员工，接近员工总数的 40%。

到了 2013 年 9 月，黑莓公司的销量、营收和利润开始暴跌。2013 年 9 月，黑莓公司宣布，新款手机的销量惨淡，2013 年二季度的净亏损接近 10 亿美元，这时黑莓的用户和市场份额都开始“大出血”，2013 年底，黑莓的全球市场份额直线下降到 0.6%。

黑莓公司的覆灭是典型的公司倒闭案例，该公司从移动电话市场的主导者沦落到濒临破产的地步的速度之快，令业内人士和市场观察家倍感震惊。

黑莓公司只研究自己内部数据而没有对竞争对手的数据进行充分分析，是企业因为缺乏竞争者数据分析导致破产的典型案例。自 2007 年第一部苹果手机问世，到黑莓公司 2012 年一季度致命的季度报告出炉，黑莓用户的数量从 800 万增长到 7700 万，几乎增长了 9 倍。同样令人印象深刻的是每季度营业收入的增长，2007 年一季度，黑莓的季度营收为 10 亿美元，到 2011 年一季度猛增至 55 亿美元。如果只看黑莓的内部数据，都会觉得黑莓公司的发展非常健康，但事实上，内部数据并没有呈现出事情的全貌。内部数据本身是有偏差的，原因是其未包含市场和竞争对手的直接信息。

研究市场份额的变化情况时，形势就完全不同了。显然，问题初现倪端于 2009 年一季度，在此之前，黑莓的发展势头强劲，市场份额稳步增长，全球份额达到 20%的顶峰，但从这之后，黑莓的发展状况令人担忧，在不到两年的时间内，黑莓在美国的市场份额从2009年一季度的55%跌至12%，全球市场份额的下跌速度稍慢一些，但在3年时间里也同样下跌，跌到了无足轻重的地步。更深入地研究不同手机制造商的情况，就能描绘出更具细节的全貌。

黑莓消亡的原因是复杂的，但其核心是公司过度专注于它们曾经擅长的领域，即物理键盘和安全性，没能在市场已经改变时做出足够反应。黑莓的竞争对手通过迎合新一代智能手机用户的口味，点燃了增长的引擎。黑莓却没有重视新用户的需求，例如上网和浏览媒体、App。黑莓浏览器的上网体验十分糟糕，而他们研发App的努力尽管取得了成功，但太微不足道，也来得太迟。黑莓始终将发展聚焦在制造用于提升效率的手机上，并深陷其中不能自拔，而以苹果为领头羊的竞争对手们却用巧妙的设计、前所未有的高清彩屏和触摸界面调动着用户的情绪，深深吸引着用户。

黑莓过于依赖以往的成功，并从总体上低估了竞争对手。公司在整个2011年惊人的营业收入增长，让公司上下陷人了一种盲目的自信，而且公司没能意识到其市场份额已从2009年一季度的最高点急剧下挫，在3年时间里，黑莓的营业收入从2011年创下的纪录下跌了80%以上，并一蹶不振。黑莓没能适应不断变化的市场需求，他们在键盘界面取得成功，但无视对手及市场的变化，最终走向失败。

三、市场机会识别

市场机会识别是对市场机会的寻找、识别过程，是企业管理者最重要的任务之一。无论对个人还是对公司来说，创造性地寻求机会的能力都是发现市场机会的起点。当出现新型购买群体，或者有消费者没有被满足的需求，或者出现满足消费者需求的新方法，新手段，新工艺时，就有了市场机会。一个好的市场机会必须满足以下两个条件：

(1)分析表明存在需求未被满足；

(2)通过提供新的产品能够满足该需求。

大多数企业面临的一个共同业务问题是市场机会在哪里，或者说如何发现新的市场机会，找到新的市场机会意味新的利润增长点。市场机会往往存在于消费者还未被满足的需求当中。如果消费者的需求已经被满足了，这时除非你做得非常好，否则很难被关注。如果我们通过数据分析找到那些尚未被满足的需求，那么就会发现市场的空白点，获得新的利润增长点。

数据分析人员利用数据分析手段对当前市场机会进行挖掘与筛选，并研究企业内部与外部环境的变化。政府颁布新的法规，经济环境发生变化，发现新的用户群体，挖掘出新的用户需求，研发出解决用户需求的新技术，供应商采用新型工艺，都会形成新的市场机会。

案例2.2　发明世界上第一台复印机的企业却未能占领市场

施乐发明了复印机，但却未打开复印机市场。当时只有那些对复印有较高需求的大型企业才使用复印机。为什么复印机没有在市场上得以普及？原因之一在于施乐没做数据分析，简单地认为市场的需求少。

佳能公司对复印机的市场需求问题进行了“问题构建”，并做了数据分析。佳能公司走访了那些没有购买复印机的用户，问他们为什么没有购买；又走访了那些购买了复印机的用户，问他们对现在的复印机有哪些不满意的地方。基于对调查数据的整理和分析，佳能公司总结出复印机之所以未被普及开，主要有三个原因：现有复印机体积太大，使用操作太难，购买价格太贵。

首先，如果一个企业的办公面积较小，则没地方安置大型复印件。其次，操作的复杂性意味着要买台复印机，还要再雇个技术工人，增加了企业的成本。最后，当时的复印机售价上百万元一台，为什么施乐公司把价格定得这么高？因为施乐特别强调复印的质量，但佳能公司调查发现，很多用户复印是为了自己内部看，只要能看就行，并没有那么高的质量要求。

正是基于这样的数据分析结果，佳能公司找到了消费者尚未被满足的需求，也就找到了市场机会。佳能针对上述三个问题，对其产品进行优化改进。第一，把复印机的体积变小，推出小型复印机。第二，减小操作难度，推出傻瓜式操作，谁都会用。第三，降低对复印质量的要求从而降低了复印机的价格。

经过以上改进，佳能公司的复印机迅速打开了市场，中国就是在佳能推出小型复印机之后引进复印机的。施乐发明了复印机，却丢掉了复印机市场，而佳能却后来者居上，其原因在于，佳能重视数据分析，通过数据分析找到了市场机会。

四、风险控制

风险控制是指风险管理者采取各种措施和方法，消灭或减少风险事件发生。风险控制的目标是减少风险事件发生时对企业造成的损失。

有些事情是不能控制的，风险总是存在的。作为企业管理者应当采取各种措施减小风险事件的发生，或者把风险导致的损失控制在一定的范围内，以避免在风险事件发生时带来的难以承担的损失。

企业风险管理一般包含三道防线。首先，以业务单位和相关职能部门为第一道防线；第二，以董事会风险管理委员会和风险管理部门为第二道防线；最后，以董事会审计委员会和内部审计部门为第三道防线。

数据分析人员可以利用风险源分析法对各项业务活动进行分析，找出业务活动中具体的风险源。包括基本分析、工作安全分析法，安全检查表法和预先风险分析法。数据分析人员还需掌握企业风险控制中常用的四种基本方法，分别是风险回避，损失控制，风险转移和风险保留。

风险回避是企业管理者处理风险的一种有效且普遍的方法。企业通过中断风险源，将避免可能产生的潜在损失，或完全避免特定的损失风险。但是这样的方式也可能使企业失去从风险中获得收益的可能性。值得注意的是，有些风险是无法避免的。

损失控制也称为损失管理，损失控制不是放弃风险，是指采取各种措施减少风险发生的概率，或在风险发生后减轻损失的程度。损失控制是一种积极的风险控制手段，可以克服风险回避的局限性。

风险转移是控制风险的一种基本方法，是指企业将自己不能承担的或不远愿承担的，以及超过自身财务承担能力的风险损失或损失的经济补偿责任，借助合同或协议方式转移给其他单位或个人的一种措施。通过风险转移过程有时可大幅降低经济主体的风险程度，风险转移的主要形式是合同和保险。采取合资、联营、联合开发等措施实现风险共担，通过技术转让、特许经营、战略联盟、租赁经营和业务外包等实现风险转移。

风险保留即风险承担，也就是说，当风险事故发生并造成损失后，企业通过内部资金的融通来弥补所遭遇的损失。风险保留包括无计划自留，有计划自我保险。

企业可以通过情景分析法进行风险控制。情景分析法又称脚本法或者前景描述法，是假定某种现象或某种趋势将持续到未来的前提下，对预测对象可能出现的情况做出预测的分析方法。通常用来对预测对象的未来发展做出各种设想或预估。

“情景”是对事物所有可能的未来发展趋势的描述，既包括对各种趋势基本特征的定性和定量描述，同时还包括对各种趋势发生可能性的描述。情景分析法是根据发展趋势的多样性，通过对系统内外相关问题的系统分析，设计出多种可能的未来前景，然后用类似于撰写电影剧本的手法，对系统发展趋势做出自始至终的情景与画面的描述。

情景分析法的应用过程是分析环境和形成决策。任何企业若想生存进而发展壮大，必须要尽可能做到“知己，知彼，和知环境”。情景分析法就是企业从自身角度出发，通过综合分析整个行业环境甚至社会环境，评估和分析自身以及竞争对手的核心竞争力，进而制订相应决策。由于每一组对环境的描述都最终会产生一个相应的决策，因此情景分析主要应用于分析环境和形成决策两个方面。

通过应用情景分析法，企业能够提高组织的战略适应能力。由于情景分析法重点考虑的是将来的变化，因此能够帮助企业很好地处理未来的不确定性因素。尤其是在战略预警方面，能够很好地提高企业或组织的战略适应能力。同时，企业持续的情景分析还可以为企业情报部门提供大量的环境市场参数，而这些参数又可以对企业提供多方面的帮助，例如可以帮助企业发现自身的机会、威胁、优势和劣势等。

情景分析法还有助于企业提高团队的总体能力，实现资源的优化配置。从企业内部出发，企业的核心是人，而人的思想是关键。由于情景分析法不仅仅属于高层管理人员的战略工具，而是需要企业各层级人员都参与其中，如此可激发每个人的责任感和成就感，从而提高团队的总体能力。企业通过情景分析法预测出未来可能出现的情景，决策人员以此为基础进行决策，确定未来的发展方向，而决策的实施需要资源的支持，因此，在进行情景分析及决策时，企业的资源也就相应地实现了重新配置。

案例 2.3 荷兰皇家壳牌公司利用情景分析法来回避风险

壳牌公司属于石油行业。在 20 世纪 80 年代，荷兰的石油价格是 30 美元/桶，成本则是 11 美元/桶。对于石油的未来，业内普遍看好，认为到了 90 年代，石油的价格将上涨到 50 美元/桶。然而壳牌公司的管理层没有人云亦云，而是根据自己所掌握的信息资料，使用一种数据分析方法对石油价格的未来走向进行了预测和判断。这种数据分析方法就是情景分析法。

通过情景分析法，壳牌公司发现有一个重大事件将会直接影响石油未来的价格。这个重大事件就是指发生在当时正在进行的 OPEC 石油供应协议的谈判，如果谈判破裂，北海和阿拉斯加对石油的需求量就会大幅下降。

如果对石油的需求下降了，那么石油价格会下降，在成本不变的条件下，就会挤压石油企业的利润空间，所以为了保住利润，就要降低企业的成本。

于是，壳牌公司采取了一系列降低成本的举措，例如关闭低利润的加油服务站和采取更先进的石油开采和加工技术。而在这个时期，其他石油公司未对未来进行预测，仍然采用粗放的经营模式，结果到了 1996 年，OPEC 石油供应协议的谈判破裂了。由于壳牌公司提前预测到了谈判破裂将会导致石油价格下跌的市场威胁，并且采取了相应的行动加以规避，保住了利润，相对于其他竞争对手，壳牌公司避免了一场危机。

这样的结论可以从一组数据中看出：在1998年，荷兰石油行业的平均资产净收益率只有3.8%，而壳牌公司的平均资产净收益率达到了8.4%。壳牌通过数据分析做出了正确的市场预测，从而规避了这场市场风险。

五、营销诊断

营销诊断非常形象地诠释了这一企业的经营活动。我们认为，企业也是人，社会学中称之为“法人”，同“自然人”一样，“法人”也有自己的生命周期，也有生老病死，营销诊断就好像给企业“看病”一样，要找出症结所在，对症下药，才能使企业“病体”回复健康和正常。

企业经常面临的业务问题之一，如销售不达标或转化率低，如何应用营销诊断进行分析？诊断这类业务问题，要求数据分析师能够理解下述流程：

(1)建立监控指标；

(2)设定判断标准；

(3)发现异常情况；

(4)细分问题来源；

(5)给出诊断建议。

数据分析人员应具有一定的诊断能力，在企业目前的条件以及竞争环境下，通过全面的营销检查，发现目前所存在的营销问题，并找到解决方案的过程。最终以营销诊断书的形式提供给相关人员。

案例2.4 诊断A企业销售目标没有达成的原因

假设一家生产燃气炉的电器公司共有4条销售业务线，定了目标是月销1个亿，实际达成9500万，不达标。如何分析销售目标没有达成的原因？

根据监测数据，通过多方面排查分析，如图2.1所示，结论是A渠道出了问题，给出诊断建议是这个流程中最考验数据分析师的部分。如果诊断建议是“发现A业务线出了

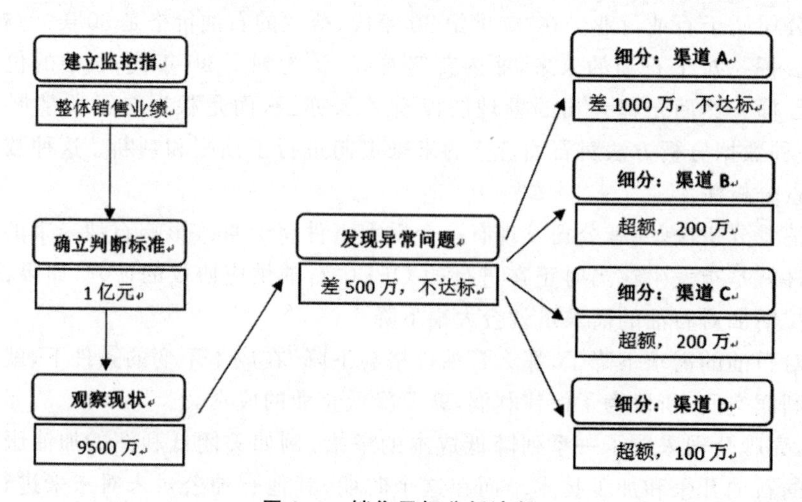

图2.1 销售目标分析诊断

问题,投入转化率太低,建议提高”。如果把这建议告诉了这家企业的销售经理,他听后并告诉你,这是单纯地罗列数据,不是诊断建议,充其量算是发现了问题。

业务方期待听到的问题诊断,要指向一个具体业务行动。诊断问题诊断的是业务方的心病,只有区分清楚谁真正愿意改进问题,才能对症下药。区分的关键点有4个:

(1)业务方是否真的清楚现状

(2)业务方是否已经采取行动

(3)业务方是否已有行动计划

(4)业务方是否打算申请资源

通过这4个关键点能够区分出业务方是否真想解决问题,以及业务方企图解决问题的方向。

A渠道从当年开始,要实现从低端品牌向高端品牌的转变,他们将主要精力都花在了高端产品上,而中低端价位的产品,在转型过程中被忽视,造成新老产品接替时出现断档,但是这个价位却是影响销量的核心价位,这个价位做不好,会直接丧失市场份额,于是,这位产品经理在数据引导下,在该价位补充了两款新品,挽救了市场份额。这个例子说明,数据分析可以帮助企业进行问题诊断,为企业后续工作的改进提供方向。

数据分析还能辅助企业评价营销效果,实现量化管理。任何事情,如果不能量化它,就不可能真正了解它。如果不能真正了解它,就不可能真正控制它;如果不能真正控制它,就不可能真正改变它。可以说数据分析就是企业在经营过程中雷达,为企业的发展保驾护航。

总的来说,数据分析师要明确数据分析是用于解决企业面临的业务难题,并帮助企业更准确地预测结果,发现以前无法预见的商机。在理解业务的过程中,需要重点关注以下方面。

(1)在识别问题阶段,数据分析人员需要找到企业内部利益相关者,就是哪些人员从这个业务中收益。这将涉及企业的管理者和决策者,也就是企业的所有者或者是实际控制人。

(2)竞争者分析目的是准确判断竞争对手的战略定位和发展方向,并在此基础上预测竞争对手未来的战略,准确评价竞争对手对本组织战略行为的反应,估计竞争对手在实现可持续竞争优势方面的能力。

(3)市场机会识别是对市场机会的寻找、识别过程,是企业管理者最重要的任务之一。当出现新型购买群体,或者有消费者没有被满足的需求,或者出现满足消费者需求的新方法,新手段,或新工艺时,就有了市场机会。

第二节 业务理解

当我们完成对一个业务问题的“问题构建”后,接下来的问题是我们需要具体分析哪些内容。显然,数据分析要发挥对企业营销业务的驱动作用,其分析内容必然围绕企业市场营销展开,因此首先需要知道什么是市场营销。

市场营销既是一种组织职能,也是为了组织自身及利益相关者的利益而创造、传播及传递价值给客户,并进行客户关系管理的一系列过程。而根据现代市场营销学之父科特勒的思想，所谓市场营销，是指企业在现有营销环境下，根据目标消费者的需求，利用现有的资源和能力，比竞争对手更快捷，更有效地向目标消费者提供产品和服务，实现企业赢利以及可持续发展的生产和经营活动。

一、战略分析

市场营销就是企业的生产和经营活动。那么，企业如何确定自己从事哪些生产和经营活动？或者说，企业的战略方向该如何选择？

战略分析是通过资料的收集和整理来分析企业的内外环境，包括企业内部诊断和外部环境分析两个部分。战略分析包括确定企业的使命和目标，了解企业所处的环境变化，这些变化将带来机会还是威胁。

了解企业的地位，资源和战略能力；了解与利益相关者的利益期望，在战略制定和实施过程中，这些利益相关者的反应以及这些反应对企业行为的影响和制约。企业可以从对企业整体目标出发，提升中下层管理人员积极性，结合企业各部门战略方案等多个角度，选择自上而下，自下而上或上下结合的方法来制定战略方案。

所以战略方案是根据企业目前所处的营销环境来确定。而营销环境泛指一切影响和制约企业营销活动的内部和外部环境的总和。进一步细分，企业的营销环境包括三个部分内容。首先，企业所处的宏观环境，例如政治、经济、文化和科技环境。其次，市场环境，例如行业规模、行业利润、行业生命周期，最后，竞争环境。例如竞争对手、市场份额、市场集中度。

通过分析企业自身所处的宏观环境和市场环境，企业可以把握市场的机会和威胁，通过分析自己所处的竞争环境，企业可以知晓自身的优势和劣势。所以，企业需要综合评估市场机会、威胁、自身的优势和劣势。

数据分析人员可以利用 SWOT 分析方法和内外因素评价矩阵方法，协助企业相关部门进行判断并得出哪些业务领域具有吸引力，哪些业务领域自己更擅长，从而选择正确的战略方向，确定自己要从事哪些生产和经营活动。

所谓 SWOT 分析，是基于内外部竞争环境和竞争条件下的态势分析，就是将与企业密切相关的各种主要内部优势和劣势，和外部的机会和威胁，通过调查并依照矩阵形式列举出来，把各种因素相互匹配起来加以分析，从中得出决策性结论。在这里，S 代表优势，W 代表劣势，O 表示机会，T 表示威胁。按照企业竞争战略的完整概念，战略是一个企业内部的强项和弱项，以及外部环境的机会和威胁的有机组合。

外部因素评价矩阵，也称为 EFE 矩阵，是一种对外部环境进行分析的工具。基本做法是从机会和威胁两个方面找出影响企业未来发展的关键因素，根据各个因素影响程度的大小确定权重，再按企业对各关键因素的有效反应程度对各关键因素进行评分，最后算出企业的总加权分数。通过该矩阵，企业就可以把自己所面临的机会与威胁总结出来。因此，做好战略分析能够使企业抓住机会，规避威胁，扬长避短，正确选择业务方向的关键所在，是支持企业营销业务的第一项分析内容。

数据分析人员应能够帮助企业制定营销战略规划。为此，需要在营销战略制定过程的锻炼以下素养。

第一，把握市场环境分析，对企业内部和外部环境进行综合的战略环境分析。内部环境包括内部资源和内部能力,外部环境包括宏观经济环境和企业所在的行业环境。

第二,掌握市场细分技巧。根据顾客需求上的差异,对某个产品或服务的市场逐一细分。具体做法是依据消费者位置、人口、心理和行为等标准,把某一产品的市场按照细分标准,整体划分为若干消费者群市场。

第三,具有选择目标市场的能力。经过比较和分析,选择一个或多个细分市场作为企业的目标市场。

第四,数据分析人员能够配合业务部门确定市场定位。市场定位是企业针对潜在的顾客进行营销设计,创立品牌或企业在目标顾客中树立某种形象或个性特征,从而取得竞争优势。定位的实质就是获得消费者心理上的认同。

第五,帮助管理层确定竞争战略。企业根据其所处的竞争位置和竞争态势来制定竞争战略。竞争定位战略是指企业根据其所处竞争位置和竞争态势来制定战略,按照企业在行业中所处的竞争地位不同,可以将其分为市场领导者,市场挑战者,市场追随者,及市场补缺者四种类型。

二、目标市场营销

企业提供产品和服务的对象是所有的消费者吗?客观来说,企业的销售对象是特定群体或目标消费者。

目标市场营销是由目标消费者决定的。第一,消费者的需求是差异化的。例如,同样是购买手机,年轻人和老年人在品牌、功能和外观上的需求就有很大的不同,而要满足各类消费者的需求,就不能搞一刀切的方式,而是要开展差异化营销。其次,企业的资源是有限的,很少有企业能满足所有类型消费者的需求。所以我们发现,一方面,消费者需求是不同的,企业需要针对不同的消费者开展差异化营销,而另一方面,企业没有足够资源关注各类消费者,所以选择适合自己的目标消费者就很重要。

目标市场营销,是指企业识别各个不同的购买者群体,选择其中一个或多个作为目标市场,运用适当的市场营销组合,集中力量为目标市场服务,满足目标市场的需要。目标市场营销,也简称为STP营销,由三个部分组成,分别为市场细分、目标市场选择和市场定位。

数据分析人员需要熟练使用目标市场营销的方法,配合企业相关业务和管理部门进行目标市场营销相关的数据收集和模型分析,具体来说要对下述三个方面有深度了解:

首先,通过市场细分将市场分成若干个类别。所谓市场细分,就是企业根据市场需求的多样性和购买行为的差异性,把整体市场划分为若干个具有某种相似特征的顾客群(称之为细分市场),以便选择确定自己的目标市场。经过市场细分后的市场之间消费者具有较为明显的差异性,而在同一细分市场之内的消费者则具有相似性。所以,市场细分是一个同中求异,异中求同的过程。

其次,企业从吸引力和竞争力两个角度选择最适合自己的目标市场。也就是说,选择目标市场的过程是在市场细分的基础上,企业根据自身优势,从细分市场中选择一个或若干细分子市场作为自己的目标市场,并针对目标市场的特点展开营销活动,以期在满足顾客需求的同时,获取更大的利润。

最后,企业根据目标市场的需求,明确市场定位并提供相配套的营销组合。所谓市场定位，是指企业在选定的目标市场上，根据自身的优劣势和竞争对手的情况，为本企业产品确定一个位置，树立一个鲜明的形象，以实现企业既定的营销目标。

数据分析人员需正确认识到目标市场营销策略是企业明确营销服务对象的关键所在，是支持企业营销业务的一项重要分析内容。

三、消费者分析

消费者分析是指通过分析消费者所购买商品或服务的购买量，购买频率，购买时间，购买地点，购买动机五个方面的内容进行相应的数据调查。消费者分析是企业市场营销和广告创意策划中的重要一步。

消费者偏好是反映消费者对不同产品和服务的喜好程度的个性化偏好，是对特定的商品，商店或商标产生特殊的信任，习惯地重复前往一定的商店，或反复、习惯地购买同一商标或品牌的商品。

消费者偏好是影响市场需求的一个重要因素。消费者偏好的一般是指消费者在考量商品和服务的时候所做出的理性的具有倾向性的选择，是消费者认知，心理感受及理性的经济学权衡的综合结果。消费者偏好主要由当时当地的社会环境，风俗习惯，时尚变化对整个消费者群体或某个特定群体产生的影响所决定。

日常生活中"偏好"这个概念被自觉和不自觉的广泛使用着，人们往往借助自己的偏好来辅助日常的相关决策，或者仅仅使用偏好表达意向，而并不涉及实际的选择。更多的情况下我们需要面对和处理更加复杂的偏好分析，例如条件偏好，也就是用户在做出倾向性选择和意向性判断的时候需要满足一定的条件和前提。

利用消费者偏好，我们可以将消费者划分为四种基本类型的群体。

第一种类型为消费者的偏好不稳定型。对这类消费者，要提供给他们一个满意的产品方案，来满足其偏好是不可能的。然而，因为他们对自己的偏好不了解，而容易受其他因素或人员影响，利用这点，企业可以劝说这类消费者接受企业提供的定制化方案，是真正符合他们喜好的。并且如果定制化供给成功的话，这些消费者就会认为，该定制化符合了他们先前的偏好，并以此为基础.形成他们以后的消费偏好。

第二种类型是消费者的偏好不清晰型。消费者对企业供给的商品可能是建立在外观的吸引力上，而不清楚是否真的符合他们的偏好或对有助于他们分辨自己偏好有帮助。这一类型的消费者可能表现出好的易接受性。例如，一些喜欢喝葡萄酒的消费者，但是却又清楚知道自己没有这方面知识，可能会非常乐意接受有关葡萄酒知识的教育和消费建议。

第三种类型是消费者有着稳定的消费偏好。稳定偏好引导消费者的选择，但是他们却并没有清楚地意识到偏好对他们消费选择的驱动性。他们认为其选择是建立在理性、客观评判的基础上。而实际上他们的选择主要考虑的是情感因素或审美因素。

第四种类型的消费者是有清晰的偏好且对自己的偏好有足够的了解。这使他们能正确判断一种企业定制化的商品供给是否真的符合他们的偏好。因此，这些消费者可能是定制化供给很好的潜在顾客，对于营销者为了解他们偏好所做的努力，他们会产生更多的满意感。然而，正由于他们对自身偏好的了解，他们可能很少依赖营销者的建议。

数据分析人员通过收集消费者偏好数据，并利用量化分析方法对消费者的偏好进行分类，以帮助企业进行消费者分析。由于第一类和第二类消费者的偏好是不稳定和不清晰，并且他们对自己的偏好缺乏足够的了解，数据分析人员需要利用获取的数据重点研究第一和第二种类型的消费者，并通过设计定制化供给和产品宣传教育来影响这两类消费者未来的偏好。

对于第三类和第四类消费者的偏好来说，由于他们的偏好相对稳定，或对自身偏好有清晰了解，数据分析人员可协助企业管理者通过提供定制化商品供给来分析这两类消费者反应，以及量化定制化商品供给的效果。

由于消费者偏好是指消费者对一种商品的喜好程度。消费者通常根据自己的意愿对可供消费的商品进行排序，这种排序反映了消费者个人的需要、兴趣和爱好。

当代社会产品同质化严重，不管你在做什么，放眼望去，几乎总能看到和你争夺同样市场的竞争者，这就意味着如果你做得不好，用户就会转而投入竞争者的怀抱。所以，企业就必须要走进用户的心里，满足用户的需求和偏好。因此，消费者偏好分析是企业留住老用户，开拓新用户的关键所在，是支持企业营销业务的一项重要分析内容。

成功的市场营销来自企业管理者的智慧，是主观判断消费者，还是从消费者的客观需求出发的呢？从市场营销的定义来看，市场营销是从消费者的客观需求出发的。定义指出，要根据消费者的需求提供产品和服务。

四、产品分析

产品分析是企业经营活动中对产品的产量、品种和质量 3 个方面进行分析。对这 3 个方面可做单项分析，也可做产量、质量、成本的平衡关系分析。产品分析通常包括产品性能分析、产品质量分析、产品价格分析、产品采购分析、产品工艺分析等，并与竞争对手的同类产品进行比较分析。

任何一个产品都是由三层构成的，最里面是核心产品，第二层是外围产品，第三层是外延产品。核心产品是指向顾客提供的产品的基本效用或利益，核心产品也就是顾客真正要购买的利益，即产品的使用价值。

如果对产品进行系统包装，包括定位、文化、形象方面，这样的产品称为品牌，而没有包装的只能称为产品。所以，品牌不仅注重产品质量，风格，特色方面，更注重产品文化的树立与引领。

由于现在大多数商品都是买方市场，商品严重过剩，在这种环境下，产品与品牌的关系是：品牌是核，产品是表，产品要围绕品牌来打造。

产品的品牌是企业向消费者长期提供的一组特定的产品或服务。品牌是给拥有者带来溢价，产生增值的一种无形资产，它的载体是用于和其他竞争者的产品或服务相区分的名称、术语、象征、记号或其组合，增值来自消费者心理中形成的关于该产品的印象。

品牌承载的更多是一部分消费者对某个产品或服务的认可，是一种品牌拥有者与顾客购买行为相互磨合出的产物。由于同类产品越来越多，科技含量越来越高，产品结构越来越复杂，品牌可以方便消费者进行快速产品识别，降低搜寻成本。

企业如果要想让目标消费者选择自己的产品或服务，就要加强品牌建设，通过品牌文化影响目标消费者，这就是品牌建设的方式之一。品牌建设是企业建立有效市场区隔、获取品牌溢价的关键所在，是支持企业营销业务的第一项分析内容。

案例 2.5 一家电信运营商选择年轻人作为自己的目标消费群体，就要迎合年轻人的心理，追求个性和独立。因此，该电信运营商推出动感地带，宣传广告是“我的地盘我做主，我的地盘听我的”。广告是品牌建设的体现，通过品牌建设把自己的产品或服务塑造成目标消费者喜欢的产品。

案例 2.6 喜茶的品牌建设

为了扩大影响力，喜茶做了大量跨界营销，联合的品牌都很潮很年轻，打造出了年轻新潮的品牌形象。包括：

(1)不断创新产品刷热度和时尚感：每个季度都出新品，在端午、中秋等节日做特色的粽子欧包、礼盒和月饼欧包、礼盒。

(2)高颜值的店面和视觉设计：从黑金店、PINK 店、LAB 概念店、卡通 logo、Emoji、小黄鸭等一系列高颜值的视觉元素。配合各种年轻时尚的手袋、T 恤、杯子等，并不断在社交媒体上做转发赠送活动。

(3)参与各种时尚圈、小清新展、送门票，增加品牌的好感度和粉丝黏性。

五、市场营销组合

市场营销组合是指企业根据目标市场的需要，全面考虑企业的任务、目标、资源，以及外部环境，对企业可控制因素加以最佳组合和应用，以满足目标市场的需要，实现企业的销售目标。

美国市场营销专家麦卡锡教授在人们营销实践的基础上，提出了著名的 4P 营销策略组合理论。4P 是 4 种基本策略的组合，即产品、定价、渠道和促销。4P 营销策略自提出以来，对市场营销理论和实践产生了深刻的影响。

市场营销组合是企业市场营销战略的一个重要组成部分，是指将企业可控的基本营销措施组成一个整体性活动。市场营销的主要目的是满足消费者的需要，它是制定企业营销战略的基础，做好市场营销组合工作可以保证企业从整体上满足消费者的需求。此外，它也是企业对付竞争者强有力的手段，是合理分配企业营销预算费用的依据。

同样的产品和服务，往往有多家企业提供，这些企业就构成了竞争对手。企业要想在竞争中获胜，就要提供产品和服务时要比竞争对手更快捷、更有效。

由于营销组合是企业提升自身竞争力的关键所在，是支持企业营销业务的第一项分析内容。数据分析人员通过数据收集和数据分析，协助企业比竞争对手更快捷、更有效的提供产品或服务。数据分析人员和企业业务人员对营销组合方法进行定量管理，包括在产品规模、产品质量、产品价格、产品渠道、产品促销等方面，通过数据模型实现企业在人力、物力、财力资源的优化配置。

许多获得成功的企业，都花费大量时间、精力和资金去分析市场机遇，并对目标市场做深入的分析，研究消费者心理，总结市场营销的活动规律。

案例 2.7 索尼公司市场营销组合的拟定过程

索尼公司在进入美国市场之前，派出由设计人员、工程师以及其他人员组成的专家组，去美国进行考察和研究如何设计其产品以适应美国消费者的偏好。然后，招聘美国工业专家、顾问和经理等人员，帮助索尼公司分析如何进入市场。在仔细地研究分析市场机遇，确定目标市场后，索尼公司才制订以产品、价格、分销、促销、公共关系和政治权利等内容的市场营销组合策略。

第三节 业务指标

业务指标是对业务进行精细化分类后，针对某一具体事物或行为进行量化描述的数值。常见的业务指标类别有用户指标、行为指标、产品指标等。一般来说，用户指标来自用户数据，是属于描述用户特征的数据。行为指标使用用户产生的行为数据描述用户行为。产品指标使用来自产品数据，描述产品特征。

指标通常是用以监控业务发展，洞察用户行为的各类指标组成的结构化体系，包括指标和维度。指标应能够反映业务的各个方面，也能让管理者一目了然。指标就是用数据来量化业务发展、用户行为的方法，用来监控业务发展的真实情况和还原用户使用场景，指标的数量可能有多个，选择量化指标时一定要合理，要能够反映业务的真实情况。维度是洞察指标的不同视角，有利于细分指标，就是从不同细分视角看这个指标。

作为数据分析人员，需要具备三个重要的能力。第一，理解数据。能够从数据中发现业务指标。第二，具备基本财务知识，会从报表中提取指标。第三，能够使用相关指标分析数据，有时需要使用多个指标去分析一个问题。这就要求数据分析人员知道常见的指标有哪些。

一、理解数据

数据的价值之一就是用来建立各种业务指标，用以监控业务日常运营，并预警可能出现的业务问题，定位问题原因。同时，数据分析人员和企业业务管理人员都应该了解业务的指标体系，用数据和指标来量化自己的工作，并基于数据改进自己的工作。

当一个数据分析人员拿到数据以后，假设数据存放在 Excel 表格中，我们可以按照下述两个方面来理解数据。

第一，要清晰知道数据中每一列的含义。不理解的地方，要和数据提供方进行沟通。

第二，对数据进行分类。下面以用户数据、行为数据、产品数据为例，分别介绍如何对这 3 类业务数据进行分类。

(1)用户数据应当反映用户的基本情况。用户数据表通常包括用户姓名、性别、邮箱、年龄、家庭住址、教育水平、职业等。对于企业来说，用户数据构成其重要数据资产，也是企业的战略资源。用户数据资产呈现不同层级和价值密度的分布，记录用户身份属性，感知意愿，交互行为的全周期数据。通过对用户数据的运用，为企业提供某种权力、优势及获利的可能性。

(2)用户行为数据表由五个元素构成，即时间、地点、人物、交互、交互的内容。行为数据记录了用户曾经做过什么。例如，在证券公司的网上交易终端上，用户行为可以是用户在某类产品(股票、基金、期货、期权)上的停留时间，研究过哪些品种，交易了哪些品种。行为数据的重点是用户的行为及行为发生的时间。

对用户行为进行分析，要将其定义为各种事件。例如用户查询一只股票可以被认为是一个事件，涉及在什么时间，什么平台，股票名称是什么，查询的内容是什么，这是一个完整的事件，也是对用户行为的一个定义。

(3)产品数据是指在实体商店或者网上平台销售的产品或者服务的信息。例如,鲜花商店卖出的鲜花,证券公司提供的网上证券交易服务,都是产品或服务的数据。产品数据包括产品名称、产品类别、其他消费者对产品评论等。

以网购平台为例,表 2.1 展示了数据分类方法。用户数据分类体现在列名,如性别、年龄、用户所在地区。行为数据的特征包括点击某个商品的次数,购物车的收藏量,商品的分享次数。产品数据包括电烤箱、鲜牛奶、橙子等产品名称。

表 2.1　业务数据细分示例

数据分类	特征/名称
用户数据	性别,年龄,地区
行为数据	浏览某个商品次数,收藏数,分享数
产品数据	电烤箱,鲜牛奶,橙子

二、业务指标

如何理解经营管理过程中的业务指标?现代管理学大师德鲁克提出用管理促进企业增长,他认为如果一个企业管理者如果不懂的如何衡量业务绩效,那么他(她)管理的企业就不能有效增长。

管理者需要用某个统一标准去衡量业务,这个统一标准就是数据指标的概念。所谓的“数据指标”,简单来说就是可将某个事件量化,用数字来衡量目标。以下对用户数据,行为数据和产品数据进行进一步讨论。

(一)用户数据

假设“快手”的一个直播平台为了扩大粉丝的规模,主播每天都会通过各种渠道,包括将其他主播的粉丝导入到自己的平台上,这些新的粉丝就是平台上的新增用户。

平台上的一部分参与者感觉平台非常好,能够听到许多有意义的直播,经常在平台上点赞,这些人就是活跃用户。剩下的一部分参与者感觉平台的吸引力没那么大,经常待在一个角落里,这些参与者就是不活跃用户。随着时间的推移,一部分粉丝觉得平台没意思,就离开跑到其他直播平台上了,这些粉丝就是流失用户。留下来的人就是留存用户。

可见,平台上的用户有以下几类,分别为新增用户,活跃用户和留存用户。其中活跃用户对应的是不活跃用户,留存用户对应的是流失用户。

“快手”上有很多直播平台,为了成为“快手”上的顶流平台,需要找合适的指标来衡量平台上的留存和活跃客户情况,从而制定对应的运营策略。除此之外,与用户数据相关的其他指标还包括:日新增用户数,新增用户描述的指标;活跃率,对于活跃用户描述的指标;留存率,对于留存用户描述的指标。以下分别介绍关于这些业务指标的含义及应用。

第一,日新增用户数就是企业每天新增的用户有多少。例如直播平台上的日新增粉丝数。一个企业如果没有用户增长,自然流失使得用户数逐渐减少,经营趋于惨淡。另一方面,如果我们按渠道维度来拆解日新增用户,就可以看出不同渠道按日分别新增了多少用户，从而判断出各个渠道推广的效果。

第二，在讨论活跃率之前，首先需要获得活跃用户数。对用户是否活跃的定义因产品而异。

活跃用户数按时间又分为日活跃用户数，周活跃用户数，月活跃用户数3类。日活跃用户数是一天之内活跃的用户总数。周活跃用户数是一周之内至少活跃一次的用户总数。月活跃用户数是一个月之内至少活跃一次的用户总数。数据分析人员需要注意，统计人数要去掉重复的数据。例如张三每天都上“快手”某直播平台，每天活跃1次，1个月30天活跃30次，此时，月活跃人数不是30，而是1，1个人1个月内活跃多次只能算1个活跃客户。

活跃率是活跃用户在总用户中的占比，计算时用活跃用户数除以总用户数。根据时间可分为日活跃率、周活跃率、月活跃率。

$$活跃率 = 活跃用户数 \div 总用户数 \times 100\% \tag{2.1}$$

第三，通过渠道推广过来的新用户，经过一段时间可能会有一部分流失，留下来的用户称为留存用户。留存和流失正好是相反的概念。为什么要关注留存用户？留存可以评估产品功能对用户的黏性。如果一个产品用户留存率低，那么说明产品对用户的黏性就小，就要想办法来提高留存率。

反映用户留存的指标，用留存率来表示。第1天新增的用户中，在第 N 天还使用过产品的用户数，除以第1天新增总用户数就是留存率。当 N 取值越大，留存率越高时，用户黏性越高。

留存率的定义为在一个统计周期(例如，周或月)内，每日活跃用户数在第 N 日仍活跃的用户数占比。其中 N 通常取2,3,7,15,30，分别对应次日留存率，三日留存率，周留存率，半月留存率和月留存率。计算方法分别如下。

次日留存率：第1天新增的用户中，在第2天使用过产品的用户数除以第1天新增总用户数。

三日留存率：第1天新增的用户中，在第3天使用过产品的用户数除以第1天新增总用户数。

周留存率：第1天新增的用户中，在第7天使用过产品的用户数除以第1天新增总用户数。

半月留存率：第1天新增的用户中，在第15天使用过产品的用户数除以第1天新增总用户数。

月留存率：第1天新增的用户中，在第30天使用过产品的用户数除以第1天新增总用户数。

所以留存率的公式可以概括如下：

$$留存率 = \frac{新增用户中再次使用产品或服务客户数}{新增客户数} \times 100\% \tag{2.2}$$

案例2.8 产品活跃度分析

一个企业的用户规模在100万以上，正在推广一款返利类产品(甲产品)，企业与一家电商建立了合作关系，用户只要在该电商平台购物就可以低价购买甲产品。

这款产品受到用户好评，但是销量却比较惨淡，用户的活跃度低于其他产品。问题出在哪？经过多次回访后发现，问题的根源在于产品的用户黏性低。用户在合作电商平台上购物时，经常忘记这款返利产品的存在。低频产品最大的困难，不是产品本身的好坏，而是产品被遗忘了，这些产品存在感低。

为了验证这个猜想，公司的管理人员做了一次数据分析。观察周期为30天，分析对象是甲产品的所有推广渠道，数据如表2.2。

表2.2 甲产品渠道统计

业务模块	购物	好友助力	摇红包	每日打卡
月活跃用户	10%	15%	60%	20%

可以看到，摇红包的用户活跃度占据了非常重要的位置。换言之，如果将这个推广渠道舍弃掉了，那么甲产品的用户日活跃度将会降低60%。从留存率的角度看，摇红包的购买的用户也远超其他渠道。

通过对销售渠道的数据分析，甲产品的负责人做了一个非常明智的决策，将新用户导流至摇红包渠道，这样的一个决策，让整个产品的留存提升了30%，日活跃度也因此提升了15%。接下来，公司团队的主要任务就是抓这个指标，想各种办法来提高用户活跃率。

（二）行为数据

用户行为分析是对用户与产品相关行为的数据进行分析，通过构建用户行为数据分析体系，来改进产品、营销及运营决策，实现精细化运营，推动业务增长。

用行为数据分析需要回答用户干了什么。用户行为相关的数据指标包括：访问次数、访问人数、转发率、转化率、K因子五个指标。

第一，访问次数。以线下鲜花店为例，客户进入一个花店算作一次访问，如果有20人进入，那么访问次数为20，一天内相同客户进入花店多次，访问次数将会累计增加。以线上购物平台为例，某一个网购平台1天中被打开20次，那么访问次数为20。记录一天内访客访问网站的次数。一天内相同访客访问同一网站，访问次数将会累计增加。从访客来到网购平台到最终关闭所有页面离开，计为1次访问。

第二，访问人数。访问人数的定义是唯一身份访客的数量。一天内进入花店或购物网站的唯一身份访问者数量。同一个访问者的一天内多次访问花店或购物网站，只计算一个访问者。

通过比较访问次数或者访问人数的情况，可以分析用户喜欢产品的哪些功能，或不喜欢哪些功能，从而根据用户行为来优化产品。

第三，转发率。有些产品为了推广，链接具有转发功能，转发率的定义如下：

$$转发率 = 转发产品用户数 \div 看到该产品用户数 \times 100\% \tag{2.3}$$

第四，转化率有两种计算方法。

店铺转化率是指到达一个店铺并产生购买行为的人数与所有到店人数的比率。计算方法为：

$$店铺转化率 = 产生购买行为的客户人数 \div 所有到达店铺的访客人数 \times 100\% \tag{2.4}$$

广告转化率是指通过点击广告进入电商平台的比例。计算方法为：

$$广告转化率 = 点击广告进入推广网站的人数 \div 看到广告的人数 \times 100\% \quad (2.5)$$

第五，K 因子也被称为病毒系数，被用于衡量推荐的效果，即一个发起推荐的用户可以带来多少新用户。计算公式为：

$$K 因子 = 发起邀请的用户数 \times 转化率 \quad (2.6)$$

其中，发起邀请的用户数就是平均每个用户向多少人发出邀请，转化率是接收到邀请的人转化为新用户的转化率。当 $K>1$ 时，新增用户数就会像滚雪球一样增大。如果 $K<1$ 的话，那么新增用户数到达某个规模时就会停止。

（三）产品数据

产品数据相关的指标共有 4 类，分别为业务总量指标，人均情况指标，付费情况指标和产品情况指标。

①业务总量指标

业务总量指标主要包括成交总额、成交数量、访问时长。成交总额是零售行业的流水，成交数量就是购买的产品数量。对于网购平台，访问时长是指用户在购物网站选购商品，从进入网站开始到退出网站，中间所经过的时间，也称为网站访问时长。

②人均指标

在业务领域，常用来衡量人均情况的指标有人均付费（也称客单价）、付费用户人均付费、人均访问时长。计算公式分别为：

$$人均付费（客单价）= 销售总额 \div 顾客总数 \quad (2.7)$$

$$付费用户人均付费 = 销售总额 \div 付费顾客人数 \quad (2.8)$$

$$人均访问时长 = 总时长 \div 顾客总数 \quad (2.9)$$

③付费指标

付费相关的指标主要是付费率指标和复购率指标。通过这两个指标可以衡量产品的付费情况，找出当前的业务问题。

付费率的计算公式为：

$$付费率 = 付费用户数量 \div 全部用户数量 \quad (2.10)$$

如果再加上时间维度，又可分为日付费率，月付费率。结合付费功能，也可计算某个付费功能的付费率。付费率代表了整体用户的消费意愿，很大程度上会受到价格因素的影响。付费率能够反映产品的变现能力和用户质量。

④产品相关指标

产品相关的指标是指从产品的角度去衡量哪些产品好，哪些产品不好。好的产品重点推销，不好的产品去分析原因。

常见的几个产品指标包括产品热销度、产品好评度、产品差评度。销售方可以根据具体的业务需求，灵活扩展使用。

产品热销度。知名的产品并不一定热销，而拥有热销度的知名品牌是更强的品牌，品牌的热销度是品牌生产力的反应，是营销网络是否健全的评价指标。

产品好评度是指一段时间内产品所获得的消费者好评程度。计算方法是对某个产品的好评总数与所有评论总数的比值，得出消费者好评指数。该指标反映了消费者对产品的消费体验好感程度。产品好评度主要是以电商平台的产品评价信息数据为研究对象,产品好评度指数越高,口碑指数越高,口碑形象越好。

产品差评度是产品的差评总数与所有评论总数的比值,也称作消费者差评指数。产品差评度指标反映了消费者对产品的消费体验不好感程度。

复购率是根据消费者对某一产品或服务的重复购买次数计算的比率,用于反映用户的付费频率。由于复购率指一定时间内重复购买频率,其计算公式为:

$$复购率 = 消费两次以上的用户数 \div 付费人数 \tag{2.11}$$

复购率能够反映消费者对产品或服务的忠诚度,比率越高则忠诚度越高,反之则越低。

三、业务指标选择

本小节将讨论两个方面内容:第一,数据分析人员在选择数据指标时的目标定位。第二,数据分析人员在设计业务指标或构建业务指标体系时需要注意的事项。

首先,如何选择数据指标?在明确此问题之前,首先将业务指标根据企业部门的定位分为下面三个层次,即:战略层指标、业务层指标和业务执行层指标。

战略层指标用于衡量企业整体目标达标情况,与业务紧密结合,对全公司所有员工都具有核心的指导意义,是不可拆分的基础指标。

业务层指标将战略层指标横向分类,可以按照业务部门划分,也可以按照地域划分。业务执行层指标是将业务层指标纵向展开,进行路径拆解,用于定位二级指标的问题。战略层指标呈现整体情况,需要通过业务层,业务执行层指标进行补充和细化,最终指导业务层和业务执行层指标的改进。

假设一个电商平台的战略层指标是交易额,那么业务层指标既可以设定为各种商品的交易额,也可以设置分地区的交易额。如果战略层指标出现问题,例如,出现交易额不达标,管理者可以快速查询到问题的源头。

数据分析人员可以对业务执行层指标,如:商品购物车数,订单数进行详细分析,具体方法可以考虑对上述指标加上适当的维度分析,将业务执行层指标进行进一步分解。常用的维度包括以下几类。第一,时间维度。如:小时、天、周、月、季、年。第二,渠道维度,如:推广注册、自然注册、活动注册。第三,用户画像维度。高净值用户、低净值用户。第四,终端类型维度,例如PC终端、移动终端。

在明确了业务指标的层次之后,需要明确数据指标服务于什么目的。如果是企业的战略层指标,这些指标应被整个企业认可,是用于衡量企业业绩的核心指标。

企业的业务层面指标是对战略层指标的分解,通过查看业务层面指标,管理者可以快速定位导致战略层指标出现变化的原因。

业务执行层指标是对业务层面的具体分解,业务执行指标通常是业务过程中非常详细的指标。所以,数据分析人员在设计业务指标或构建业务指标体系时,需要注意以下事项。

第一,要避免一个人完成所有业务指标,不和业务部门的人员进行沟通。建立业务指标体系不是数据分析师个人能够完成的,需要企业的业务部门,如市场部、运营部、产品部门的配合。合理的做法是在企业管理层的领导下,数据分析部门,开发部门和业务部门相互之间进行协作完成。业务部门会不断提出新的业务需求,如果业务部门认可数据部门做出的分析报告，并希望以后可以随时查询到相关的数据，那么数据部门就可以把数据产品化，协助开发部门把数据产品做进企业的可视化平台，在企业的日常工作中，业务部门，数据部门，开发部门是紧密协作的。

第二，数据分析人员建立业务指标体系需要注意，不能不知企业的战略层级指标。数据分析师一定需要知道战略层指标是什么，如果不能围绕战略层指标来做设计，可能最终结果会有问题。

第三，在设计业务指标时，要关注指标之间的逻辑关系。没有逻辑关系的两个指标是没有意义的，如果不按照业务流程来建立指标体系，虽然指标很多，但是指标之间没有逻辑关系，以至于出现问题的时候，找不到对应的业务节点是哪个，最终无法解决问题。

第四，要尽量避免没有业务意义的指标。如果设计的指标看上去很丰富，但是却没有实际的业务意义，这些指标最终是一些没有用的数字。例如，企业销售部门最关注的是销售目标的完成情况，现在完成了多少，接下来的每天应该完成多少，哪些区域完成额最高，哪些区域完成额最低。如果不围绕这个业务目标设计指标，而是随意把指标设计为用户学历，性别，这就与业务没有任何关系。

因此，数据分析人员建立业务指标体系时需要与各业务部门紧密沟通，还需要对公司业务和各部门职能有深刻理解，在此基础上再根据建立指标体系的方法，搭建出合适的指标体系。

案例 2.9 业务层指标的错误设定

一个证券公司为了激励员工，根据公司总部的战略层指标给下属营业部经理制定的奖励为：投诉率最低的 10 个营业部各奖励 20,000 元。营业部客服月通话时长平均 5 小时以上，奖励 10,000 元。

而一个营业部的经纪业务收入 200 万元，在 100 家营业部中排名最后，按经纪业务收入考核是不达标的，但因为上面的战略层指标完成的好，其获得的奖励收入反而比经纪业务收入达标的那些营业部高。这种不以经纪业务收入作为战略层指标的激励方案就是无效的方案。

四、业务指标体系

业务指标体系能够帮助一个企业从不同维度对其业务进行梳理，把业务系统地组织起来。一个业务指标不能叫业务指标体系，几个毫无关系的业务指标也不能叫业务指标体系。同样，对于一家公司的业务是否在正常运行，可以通过业务指标体系对业务进行监控。当业务出现异常时，业务指标体系能够帮助发现问题、解决问题，损失最小化。

业务指标体系的基本作用包括监控业务情况，通过拆解指标寻找当前业务问题，评估业务可改进之处，找出下一步工作方向。

如何构建一个企业的业务指标体系是数据分析人员的一项基本技能。下面从三个方面讨论：业务指标体系的构成，业务指标体系的作用，如何在企业中建立业务指标体系和在建立业务指标体系中需要注意的事项。

（一）在实际工作中，单个业务指标通常无法解决复杂的业务问题，这就需要使用多个业务指标从不同角度来评估业务，也就是使用业务指标体系。指标体系是从不同角度来描述某项业务，围绕业务把几个指标有系统地组织起来。如果一个业务指标能够完全描述业务，也可称为体系，但把几个毫无关系的指标放在一起，则不能称为指标体系。

（二）利用业务指标体系，管理者可以大致判断企业的业务是否正常，也就是通过业务指标体系对业务进行监控。

（三）数据分析人员应与相关管理人员及其他部门的业务人员合作，根据下述步骤建立业务指标体系：

（1）确定战略层指标

战略层指标是用来评价整个企业及各业务部门运营情况最核心的指标。战略层指标可能是多个指标，有些业务需要多个指标来综合评价。

（2）根据业务运营情况，设计业务层指标

有了战略层指标以后，可以进一步将战略层指标拆解为业务层指标。拆解的方式要根据具体业务运营方式。如果企业的销售部门是按地区运营，可以从地区维度拆解。如果是按用户运营，可以从用户维度拆解。

（3）根据业务层指标，确定业务执行指标

战略层指标通常是业务流程最终的结果，例如企业的销售额是否完成，是整个业务流程最后的结果。问题在于最后的结果需要监督，如果企业销售额不达标，是哪个环节出了问题，如何改进业务流程，回答这些问题需要一些更加详细的指标，即业务执行指标。

（4）形成指标体系

根据前面步骤得到战略层指标，业务层指标和业务执行指标之后，可以把这些指标进行汇总整理，形成指标体系对业务进行监控，必要时通过增加新的指标不断完善指标体系。

案例 2.10 商业银行的战略指标

某商业银行的主要职能之一是开发出符合市场需求的贷款产品，在提升放款量的同时，也需要监控放款逾期率，所以部门的绩效有两个，一是贷款产品的放款金额，二是贷款产品的坏账率。

该银行同时提出将毛利润和用户数也作为考核指标。所以，最终该银行确定了四个战略层指标：放款金额，坏账率，毛利润和用户数。

案例 2.11 某企业的战略指标分解

某企业的目标是销售额，从商品维度考虑，销售额等于单个商品销售数乘以平均价格，从地区渠道维度考虑，销售额等于所有商品销售额相加，从会员维度考虑，销售额等于不同等级会员的购买商品金额之和。

该企业战略层指标是销售额，业务层指标有商品地区销售价格，商品地区销售额及会员的销售额。

案例 2.12 业务层指标分解

某使用会员系统的企业，不同会员等级购买商品的价格不一样，商品在不同地区的销售价格也不一样。需要把业务层指标按照会员级别维度或地区维度拆解为更细的业务执行指标。

在会员业务节点可以统计各个会员级别的销售额，在地区业务节点统计各个地区的销售额。

五、业务报表

业务报表是指用统计图表对业务内容和数据进行呈现。一般是企业内部的自制报表。统计图是将数据图像化,形象地呈现数据。常见的可视化分析图表有比较类图表、占比类图表、相关类图表和趋势类图表等。

业务报表通过可视化分析图表支撑数据分析报告,对整个业务指标总结与呈现。通过报告,供业务分析人员参考。一份好的数据分析报告具有以下 3 个特征:好的分析框架,明确的结论,提出具有可行性的建议或解决方案。

制作报表的基本步骤如下:

(1)确定报表的目标

(2)选择指标体系

(3)确定数据的展现形式

(4)确定报表的更新频率

(5)报表开发

案例 2.13 某自行车企业业务报表开发

某自行车企业的业务经理,拟向公司管理层汇报 2021 年 12 月自行车线上销售情况,数据部门需要提供一份 12 月份线上自行业务数据分析报表。

第一,报表的目标是要反映 2021 年 12 月自行车线上销售情况,需要通过报表了解相关问题。从整体的角度,分析 2021 年 1 月到 12 月自行车的整体销售情况。从地区的维度,分析 12 月每个地区的销售情况,销量排名前 10 城市销售表现。从产品的角度,分析 12 月各产品销售情况,细分产品销售情况,销量前 10 的产品销售表现。从用户的角度,分析用户年龄分布及每个年龄段产品购买喜好,男女用户购买情况。

第二,根据上述目标,考虑建立下述指标体系。战略层指标:2021 年 12 月自行车线上销售额。业务层指标:每个地区销售额,分类产品销售额。执行层指标:排名前 10 的产品销售额。

第三,设计报表展现形式。经过和业务部门确认,报表默认是显示全部产品销售数据。需要看更详细的数据时,再点击报表上的小三角形展开查看详细数据。报表提供按照地区,产品类型,年龄段和性别分类的筛选功能。

第四,编写需求文档。把上述指标体系和报表需求整理成一份文档,提交企业开发部门。

第五,报表开发。报表开发出来之后,经验证过数据没有问题,就可以提交业务部门。

第四节 思考与练习

一、单选题

1. 下面关于问题识别依据的说法,以下哪一项表述是不正确的(　　)?

   A. 识别问题需要找到企业内部利益相关者　　B. 问题的核心是什么

   C. 问题在企业中具有的重要程度　　D. 问题通常是显而易见的

答案:D

2. 在竞争者分析中有四种诊断要素,即(　　),竞争对手的现行战略,竞争对手的假设和竞争对手的能力。

A. 竞争对手的短期目标　　B. 竞争对手的长期目标

C. 竞争对手的长期战略　　D. 竞争对手的短期投资

答案:C

3. 为了识别和捕捉市场机会,需要分析市场机会的出现,下述哪一个表述是不正确的(　　)。

A. 专注现有客户群体　　B. 挖掘出新的用户需求

C. 研究经济环境的变化　　D. 分析政府颁布的新法规

答案:A

4. 以下情况中,属于风险转移的方法是(　　)。

A. 从项目中取消一项风险高的工作　　B. 选用比较稳定的供应商

C. 要求供应商提供履约担保　　D. 建立应急储备

答案:C

5. 下述关于营销诊断书内容的说法中,不包括哪个选项(　　)。

A. 企业营销现状与问题　　B. 原因分析及完善措施

C. 投资建议　　D. 完善措施

答案:C

6. 下列关于竞争环境的分析说法正确的是(　　)。

A. 从大多数企业视角去观察分析竞争对手的实力,属于竞争环境分析

B. 从产业竞争结构视角观察分析企业所面对的竞争格局,属于竞争环境分析

C. 竞争对手的假设仅包括竞争对手对自己的假设

D. 竞争对手的假设仅包括竞争对手对产业及产业中其他公司的假设

答案:B

7. 数据的收集通常包括用户数据,消费数据,行为数据和营销数据等信息,以下属于行为数据的是(　　)。

A. 会员等级　　B. 免邮次数　　C. 销售总额　　D. 下单次数

答案:D

8. 为了研究消费者对某类产品的认识,偏好和行为,获取消费者对于老产品产生的新想法,获取消费者对新产品概念的印象,研究广告创意,获取消费者对具体市场营销计划的初步反应等市场调查方法是(　　)。

A. 入户访问法　　B. 拦截式访问法

C. 计算机辅助访问法　　D. 焦点小组座谈法

答案:D

9. 从产品的整体概念来看,核心产品是指产品的(　　)。

A. 基本功能　　B. 质量

C. 商标　　D. 售前和售后服务

答案:A

10. 下面关于日新增用户数指标的说法,哪个观点是正确的(　　)?

A. 日新增用户数不能够反映一个企业的用户增长,用户数就会慢慢减少,越来越惨淡

B. 日新增用户数增加,用户数就会慢慢减少

C. 日新增用户数减少,用户数就会慢慢减少

D. 日新增用户数增加,当月累计新增用户数减少

答案:C

11. 客户在一次交易中支付的金额总和称为客单价,那么下面选项那个是正确的:客单价 = 销售额/(　　)。

A. 周转率　　B. 交易次数　　C. 净利　　D. 含税销售额

答案:B

12. 在战略层,业务层和业务执行层的三层架构中,战略层指标和业务层指标层之间的关系是(　　)。

A. 没有关系　　B. 并列关系　　C. 依赖关系　　D. 互通关系

答案:C

13. 下述关于识别利益相关者的说法,不正确的是(　　)。

A. 应该分析利益相关者的兴趣。

B. 应该找到对项目有重要影响的利益相关者。

C. 应该研究所有利益相关者对项目的看法。

D. 应该在整个项目期间一直关注该项目利益相关者

答案:D

14. 下面关于市场细分的依据的观点,哪一个选项是正确的(　　)?

A. 消费需求差异　　B. 企业资源差异

C. 社会环境差异　　D. 生活方式差异

答案:A

15. 下列关于数据分析和业务之间关系的观点,正确的观点是(　　)。

A. 业务好了就不需要数据分析了　　B. 数据分析决定业务

C. 业务比数据分析重要　　D. 数据分析必须结合业务

答案:D

二、多选题

1. 下列关于风险保留的说法,正确的有(　　)。

A. 计划性风险自留是有计划的选择

B. 风险自留区别于其他风险对策,应单独运用

C. 风险自留主要通过采取内部控制措施来化解风险

D. 属于非计划性风险保留

E. 通过自有资金来弥补所遭遇的损失

答案:BCDE

2. 下列关于企业内部利益相关者的说法中,正确选项的有(　　)。

A. 控股股东对企业主要的利益期望是资本收益

B. 传统理论认为投资者对企业的主要期望就是利润最大化

C. 管理层对企业的主要利益期望是销售额最大化

D. 部门经理的主要利益是控制成本

E. 企业员工主要追求个人收入和职业稳定的极大化

答案:ABCE

3. 在下面关于消费者偏好的划分依据的描述中,正确的观点是(　　)。

A. 对商品的偏好　　B. 对生产厂商的偏好

C. 对商业品牌的偏好　　D. 对消费行为方式的偏好

E. 对经营者的偏好

答案:ABC

4. 下面关于市场营销组合的4P策略组成的说法,正确的选择是(　　)。

A. 定位　　B. 产品　　C. 价格　　D. 分销

E. 促销

答案:BCDE

5. 作为一名数据分析师,应该根据具体业务选择合适的指标衡量业务,无论何种业务,我们都可以使用下述哪些业务数据来作为业务指标(　　)?

A. 用户数据　　B. 行为数据　　C. 产品数据　　D. 行业销售数据

E. 财务数据

答案:ABC

6. 作为称职的数据分析师需要具备良好的洞察力,下述关于洞察力的描述,哪一些是必备的(　　)?

A. 相关工作经验　　B. 简单比复杂好

C. 对待事物的好奇心　　D. 研究宏观经济分析行业前景

E. 能够制定解决问题的方案

答案:ACDE

6. 下列关于竞争者分析的描述中,属于正确的分析方法是(　　)。

A. 识别竞争者　　B. 判定竞争者的战略和目标

C. 评估竞争者的优劣势　　D. 评估竞争者反应模式

E. 认识市场需求特征

答案:ABCD

7. 在风险管理中,下述关于损失控制的描述,正确的选项包括(　　)。

A. 放弃风险　　B. 减少风险发生的概率

C. 减轻损失的程度　　D. 保留风险进行损失管理

E. 积极的风险控制手段

答案:BCDE

8. 下列关于情景分析法的说法,哪些选项属于正确的(　　)?

A. 情景分析是一种多因素分析方法

B. 情景分析中的情景包括基准情景

C. 情景分析中的情景包括最好的情景

D. 情景分析中的情景包括一般的情景

E. 情景分析中的情景包括最坏的情景

答案:ABCE

9. 下述关于制定目标营销战略的步骤的描述中,哪些选项是正确的(　　)?

A. 市场细分　　B. 市场定位　　C. 促销分析

D. 营销组合　　E. 选择目标市场

答案:ABE

10. 下列各项中,哪些是属于企业业务层面的指标(　　)?

A. 经营目标　　B. 资产目标　　C. 战略目标

D. 企业各类产品的销售目标　　E. 企业产品在各地区销售目标

答案:DE

三、计算题

1. 在网购平台上,一个产品有1万用户购买,其中有2000用户转发了该产品,计算该产品的转发率。

解:根据公式,该产品的转发率为 2000÷10000×100% = 20%。

2. 假设共有100个用户看到了花店的推广信息,被吸引进入店铺,最后有15个人购买了花店里的商品,计算转化率。

解:根据公式,转化率为:15÷100×100% = 15%。

3. 假设共有100个人看到了电商网站的推广广告,其中有20个人点击广告进入购物网站,计算广告转化率。

解:转化率为: 20÷100 ×100% = 10%。

4. 假设平均每个用户将向15个朋友发出邀请,而平均的转化率为10%,计算K因子。

解:根据公式,K 因子为:15×10%=1.5

5. 考虑下述情景,假设一款游戏产品有10万注册用户,其中1.5万用户有过缴费,计算该产品的付费率。

解:根据付费率公式,付费率 = 15000÷100000 = 15%。

6. 某电商2021年的基础数据如下,付费顾客数人数是10000,重复购买用户数是60,计算复购率。

解:复购率 = 60÷10000 = 0.6%。

7. 某产品第1天新增用户100个,第2天这100个人里有50个人继续使用该产品,到第7天这100个人里有25个人继续使用该产品,分别计算次日和7日留存率。

解:次日留存率 = 50/100 = 50%,7日留存率 = 25/100 = 25%

关于留存率有一个著名的40—20—10法则,也就是新用户次日留存率为40%,第7日留存率为20%,第30日留存率为10%,具有这种表现的产品是属于用户黏性比较好的。

第三章
业务数据描述

本章学习目标

掌握数据基本收集方法。了解数据清洗的主要操作，理解对数据进行加工的主要操作。掌握主要统计图有哪些及其适用情形。

本章思维导图

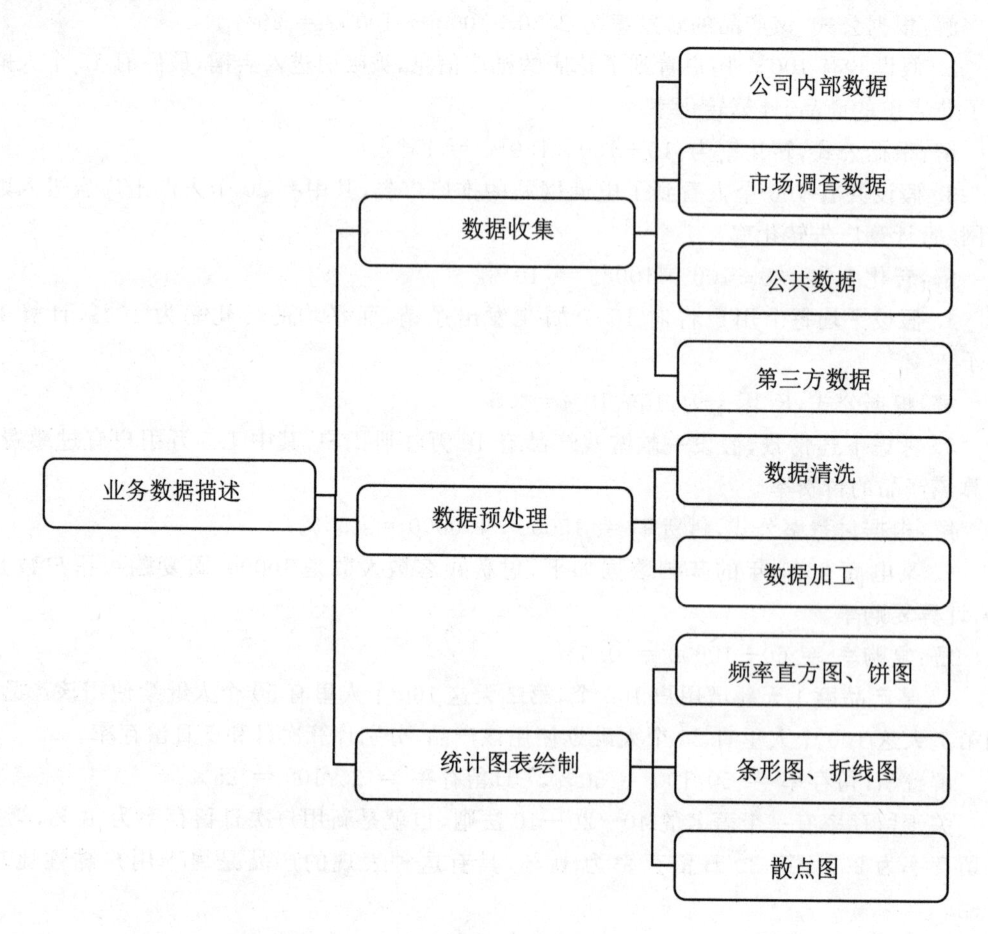

上一章讨论如何构建企业的业务指标体系，本章将从统计学角度来分析这些指标。利用统计方法，数据分析人员可以通过相应统计模型开展数据分析。数据分析过程包括数据收集、数据处理、数据探索、模型方法应用、分析结果数据展现及形成分析报告。

在本章将介绍如何收集构成各种业务指标的数据，收集后数据的处理原则，业务数据指标的图表化展现。

业务报表是指对业务内容和数据的统计分析图表。统计图表代表了一张图像化的数据，形象地呈现数据。我们常常提到的可视化分析图表一般包括比较类图表、占比类图表、相关类图表和趋势类图表。

第一节 数据收集

作为企业的数据分析人员，应当熟知关于业务指标数据收集的过程，即数据的来源，数据收集的基本原则和数据收集方法。

为了收集企业所需要的各类业务数据，数据分析师主要关注以下信息来源：企业内部数据源，市场调查数据源，公共数据源和第三方数据源。

公司内部数据主要是指公司运营过程中产生的数据。可以是公司业务线运营产生的业务数据，也可以是公司经营类数据。

市场调查是指用科学的方法，有目的、系统地搜集、记录、整理和分析市场情况，了解市场的现状及其发展趋势，为企业的决策者制定政策，进行市场预测，做出经营决策，制定计划提供客观、正确的依据。

公共数据主要是指政府在行政执法过程中产生的信息，例如行政许可，法院诉讼等活动所带来的信息。公共数据一般由数据服务机构通过数据服务平台向大众开放。

第三方数据是指一个企业与其他企业合作获得的数据。例如，企业以自身的技术交换其他企业的数据，或者自己与对方企业各有不同细分市场数据，双方合作能形成战略上的互补。

一、公司内部数据

公司内部信息收集可以是各类业务数据，例如实体数据、交易数据和行为数据。也可以是经营类数据。例如收入、成本、费用。

数据收集的来源可以是来自业务部门每日、每周或每月的各类数据表，企业信息系统自动生成数据存放于表格文件或数据库中。如果数据分析人员需要获取企业内部数据，表 3.1 列出可能的数据内容。

表 3.1 企业内部数据相关内容

数据对象	数据内容
企业概况	企业背景，发展历史，股东信息，注册资本及构成，参股企业，对外投资，控股公司
人力资源	组织架构，主要管理者信息，员工人数，员工构成、各部门员工人数，薪酬结构，考核标准，激励机制，员工培训
财务状况	资产负债表，利润表，现金流量表，销售收入，销售成本，利润率，按产品收入及成本等财务指标

续表

数据对象	数据内容
产品线	产品线,产品明细,种类,详细介绍(规格,型号,性能,用途),产品服务,产品技术含量(技术水平,技术参数,技术性能),产品价格体系
研发能力	研发体系(人数,结构),技术人员情况,新产品介绍,研发成果,研发投入,技术设备,合作机构,关键研发项目的进展
生产能力	生产线情况(核心设备明细,技术水平,生产能力,使用率,净值率),生产环境,生产直通率,生产报废占 BOM 的百分比,人均销售额,保修期内翻修率,制造费用结构及占销售比
营销	1. 销售明细:客户名称,产品名称,型号规格,单价,数量,金额,销售日期 2. 营销策略:主要目标市场,客户群特征,营销策略 3. 渠道策略:渠道模式,渠道结构,渠道价格体系,渠道管理制度 4. 客户分析:客户集中度分析,客户分布,销售区域分布,客户所在行业分布,客户维护模式
售后服务	产品保修/包修期限,服务响应速度,服务网络建设,服务程序,投诉/退货处理
采购	1. 原材料明细:供应商名称,产品名称,型号规格,采购量,价格,金额,采购日期 2. 供应商分析:核心供应商,产品,支付情况,合作模式,原材料采购成本,供货能力
竞争策略	企业 SWOT 分析,主要竞争优势分析,主要竞争对手,竞争策略
发展战略	生产,产品结构调整,投资,融资,管理层变动,合作,技术开发及各职能部门战略

以下对客户数据,销售明细数据和营销活动数据收集进行详细介绍。

(一)客户资料数据

由于客户资料数据是市场细分的基础,许多分析模型都是建立在客户资料数据的基础上。所以在收集客户资料数据时,数据表要能够反映客户的基本特征,一般包括下述内容:性别,年龄,收入,性格,职业,工作单位,籍贯,体型特征,居住地。

(二)销售明细数据

销售数据分析的目标是为实现业绩的增长做支撑。通过销售数据分析,管理者规避可能存在的风险、探索潜在新业务。销售明细数据一般包括:什么时候卖的,卖给谁,谁买的,卖的什么东西,什么价格卖的,卖的途径,跟什么一起卖。

(三)营销活动数据

营销活动数据能够帮助企业更好服务顾客,给顾客创造更多价值,对企业起赋能作用。营销活动数据包括活动的投入,产出,各种渠道的客户的反馈意见,还包括营销活动的目标、主题、手段,活动的进展和成本,营销活动对应销售业绩的影响。

二、市场调查数据

根据企业业务需求,数据分析人员应熟悉通过市场调查方法来收集相关业务数据。市场调查的主要方法包括观察法、提问法、入户访问、拦截访问、邮寄调查表法等。

(一)观察法

观察法的特点是需要了解问题在正常自然状态的情况。观察法又分为直接观察法与实际痕迹测量法两种。

直接观察法是指调查者有目的,有计划地对调查对象的行为、言语、情感进行观察记录。这种方法取得的是第一手数据,例如观察超市货架发现热销产品都在货架的中层。直接观测法所得信息真实生动,但也会因为调查者的主观意见而使观察结果存在片面性。

实际痕迹测量法是指对某个具体的事件留下的痕迹进行观察,该方法一般用于对客户流量,广告效果的调查。例如网站的点击量、客户停留时间和登录页面时间等,这些数据能显示出客户流量情况。

(二)提问法

提问法是指以问题形式将需要调查的事项通过面访、问卷、电话等方式,向被调查者提出,以获取所需要的信息的方法,这是市场调查中最常见的一种方法。提问法分为面对面调查,电话调查,书信调查,问卷调查,电子邮件调查等。

以上方法各有优缺点。面对面调查能直接获取被调查者的意见,富有灵活性,但这种方式成本较高,并且调查结果容易受到调查者能力强弱的影响;邮寄调查成本较低,但回收率低,速度慢;电话调查和电子邮件调查速度快,成本最低,但只限于有电话或电邮的用户,调查结果不具有普遍性;调查问卷几乎没有其他三种方法的缺点,不仅速度快,而且成本低,也不受调查者能力强弱影响,但结果容易受到调查者主观意见的影响。

(三)实验法

实验法通常用来分析某种因素对市场产品销售量的影响,一般先通过小规模调查实验,分析实验结果后再确定是否值得推广。它的应用范围较广,当产品的品质、包装、价格、广告、陈列方法等改变时都可以采取这种方法来了解客户的反应。

网络问卷调查是在互联网上发展起来的新型调查形式,主要应用于网上调查,其优点是快捷、高效、针对性强,能够节约数据调查人员的走访时间,避免调查人员在调查过程中因语言、语气给受访者带来误导。同时,网络问卷调查还可以降低调查成本。

三、公共数据

公共数据主要有宏观经济数据和行业数据,而这些数据的收集是一项很重要的基础工作。首先,需要确定数据的来源,然后再通过各种技术手段,包括数据提取技术、爬虫技术、语音技术来收集相关数据。

下面我们分别列出部分宏观经济数据和行业数据的信息源。数据分析人员应当根据所在企业的具体情况找到更多的信息源。宏观分析信息来源包括:

(1)电视、广播、报纸、杂志等

(2)各级政府部门与经济管理部门公布的各种经济政策、计划、统计资料和经济报告

(3)各主管公司、行业管理部门搜集和编制的统计资料

(4)部门与企业可供查阅的原始资料

(5)预测、情报和咨询机构公布的数据资料

(6)国家、有关部门、省市领导报告、讲话中的统计数字和信息等

行业数据的信息来源包括:

(1)统计年鉴

(2)政府部门公开发布的统计数据

(3)国际组织编制的综合或专门统计年鉴

(4)行业协会编制的行业相关信息

(5)咨询机构发布的咨询报告

(6)工商行政管理部门的企业报表

(7)报纸、杂志、学术论文、学术著作归纳或转载的行业相关信息

(8)国家专利部门公布的相关专利信息

(9)国家制定并公布的行业、产业政策

(10)中国海关,国家发展和改革委员会公布的倾销、反倾销调查信息及相关政策

(11)行业内专家或资深从业人士对行业内某话题的观点或分析结论

(12)上市企业 IPO 招股说明书等公开披露资料中归纳总结的行业相关信息

(13)政府内参及其他信息来源

宏观经济数据是反映经济活动的晴雨表,受企业广泛关注。宏观经济数据指标的变动通常能够影响企业业绩和消费者支出,宏观经济数据主要包括:

(1)国内生产总值 GDP

(2)人均可支配收入

(3)消费者物价指数 CPI

(4)生产者物价指数 PPI

(5)国内外主要股票指数

行业数据能够帮助企业进行对比分析,找准行业标杆,有助于企业认清企业外部环境,有助于企业培育不断学习、持续改进的文化。通过行业数据可以分析竞争对手,了解行业内的供应商和供应链情况,企业应该关注整个行业的各种情况。行业数据主要包括:

(1)行业相关政策

(2)行业总规模和变动趋势

(3)行业中的企业结构

(4)主要竞争对手状况及竞争策略

四、第三方数据

第三方数据是从外部数据源购买的数据,许多不同的数据提供商都销售这类数据,可以通过不同的途径访问这些数据。第三方数据是对公共数据的补充,获取第三方数据的方法一般通过数据运营商提供的数据交换接口。

数据分析人员在购买第三方数据时,需要了解数据提供者如何收集信息,何时从何处获得信息,数据字段的类型。第三方数据的数量大、范围广,可以用来扩展企业已有数据集。

第二节 数据预处理

数据处理是对收集到的业务数据进行加工、整理、检验、归类编码和数字编码的过程,形成业务指标及适合数据分析的样式,它是数据分析前必不可少的阶段。数据处理的基本

目的是从大量的、杂乱无章的数据中抽取并推导出对解决问题有价值,有意义的数据。

一、数据清洗

数据清洗就是将多余重复的数据筛选清除,将缺失的数据补充完整,将错误的数据纠正或删除。常用的数据清洗方法主要有以下四种,分别为丢弃、补全处理、不处理和真值转换。

(一)丢弃部分数据

丢弃数据就是直接删除有缺失值或无效值的行或列,以减少缺失数据对整体数据的影响,从而提高数据的准确性。但这种方法并不适用于任何场景,因为丢弃意味着数据特征会减少,以下两个场景不应该使用丢弃的方法,数据集中存在大量数据记录不完整,数据记录缺失值存在显著的数据分布规律或特征。

(二)补全缺失的数据

与丢弃相比,插补是一种更常用的缺失值处理方法,通过某种方法补充缺失的数据,形成完整的数据记录,对后续的数据处理、分析和建模非常重要。

估算方法是一种常用的补全缺失数据方法,它用某个变量的样本均值、中位数或者众数代替无效值和缺失值,这种办法简单,但没有充分考虑数据中已有的信息,误差可能比较大。

另一种办法通过变量之间的相关分析或逻辑推论进行估计,例如某一产品的购买情况可能和家庭收入有关,可以根据调查对象的家庭收入推算购买这一产品的可能性。

(三)不处理数据

不处理是指在数据预处理阶段,不处理缺失值的数据记录。这主要取决于后期的数据分析和建模应用。许多模型对缺失值有容忍度或灵活的处理方法,因此在预处理阶段不必进行处理。

(四)真值转换法

承认缺失值的存在,并将数据缺失作为数据分布规律的一部分,将变量的实际值和缺失作为输入维度参与后续数据处理和模型计算。然而,变量的实际值可以作为变量值参与模型计算,而缺失值通常不能参与计算,因此需要转换缺失值的真实值。

除了上述清洗方法之外,还需对数据进行一致性检查,根据每个特征的合理取值范围和相互关系,检查数据是否规范,是否超出正常范围,是否逻辑上不符或相互矛盾。例如年龄、体重、考试成绩出现了负数,都是超出了正常的范围。一个好用的工具对数据清洗工作和一致性检查是很有帮助,Excel、SPSS、SAS 软件都能根据定义的取值范围对数据进行识别筛选。

二、数据加工

在数据清洗之后,为了方便数据的使用需要对数据进行进一步处理,这就是数据加工的概念。数据加工包括数据转化、数据抽取、数据合并数据分组和数据计算这些高级操作处理方法。在进行数据处理之前,先要对数据变量进行简单介绍。

(一)数据变量

变量也被称为字段,在 Excel 数据表中对应列,在统计学中称为变量。常用的数据类型有字符型数据，数值型数据，日期型数据等。

①字符型数据

也称为文本数据，由字符串组成，它是不能进行算术运算的文字数据类型，它包括中文字符、英文字符、数字字符。字符型数据可以用于数据分类，例如，性别可以分为男或女，省份可以按各省进行分类，可以通过这些分类数据进行类别研究。

②数值型数据

数值型数据是直接使用自然数或度量单位进行计量的数值数据。例如：收入、成本、利润、销售额这些变量均为数值型数据。对于数值型数据，可以直接用算术运算进行汇总和分析。

③日期型数据

日期型数据用于表示日期或时间，它可以进行算术运算，它是特殊的数值型数据。日期型数据主要应用在时间序列数据中，例如，企业按日期的订单。

（二）数据抽取

数据抽取是指抽取原数据表中部分字段或记录的部分信息，形成一个具有新字段和新记录的数据表。主要方法有字段拆分和随机抽样。随机抽样方法主要有简单随机抽样、分层抽样、系统抽样等。

（三）数据合并

数据合并是指综合数据表中部分字段的信息或不同的记录数据，组合成一个新字段或新记录数据。主要有两种操作方法，字段合并和记录合并。字段合并，是将某几个字段合并为一个新字段。记录合并，也称为纵向合并，是将具有共同的数据字段、结构、不同的数据表记录信息，合并到一个新的数据表中。

（四）数据分组

数据分组，根据数据分析的目的将数值型数据进行等距或非等距分组，这个过程也称为数据离散化，其用途通常是用于查看分布，如消费分布、收入分布、年龄分布等。其中，用于绘制分布图 X 轴的分组变量，是不能改变其顺序的，一般按分组区间从小到大进行排列，这样才能观察数据的分布规律。

对于不等距的操作，可以重新编码为不同变量。重新编码可以把一个变量的数值按照指定要求赋予新的数值，也可以把连续变量重新编码成离散变量，如把年龄重新编码为年龄段。

由于分组的目的之一是为了观察数据分布的特征，因此组数的多少应适中。如组数太少，数据的分布就会过于集中，组数太多，数据的分布就会过于分散，这都不便于观察数据分布的特征和规律。

组距是一个组的上限与下限的差，可根据全部数据的最大值和最小值，也就是全距，及所分的组数来确定，所以，组距等于全距除以组数。

（五）数据计算

简单计算就是指通过对已有字段进行加、减、乘、除等简单算术运算，计算得出新的字段。还有的是函数计算，例如，日期计算，数据标准化，加权求和，平均值和总和。

总的来说，数据处理主要是指对原始数据进行清洗和加工处理，使之系统化、条理化，以符合数据分析的需要，同时也可用图表形式将数据展示出来，以便简化数据，使之更容易理解和分析。

数据处理之后就是数据分析，是指用适当的分析方法及工具，对处理过的数据进行分析，提取有价值信息，形成有效结论的过程。到了这个阶段，要能驾驭数据，开展数据分析，就要涉及工具和方法的使用。一般的数据分析可以通过 Excel 电子表格工具完成，而高级的数据分析就要采用专业的 Python 编程进行了。

第三节　统计图形绘制

在完成数据处理之后，数据分析人员能够使用图形向管理层和业务人员展示相关的业务指标。借助图形的展现手段，能更加有效，直观地发现原始数据中存在的问题。

所谓数据图形泛指在屏幕中显示的，可直观展示数据属性的图形。图形是一种很好地将数据直观、形象地呈现出来的手段。数据图形的可视化有助于快速、有效地表达数据关系。

接下来我们介绍一些常用的数据图形。常言道，字不如表，表不如图。借助图形的展现手段，能更加有效，直观地发现数据中存在的问题。常用的图形包括频率直方图、饼图、柱形图、条形图、折线图、散点图等。

一、频率直方图

在直角坐标系中，确定横轴和纵轴上的数据。横轴是根据数据的最大值和最小值把数据分为 m 组，组距等于全距除以 m，各数据组的边界范围按左闭右开区间。

纵轴是用频数除以数据总数，频数是落在各组数据的个数，而用频数除以数据总数就是频率。由此画出的统计图叫作频率直方图。

案例 3.1　绘制频率直方图

假设一个地区连续 50 年中 6 月份平均气温资料如下：

表 3.1　某地区 50 年中 6 月平均气温

单位：摄氏度

6.9	4.1	6.6	5.2	6.4	7.9	8.6	3	4.4	6.7
7.1	4.7	9.1	6.8	8.6	5.2	5.8	7.9	5.6	8.8
8.1	5.7	8.4	4.1	6.4	6.2	5.2	6.8	5.6	5.6
6.8	8.2	6.4	4.8	6.9	7.1	9.7	6.4	7.3	6.8
7.1	4.8	5.8	6.5	5.9	7.3	5.5	7.4	6.2	7.7

请根据上述数据，画出该地区 6 月份平均气温的频率直方图。

由于上述数据中最小值为 3，最大值为 9.7，则全距为 6.7，近似 7 个区间，所以将区间[3,10]等分为 7 个小区间，区间长度为 1，计算数据值落入各小区间的频数与频率，见表 3.2。

表 3.2 某地区 50 年中 6 月平均气温的频数和频率分布

区间	频数	频率
[3,4]	1	1/50
(4,5]	6	6/50
(5,6]	11	11/50
(6,7]	15	15/50
(7,8]	9	9/50
(8,9]	6	6/50
(9,10]	2	2/50

根据表 3.2 中的数据做出频率直方图，参见图 3.1，由直方图可见该地区 6 月份平均气温的近似概率分布。

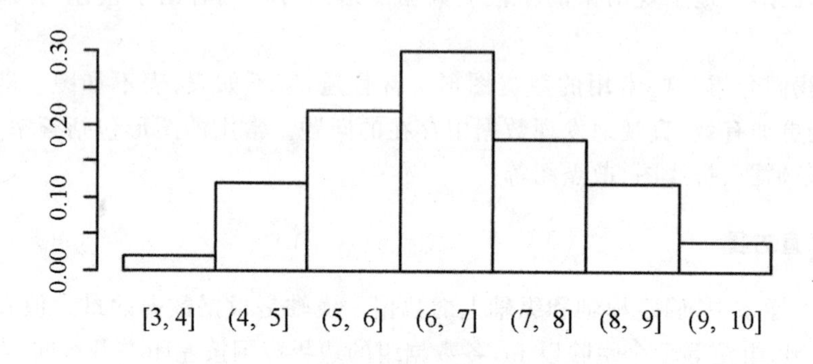

图 3.1 某地区 50 年 6 月气温频率分布

二、饼图

用于描述和表现一个或多个成分占全部的百分比。使用饼图时需要注意，首先，饼图中的成分最好小于 6 个；其次，各成分额的和必须等于 100%；最后，成分比例必须与图形区域的面积比例一致。

案例 3.2 绘制饼图

某水果商店为了解哪些水果比较受欢迎，编制各种水果销售的情况如表 3.3。

表 3.3 某水果商店销售情况

水果名称	销售金额(元)	销售比例(%)
草莓	500	16.0
苹果	900	29.0
葡萄	200	6.5
橙子	300	9.5
香蕉	1200	39.0

饼图的应用场景是用来反映部分占整体的百分比，该水果店使用饼图是最适当的。见图 3.2。

在绘制饼图时，需要考虑下面的要点。首先，只有一个要绘制的数据系列，例如

表 3.3 的第三列;第二,要绘制的数据值没有负值;第三,各个部分需要标注百分比。

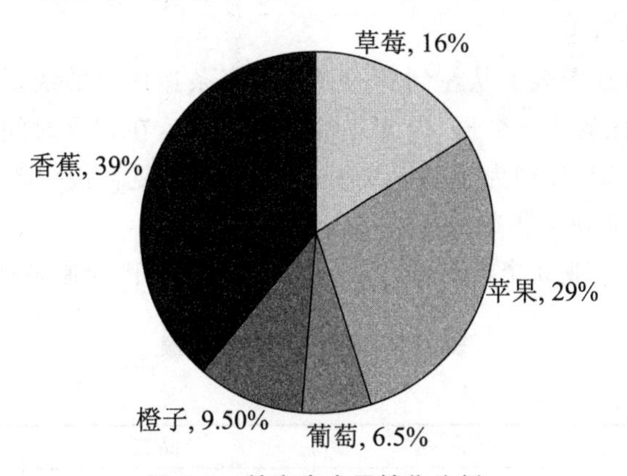

图 3.2 某商店水果销售比例

三、条形图

条形图是用宽度相同的条形的高度或长短来表示数据多少的图形。条形图可以横置或纵置,纵置时也称为柱形图。此外,条形图有简单条形图、复式条形图等形式。绘制条形图有 3 个要素,分别为组数,组宽度和组限。

组数把数据分成几组,指导性的经验是将数据分成 5 到 10 组之间。通常来说,每组的宽度是一致的。组数和组宽度的相关,一个经验标准是近似组宽度等于(最大值－最小值)/组数。

组限分为组下限(进入该组的最小可能数据)和组上限(进入该组的最大可能数据),并且一个数据只能在一个组限内。绘制条形图时,不同组之间有空隙间隔。

条形图是数据分析中最常用的图形之一。主要特点是能够使人们一眼看出各组数据的大小,同时易于比较数据之间的差别。条形图的横坐标没有尺度,只用来标注各项信息的名称。

案例 3.3 绘制条形图

绘制表 3.3 水果商店日销售数据(第二列)的条形图见图 3.3。

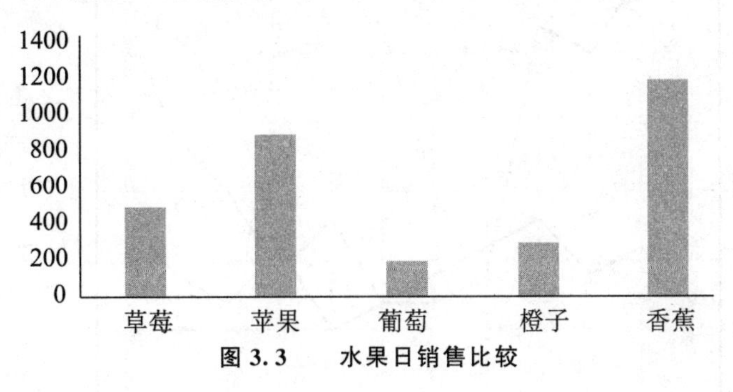

图 3.3 水果日销售比较

四、折线图

折线图是一种常见的数据图表形式,是数字或定量数据的直观表示,它显示了两个变量之间的关系。变量可以是任何数据,例如数量、百分比、或时间间隔。这些变量分别位于图表的横轴和纵轴上。

折线图看起来像在图表上从左到右的一条或多条连接点的线,每个点代表一个数据值,显示随时间而变化的连续数据,因此非常适用于显示在相等时间间隔下数据的趋势。折线图有 3 种主要类型,分别为简单折线图、多折线图和复合折线图。

案例 3.4 绘制企业销售趋势折线图

表 3.4 给出了某企业 3 个产品的月销售数据,用折线图绘制各产品月销售额。

表 3.4 某企业产品销售额

单位:万元

月份	产品一	产品二	产品三
1	22	10	6
2	18	15	8
3	15	6	7
4	16	5	9
5	7	6	8
6	6	10	7
7	6	16	6
8	9	18	5
9	7	16	8
10	10	3	6
11	12	5	7
12	16	6	9
全年总计	144	115	86

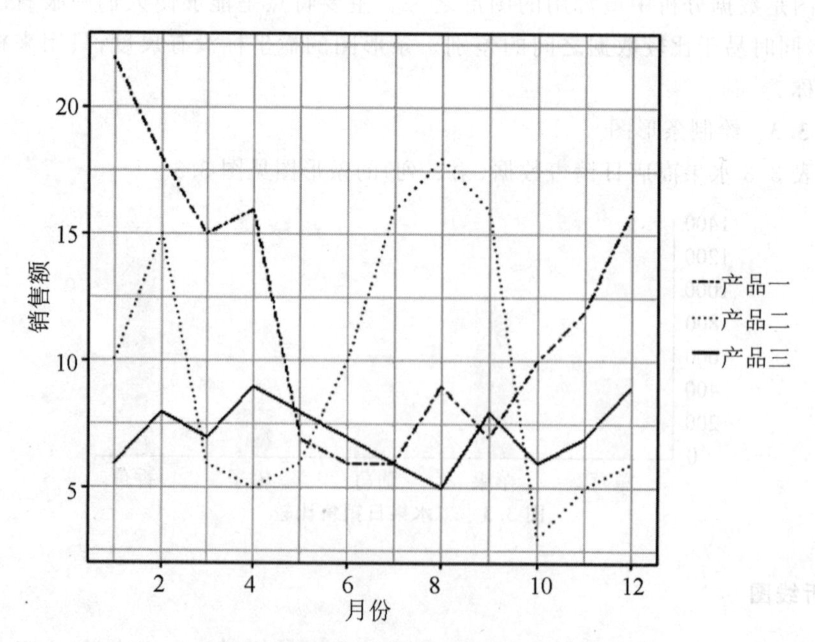

图 3.4 某企业三种商品销售额变动趋势

五、散点图

散点图是指数据点在直角坐标系平面上的分布图，散点图表示因变量随自变量而变化的大致趋势，所以可以选择合适的函数对数据点进行拟合。

用两组数据构成多个二维数据点，考察数据点的分布，判断两变量之间是否存在某种关联或总结数据点的分布模式。散点图为数据分析提供关键信息，我们可以观察2组数据之间是否存在数量关联趋势。其次，如果存在关联趋势，是线性还是曲线的。最后，如果有某一个点或者某几个点偏离大多数点，也就是离群值，通过散点图可以一目了然识别离群值。从而可以进一步分析这些离群值是否可能在建模分析中对总体产生很大影响。

案例 3.5 绘制散点图

表3.5所列数据为收集的某个钢件的淬火温度 X 与硬度 Y 之间的数据。分析两个变量之间是否有相关性。

表 3.5 钢件的淬火温度与硬度

序号	淬火温度 X	硬度 Y
1	810	47
2	890	56
3	850	48
4	840	45
5	890	59
6	870	50
7	860	51
8	810	52
9	830	51
10	820	48
11	870	55
12	810	44
13	850	53
14	880	54
15	880	57
16	840	50
17	880	54
18	830	46
19	860	52
20	840	49

将表3.5中的第二和第三列数据绘制成散点图如图3.5，可见随着淬火温度上升，钢的硬度上升。

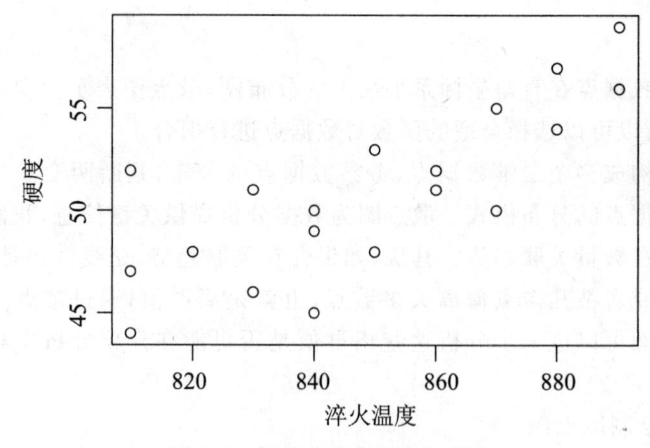

图 3.5 钢件的淬火温度与硬度

第四节 思考与练习

一、单选题

1. 下列关于生产者物价指数(PPI)和消费者物价指数(CPI)的说法,正确的选项是( )。

A. 我国 CPI 的统计范围包括食物、交通通信、居民购房消费等八大类

B. 当 PPI 指数增幅很大而且持续加速上升时,该国央行应该采取减息对策

C. 消费者物价指数(CPI)是一个滞后性数据

D. PPI 反映生产环节价格水平,CPI 反映消费环节的价格水平,因此,根据价格传导规律,CPI 不会对 PPI 产生影响

答案:C

2. 下面关于数据清洗的方法描述,不正确的是( )。

A. 缺失值填充　　B. 重复值去除

C. 寻找离群点　　D. 集成不同的数据库

答案:D

3. 下面关于数据变量类型的描述,正确的是( )。

A. 字符型数据用于逻辑运算　　B. 数值型数据用于分类

C. 字符型数据用于计算　　D. 日期型数据用于表示时间

答案:D

4. 下述关于对数据进行分组整理的说法,正确的是( )。

A. 把数据按大小顺序排成一列

B. 按便于观察数据分布的特征来分组

C. 把数据按大小分成若干小组,累计各小组的数据个数

D. 把数据的平均数,中位数计算出来

答案:B

5. 下列各项不属于事故常用的图表的是(　　)。

A. 趋势图　　B. 控制图　　C. 柱状图　　D. 饼图

答案:B

6. 下面关于条形图的说法中,描述错误的是(　　)

A. 条形图是横置的柱形图

B. 条形图适用于矩形条数量过多的场景

C. 条形图可以反映不同分类数据间的差异

D. 条形图不能反映数据的多少

答案:D

7. 在业务分析报告中,最不宜采用的表达形式是(　　)。

A. 图形　　B. 文字　　C. 表格　　D. 表情符号

答案:D

8. 如果今年的名义国内生产总值大于去年的名义国内生产总值,则说明下述哪个观点是正确的(　　)?

A. 今年的物价水平一定比去年高了

B. 今年生产的物品和劳务总量一定比去年增加了

C. 今年的物价水平和实物产量水平一定都比去年提高了

D. 以上三种说法都不一定正确

答案:D

9. 下列政府举措中,不能够直接促进城镇居民人均可支配收入增长的是(　　)。

A. 减税　　B. 发行政府债券

C. 将学前教育纳入义务教育　　D. 提高退休职工养老金发放标准

答案:B

10. 数据清洗的方法不包括(　)。

A. 缺失值处理　　B. 噪声数据清除

C. 一致性检查　　D. 重复数据记录处理

答案:B

11. 在 Excel 中,日期数据的数据类型属于(　)。

A. 数字型　　B. 文字型　　C. 逻辑型　　D. 时间型

答案:D

12. 在频率分布直方图中,每个小长方形的面积表示(　　)。

A. 落在相应各组的数据的频数　　B. 相应各组的频率

C. 该样本所分成的组数　　D. 数据的数据个数

答案:B

二、多选题

1. 客户基本数据主要包括(　　)。

A. 客户个人资料　　B. 家庭成员信息

C. 客户工作状况　　D. 不动产

E. 客户居住信息

答案:ABCE

2. 下列关于市场调查中观察法的特点的观点,正确的包括(　　)。

A. 能够反映客观事实的发生过程

B. 具有直观性和可靠性

C. 简便易行灵活性强

D. 有利于对无法或难以进行语言交流的市场现象进行调查

E. 可排除语言交流或人际交往中可能发生的误会和干扰

答案:ABCDE

3. 下面关于第三方数据的收集的说法,正确的包括(　　)。

A. 自行收集　　B. 直接购买　　C. 字段补充

D. 数据租赁　　E. 问卷调查

答案:BCD

4. 下面关于自然状态下的市场数据的收集方法包括(　　)。

A. 市场调研法　　B. 抽样调查法　　C. 提问调查法

D. 市场观察法　　E. 市场实验法

答案:CDE

5. 下列关于散点图的说法,正确的有(　　)。

A. 每一点代表一个观测值

B. 横坐标值代表变量 X 的观测值

C. 纵坐标值代表变量 Y 的观测值

D. 它是用来测度回归模型对样本数据拟合程度的图形

E. 它是用来反映两变量之间相关关系的图形

答案:ABCE

6. 在市场调研中,能够运用实验法的场景包括哪些(　　)?

A. 产品进入市场　　B. 产品改换包装　　C. 产品调整价格

D. 产品调整广告　　E. 产品调整推销方法

答案:ABCD

7. 数据清洗时,处理缺失值的方法包括(　　)。

A. 删除单元格　　B. 删除记录　　C. 数据补齐

D. 不处理　　E. 删除整列

答案:BCDE

8. 以下关于饼图的说法,正确的是(　　)。

A. 用于多个数据系列　　B. 各部分百分比之和为 100%

C. 有二维饼图　　D. 有三维饼图

E. 饼图中的分组可以任意多

答案:BCD

第四章
业务指标量化

本章学习目标

了解统计指标的特点和类型，能够区分数量指标和质量指标。了解统计指标的作用。掌握测量尺度的基本概念，能根据数据类型以及应用需求，选择合理合适的数据测量尺度。

本章思维导图

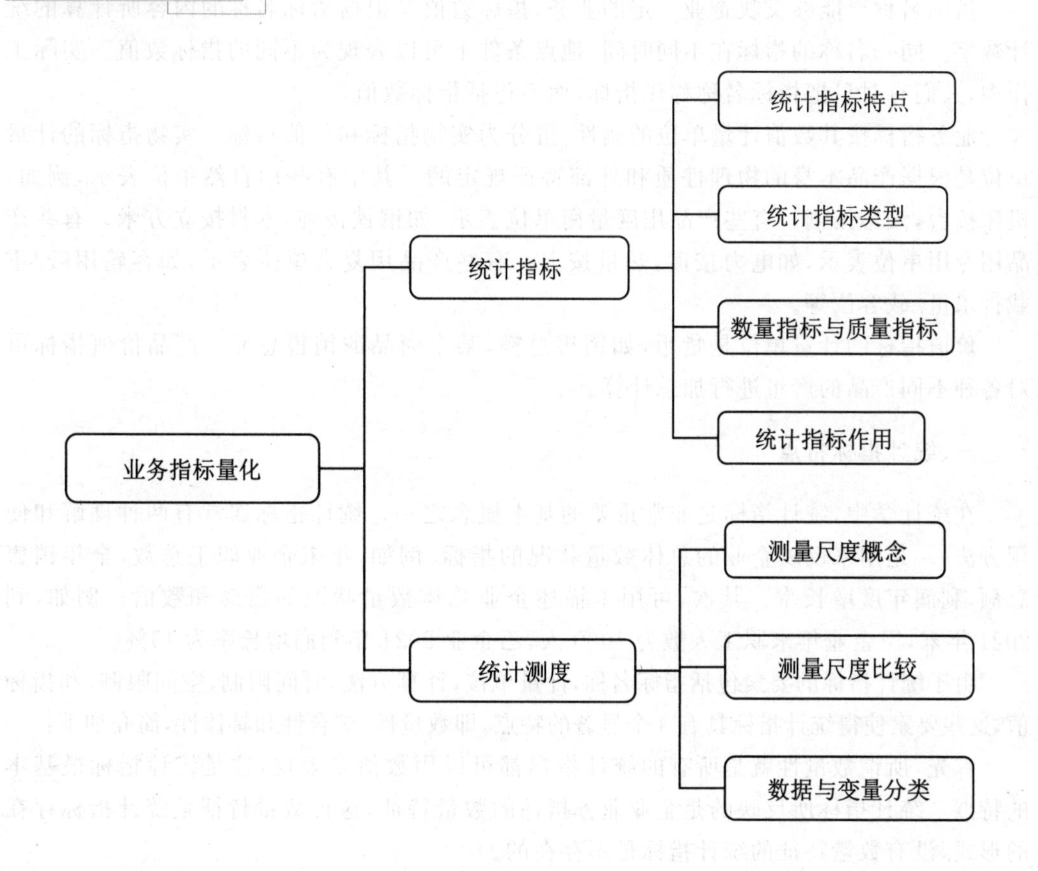

本章将从数理统计的角度来对业务指标进行量化分析。对业务指标进行量化就是指用数字信息作为评价依据而形成的评价指标。量化指标一般指对一个业务指标进行量化的过程,能用具体数据来体现我们关心的业务指标。

具体来说,在企业管理过程中,业务数据指标在量化之后能够用于考核定量工作,例如销售额、人力资源的出工资或出勤率指标。

第一节　统计指标

统计指标有两方面的含义,第一,在经济与社会统计学中,统计研究的对象主要是宏观和微观经济现象的数量特征和数量关系。另一方面,指标是用于衡量事物发展程度的方法,也称为度量。

统计对象可能是发生在企业中的某项业务,也称为业务对象,例如,公司统计每位员工的加班时长,员工是统计对象。所以,业务对象指标可以是一项业务的数据记录,经过统计设计与分析后用以了解业务。

具体到业务指标的统计,首先要能够反映企业某项业务的数量特征,包括概念和数值。一个完整的业务统计指标需要包括指标名称和指标数值两个部分。例如,企业销售总额 9000 万元,企业的某个商品零售总额 5000 万元。

指标名称要能够反映企业一定的业务,指标数值是根据指标名称的内容所计算的统计数字。同一名称的指标在不同时间,地点条件下可以表现为不同的指标数值。实际工作中,人们有时只把指标名称称作指标,而不包括指标数值。

业务指标按其数值计量单位的属性,可分为实物指标和价值指标。实物指标的计量单位是根据产品本身的物理性质和外部特征规定的。其中有些用自然单位表示,例如,机床按台,汽车按辆。有些产品用度量衡单位表示,如钢铁按吨,木材按立方米。有些产品用专用单位表示,如电力按度,热量按卡。有些产品用复合单位表示,如客轮用艘/重载排水量/载客位等。

价值指标的计量单位是货币,如销售总额,某个商品的销售总额。产品价值指标可对各种不同产品的产量进行加总计算。

一、统计指标特点

在统计学中,统计指标是非常重要的基本概念之一。统计指标通常有两种理解和使用方法,一是用来反映企业的总体数量状况的指标,例如,年末企业职工总数,全年销售总额,利润年度增长率。其次,可用于描述企业总体数量状况的概念和数值。例如,到 2021 年末,甲企业年末职工人数为 1000 人,乙企业 2021 年利润增长率为 15%。

由于统计指标的要素包括指标名称,计量单位,计算方法,时间限制,空间限制,和指标值,这些要素使得统计指标具有 3 个显著的特点,即数量性、综合性和具体性,简介如下:

首先,所谓数量性就是所有的统计指标都可以用数值来表现,这是统计指标最基本的特点。统计指标所反映的是企业业务指标的数量特征,这种数量特征是统计指标存在的形式,没有数量特征的统计指标是不存在的。

其次,综合性是指统计指标能够把企业相同性质产品进行统计,例如某一类商品在 2021

年度在国内各地区的销售数量。统计指标的形成是将个体数量汇总到总体数量的过程。

最后,统计指标的具体性有两方面的含义,一是统计指标不是抽象的概念和数字,而是一定的具体的业务现象的量的反映,是在质的基础上的量的集合。二是统计指标描述的是在企业中客观存在的,已经发生的事实,它反映了企业业务状况在具体地点、时间和条件下的数量。

作为一名数据分析人员,如何在实际工作中设计一个与业务相关的统计指标?一个完整的统计指标应当至少包括 4 个方面的内容,定义指标名称,明确统计的时间和空间范围,确定量化尺度或计量单位,以及明确指标的具体计算方法。

首先,我们需要根据具体业务来定义统计指标名称,在定义名称时,一是要规定指标概念的内涵,以明确哪些应当计入,哪些不应计入。二是规定指标的外延,以明确该指标的统计总体范围。说明所反映某种业务数量特征的性质和内容。

第二,明确统计指标的时间界限和空间范围。任何业务现象都存在于一定的时间或空间中,因此时间界限和空间范围属于统计指标的重要组成部分。其中空间标准可以根据需要,采用按照地区范围划分或按照管理范围划分,而时间标准则应根据业务对象的特点,采用时点标准或时期标准。

第三,需要确定统计指标的量化尺度或计量单位。业务指标的性质和大家对业务的认识能力,决定了对于不同的业务应采用不同的量化尺度。在统计中常用的量化尺度从低到高依次为:定类尺度,定序尺度,定距尺度和定比尺度,我们将在下一节中对它们进行讨论。

统计指标的计量单位主要有实物单位,货币单位和时间单位,一般根据指标的性质和要求进行选取。

最后,给出统计指标详细的计算方法。指标计算方法因业务而异,有的业务指标只要确定概念的内涵和外延之后,计算方法也就随之确定,不必再专门规定计算方法。

二、统计指标类型

统计指标按照其反映的内容或其数值表现形式,可以分为总量指标,相对指标和平均指标三种类型。

(一)总量指标

总量指标通常用于反映企业在一定时间,地点条件下的总体规模或业务规模的统计指标,通常以绝对数的形式来表现,因此又称为绝对数指标。例如,企业厂房面积,产品销售总量,实现的利润总额。

总量指标按其反映的时间状况不同又可以分为时期指标和时点指标。时期指标反映的是企业某项业务在一段时期内的总量,如生产的产品数量,提供的服务次数,销售收入,某一商品的销售额。时期数通常可以累积,从而得到更长时期内的总量。

时点指标反映的是一个企业的某个业务在某一时刻上的总量,如年末职工总数,销售网点数,公司的会员人数。时点数通常不能累积,各时点数累计后没有实际意义。

总量指标在企业管理中的作用有两个方面,一是总量指标反映一个企业的人力,物力,财力状况的基本指标。二是总量指标是计算相对指标和平均指标的基础指标。

总量指标按计量单位的不同,可以分为:

①实物指标:是指以实物单位计量的总量指标,即以事物的物理属性或自然属性作为计量单位的指标。

②价值指标:是指以货币为计量单位的总量指标。如国民生产总值、利润额都是以货币为计量单位的总量指标。

③劳动量指标:是指以劳动量单位计量的总量指标,即以劳动时间为计量单位的指标如工时、工日等。

(二)相对指标

相对指标是两个有联系的业务指标进行对比的比值。相对指标一方面能够说明业务对象之间的数量对比关系,另一方面,可以把业务对象的绝对差异抽象化,使原来不能直接对比的业务指标可以进行对比。

相对指标大致可以分为 6 个类别,分别为:计划完成相对数,结构相对数指标,比例相对数,比较相对数,动态相对数,强度相对数指标。

①计划完成相对数指标

这个指标是指计划期内实际完成数与计划完成数对比的比值,它表明某一时期内某种计划的完成程度,一般用百分数表示。计算公式为:

$$计划完成相对数=实际完成数\div计划完成数\times100\% \tag{4.1}$$

例 4.1 某个企业计划 2021 年的利润为 7000 万元,实际完成的利润为 7500 万元,计算利润完成度。

解:将数据直接代入计划完成相对数指标公式,则:

$$\frac{7500}{7000}\times100\%=107.1\%$$

计算结果表明该企业的利润计划完成程度为 107.1%,超额完成了 7.1%。

②结构相对数指标

结构相对数指标是指总体中某部分数值与该总体数值对比的比值。它反映总体内部构成情况,一般用百分数表示。计算公式如下:

$$计划结构相对数=总体部分数值\div总体数值\times100\% \tag{4.2}$$

例 4.2 一个企业销售 3 款电视产品,2021 年产品销售总额为 1800 万元,其中第一款产品的销售额为 100 万元,第二款产品的销售额为 800 万元,第三款产品的销售额为 900 万元,求三个产品销售额分别占的比重。

解:根据结构相对数指标,分别计算三个产品销售额分别占的比重:

$$\frac{100\times100\%}{1800}=5.5\%$$

$$\frac{800\times100\%}{1800}=44.4\%,\qquad\frac{900\times100\%}{1800}=50\%$$

恩格尔系数的定义为居民家庭中食物支出占消费总支出的比重,所以恩格尔系数也是属于结构相对数指标。

③比例相对数指标

比例相对数指标是指在同一总体中,某一部分数值与另一部分数值对比的比值,它反映总体各部分的内在联系和比例关系,一般用比例表示。计算公式为:

比例相对数＝总体中某一部分数值÷同一总体另一部分数值 (4.3)

例 4.3 一个企业共有职工 1000 人，其中男职工 680 人，女职工 320 人，那么男女职工比例为多少？

解：将男职工 680 人数作为分子，女职工 320 人数作为分母，代入比例相对数指标计算公式：

$$\frac{680}{320}=2.125:1$$

④比较相对数指标

它是指同一时间的同类指标在不同空间对比的比值。它反映不同国家，不同城市，或不同企业之间的差异程度，一般用百分数或倍数表示。计算公式为：

比较相对数＝A 单位指标数值÷B 单位指标数值×100％ (4.4)

例 4.4 考虑表 4.1，并根据表中信息计算两家企业的全员劳动生产率的比较相对数指标。

表 4.1 甲乙企业人均销售情况

企业名称	员工人数	销售总额(万元)	人均销售额(元)
甲	725	280	3862
乙	340	192	5647

解：

$$\frac{3862}{5647}\times 100\%=68.39\%$$

所以，这两家企业的全员劳动生产率的比较相对数指标为 68.39％。

⑤动态相对数指标

动态相对数指标是指某一业务现象在不同时期两个数值对比的比率，它反映该现象在时间上的发展变化方向和程度。计算公式为：

动态相对数＝报告期基数÷基期基数×100％ (4.5)

其中，报告期是指要计算的时期，基期是指作为比较基础的时期。

例 4.5 一个上市企业 2021 年的市值为 9553 万元，2020 年的市值为 8940 万元，如果选择 2000 年为基期，计算动态相对数指标。

解：根据题意要求将相应数据代入动态相对数指标公式：

$$\frac{9553}{8940}\times 100\%=106.85\%$$

⑥强度相对数指标

是指两个性质不同而又有联系的指标对比的比率，它反映业务现象的强度，密度和普及程度，是一种特殊形式的相对数，一般以有名数表示，是两个不同的总体之间的数量对比关系。计算公式为：

强度相对数＝一个指标值÷另一个有联系指标值 (4.6)

例 4.6 一个城市的零售商业网点为 50000 个，年平均人口为 800 万人，计算强度相对数指标。

解：零售商业网点密度的计算如下：

$$50000\text{个}/800\text{万人} = 62.5(\text{个}/\text{万人})$$

我们发现，上述 6 种相对指标都是从不同的角度出发，运用不同的对比方法，对两个同类指标数值进行静态的或动态的比较，对总体各部分之间的关系进行数量分析，对两个不同总体之间的联系程度和比例做比较，是常用的数量分析方法之一。使用相对指标时，应遵循 3 个原则，一是两个对比指标要有可比性；二是相对指标要与总量指标结合运用；三是要对各种相对指标结合使用。

例 4.7 对于下列指标，请指出哪些是时期指标，时点指标，哪些是相对指标，请给出具体相对数。

1. 外汇储备额 2. 人均住房面积 3. 国民收入与消费比 4. 旅游入境人数

5. 居民银行存款余额 6. 每百户家庭电话拥有量 7. 适龄儿童入学率

8. 人口性别比 9. 经济发展速度

解：1. 时点指标 2. 强度相对数 3. 比例相对数 4. 时期指标 5. 时点指标

6. 强度相对数 7. 结构相对数 8. 比例相对数 9. 动态相对数

（三）平均指标

平均指标反映的是企业的业务对象在一定时间，地点条件下所达到的一般水平的综合指标，是业务对象的代表值，它描述分布数列的集中趋势。根据这个定义，我们可以看到平均指标具有下述 3 个特点。

第一，平均指标是通过同一个业务对象对比得出的，也就是说用于计算的数据值均来自同一总体。第二，平均指标是一个代表值，代表一个业务对象或总体的一般水平。第三，平均指标将业务对象值的差异抽象化了，掩盖了业务数据之间的差异，仅仅反映总体的综合数量特征。

那么在实际工作中平均指标有什么作用？例如，企业的一个产品在国内 10 个城市的平均销售数量，这个平均指标首先可以反映产品总体销量的综合特征。其次，可以反映产品销售量分布的集中趋势。最后，我们可以用平均销售数量来进行不同地区销售情况对比分析，从而找到产品在不同地区之间的销售差异。

平均指标的种类有数值平均数和位置平均数。前者包括算术平均数，调和平均数，和几何平均数。后者则包括中位数和众数。

算术平均数的基本公式形式是一个业务对象的平均数，是业务数据总数除以业务数据总量。在实际工作中，由于数据来源不同，算术平均数有 2 种计算方法，简单算术平均数和加权算术平均数。

调和平均数是业务指标倒数的算术平均数的倒数。调和平均数是平均数的一种。在计算调和平均数时，业务指标的值不能出现等于 0 的情况。

几何平均数是 n 个业务指标值连乘积的 n 次方根。几何平均数多用于计算平均比率和平均速度。

众数是一个业务对象中出现次数最多的指标值。只有在集中趋势明显时，才能用众数作为业务对象的代表值。

中位数是将业务对象的数据指标值按照大小顺序进行排列后，居于中间位置的那个数值。

三、数量指标和质量指标

统计指标按照它所反映业务的内容和特点，以及数量特性的性质不同可分为数量指标和质量指标。

数量指标是指在企业经营中用以反映规模大小和数量多少等数量特征的各种业务指标。它们通常用绝对数来表示，例如，企业生产的主要产品的产量，生产线的投资规模，厂房的面积，职工人数。数量指标为各种有关质量指标的计算提供依据。

质量指标是反映企业相对水平或平均水平的业务指标，一般用相对数或平均数表示。质量指标能够反映业务之间的内在联系和对比关系，对评估各业务部门的成绩和发掘内部潜力具有重要作用。例如，企业的平均工资，单位面积产量，股票价格，单位产品成本等。

数量指标和质量指标的根本区别在于反映的企业业务指标数量特征的性质不同，数量指标是描述企业绝对数量的规模或水平的业务统计指标，其数值的大小一般随企业规模的大小而增减。

而质量指标是指描述企业业务数量相对程度或一般水平的业务统计指标，质量指标是用来说明企业内部部门的水平高低，质量好坏的指标，反映企业的相对水平和平均水平。例如，企业平均工资，商品的价格。

四、统计指标的作用

我们可以从两个方面来理解统计指标的作用，第一，统计指标可以综合地反映企业的业务对象在数量上变动的方向和程度。第二，统计指标可以分析企业复杂业务现象中各个业务指标的变动，以及它们的变动对企业的影响程度。

根据业务统计指标管理功能不同，可以分为描述指标，评价指标，预警指标。

描述指标主要是反映企业运行的状况，过程和结果，提供对企业现状的基本认识。例如，反映企业运行状况的指标有厂房面积指标，资金拥有量指标，职工人数指标，研发投入指标。反映企业生产经营过程和结果的指标有销售总额指标，各类产品的销售额指标，固定资产指标，流动资金指标，利润指标。

评价指标是用于对企业运行的结果进行比较，评估和考核，以检查工作质量或其他目标的完成效果。例如，企业经济活动评价指标。

预警指标一般是用于对企业运行进行监测，对企业运行中可能发生的失衡，失控等进行预报、警示。通常选择企业运行中的关键性、敏感性业务，建立相应的监测指标体系。

第二节 统计测度

统计测度就是运用各种统计方法对企业中的各种可能的业务数据进行度量、测量、观测、观察、推测、预测的过程，目的是在对一个业务指标进行测度之后，给出让企业管理或业务人员能够明白的定量结论。

一、测量尺度概念

测量是对人或事物的特征，例如一个人的身高或一个西瓜的重量，用数值来表示。测量尺度是统计学中的一种定量研究方法，对不同种类的数据，依据其尺度水平进行类别划分，按照计量的精确程度，计量尺度水平从低到高分别为：定类，定序，定距，定比。

从数学角度来看，所有业务对象的统计指标都可以作为变量来看待，指标值对应变量值。根据测量尺度，我们能够正确解释如何对变量进行赋值。以下分别讨论上述 4 种尺度的相关概念。

（一）定类尺度

定类尺度是上述 4 类测量标准中最低的一种。依据不同的特征和属性，把测量对象划分为若干互斥的类别，使达到同类同质，异类异质。可以用数字或其他符号加以标记和区别。

定类尺度只是将测量对象分类，各类是并列的平行关系，而无先后次序。它是最粗略，计量层次最低的计量尺度，即使用数字或符号标注类别，不能做任何运算，只具有等于或不等于的数学特性。它常用于性别，民族，婚姻状况和职业类型等测算。

（二）定序尺度

定序尺度是对事物之间等级差或顺序差别的一种测度。该尺度可以将事物分成不同的类别，而且还可以确定这些类别的顺序。定序尺度结果虽然也表现为类别，但这些类别之间是可以比较顺序的，比定类尺度的数学特征高出一个层次。定序尺度的取值反映了排列次序，具有等于，不等于，大于，小于的数学特性，但不能进行代数运算。各个定序尺度的值之间没有确切的间隔距离，定序变量的取值只具有大于或小于的性质，只能排列出它们的顺序，而不能反映出大于或小于的数量或距离。

（三）定距尺度

相较定类尺度和定序尺度而言，定距尺度对事物能进行准确测度。定距尺度不仅能比较各类事物的优劣，还能计算出事物之间差异的大小，所以其数据表现为“数值”。

对于定距尺度，数值得大小反映了排列顺序，尺度的每一间隔都是相等的，可以进行加，减运算，只要给出一个度量单位，就可以准确地指出两个计数之间的差值。由于定距尺度中没有绝对零点，不能进行乘、除运算。

定距尺度是对事物类别或次序之间间距的测度，该尺度通常使用自然或物理单位作为计量尺度，如收入用“元”，考试成绩用“分”，温度用“度”，重量用“克”，长度用“米”。

（四）定比尺度

定比尺度是类似于定距尺度，但又高于定距尺度的一种计量方法。定比尺度数值的大小反映了排列次序，可以进行加、减、乘、除运算。在定比尺度中，“0”表示“没有”或该事物不存在未发生，所以有绝对的真正意义上的 0 点。

例如，人的年龄身高体重可以用定比尺度计量，企业的产值销售额，职工人数同样可以用定比尺度计量，因为“0”是这些标志表现的绝对界限。由于定距尺度和定比尺度的应用前提和运用原则相同，我们可以把定距尺度看作是定比尺度。

二、测量尺度比较

定类尺度和定序尺度都是描述定性数据的,而定距尺度和定比尺度可以用于描述定量数据。而定量数据又分为离散型的和连续型数据。我们不难看出,计量尺度是由低级到高级,由粗略到精确,表 4.2 给出了四种测量尺度的特征和运算功能的对比情况。

表 4.2 测量尺度的比较

尺度类型	特征	运算功能	应用
定类尺度	分类	计数	产品分类
定序尺度	分类,排序	计数,排序	客户等级
定距尺度	分类,排序,有基本测量单位	计数,排序,加减	产品质量差异
定比尺度	分类,排序,有基本测量单位,有绝对零点	计数,排序,加减,乘除	销售额

从表 4.2 中不难发现,较高层次的测量尺度具有测量精度高,计算方法多,信息量大的特点。

需要注意的是,在对企业业务指标进行计量时,定类尺度用于区分品质上的差异,例如,员工的性别,职业。定序尺度用于职工受教育程度的度量,例如,小学,初中,高中,大专,大学本科,硕士研究生。定距尺度或定比尺度都可用于计量企业的销售额,资产负债率。由于定距尺度和定比尺度的应用前提和运用原则相同,我们可以把定距尺度看作是定比尺度。

一个指标体系中的指标应属于相同的测量尺度。例如,为了计算企业的 2 年产品销售率,我们使用定比尺度,分别为:95%,97%。为了评估企业 2 年的环保等级,我们使用定序尺度有:优秀,良好。

一般来说,数据的测量等级越高,应用范围越广泛,等级越低,应用范围越受限。不同测度级别的数据,应用范围不同。测量等级高的数据,可以兼有等级低的数据的功能,而等级低的数据,不能兼有测量等级高的数据的功能。

三、数据和变量分类

数据分类就是把具有某种共同属性或特征的数据归并在一起,通过其类别的属性或特征来对数据进行区别。换句话说,就是相同内容,相同性质的信息以及要求统一管理的信息集合在一起,相异的和分别管理的信息区分开来,然后确定各个集合之间的关系,形成一个有条理的分类系统。

为了实现数据共享和提高处理效率,必须遵循约定的分类原则和方法,按照信息的内涵、性质及管理的要求,将系统内所有信息按一定的结构体系分为不同的集合,从而使得每条信息在相应的分类体系中都有一个对应位置。

(一)数据类型

根据前面关于测量尺度的讨论,按照数据的计量结果,可以将统计数据区分为定类数据、定序数据、定距数据与定比数据 4 个类别。由于不同测量尺度对应着不同的数据类型,以下对这 4 种数据类型进行深入讨论。

①定类数据

由定类尺度计量形成的数据，结果表现为类别，是数据的最低层。它将数据按照类别属性进行分类，各类别之间是平等并列关系。这种数据不带数量信息，并且不能在各类别间进行排序。

例如，一个服装企业将顾客所喜爱的服装颜色分为红色，白色，黄色。那么，红色，白色，黄色即为定类数据。又例如，企业职工按性别分为男性和女性也属于定类数据。虽然定类数据表现为类别，但为了便于统计处理，可以对不同的类别用不同的数字或编码来表示。如1表示女性，2表示男性，但这些数码不代表着这些数字可以区分大小或进行数学运算。不论用何种编码，其所包含的信息都没有任何损失。对定类数据执行的主要数值运算是计算每一类别中的项目的频数和频率。

②定序数据

由定序尺度计量形成的数据，结果表现为类别，但能区分顺序，属于中间级别。定序数据不仅可以将数据分成不同的类别，而且各类别之间还可以通过排序来比较优劣。也就是说，定序数据与定类数据最主要的区别是定序数据之间可以进行比较顺序。

例如，企业职工的受教育程度就属于定序数据。仍可以采用数字编码表示不同的类别：文盲半文盲=1，小学=2，初中-3，高中=4，大学=5，硕士=6，博士=7。通过将编码进行排序，可以明显地表示出受教育程度之间的高低差异。虽然这种差异程度不能通过编码之间的差异进行准确的度量，但是可以确定其高低顺序，即可以通过编码数值进行不等式的运算。

③定距数据

由定距尺度计量形成的数据，结果表现为数值，可以进行加、减数学运算。定距数据是具有一定单位的实际测量值(如摄氏温度，考试成绩等)。此时不仅可以知道两个变量之间存在差异，还可以通过加，减法运算准确的计算出各变量之间的实际差距是多少。

定距数据的精确性比定类数据和定序数据前进了一大步，它可以对事物类别或次序之间的实际距离进行测量。例如，同学甲的数学成绩为90分，同学乙的数学成绩为95分，所以，同学乙的数学成绩比同学甲高出5分。

④定比数据

由定比尺度计量形成的数据，结果表现为数值，可以进行加、减、乘、除数学运算。属于数据的最高等级。它的数据表现形式同定距数据一样，均为实际的测量值。定比数据与定距数据唯一的区别是：在定比数据中是存在绝对零点的，而定距数据中是不存在绝对零点。因此，定比数据之间不仅可以比较大小，进行加，减运算，还可以进行乘，除运算。在统计分析中，区分数据的类型十分重要，不同测度类型的数据，扮演的角色不一样。

(二)变量类型

变量是指没有固定的值，可以改变的数，变量是常数的相反。变量通常以非数字符号来表达，一般使用字母。变量用以一般化指令描述。

按照数据的类型，变量类型可以分为定类变量，定序变量，定距变量和定比变量。定类变量和定序变量属于定性变量，而定距变量和定比变量则属于定量变量或数字变量。

①定性变量

定性变量是没有数量上的变化，而只有性质上的差异。根据定类数据和定序数据，定性变量可以分为两种，一种是名义变量，这种变量即无等级关系也无数量关系，例如，天气的变量取值阴或晴，性别变量取值男或女，职业变量取值工人，农民，教师，或干部。

另一种定性变量是有序变量，它没有数量关系，只有次序关系。例如，产品变量分为一等品、二等品、三等品。矿石的质量变量分为贫矿和富矿；高中年级变量取值高一、高二和高三；学生的数学成绩变量，变量取值可以为优、良、中、及格、不及格。

②定量变量

由定类变量和定比变量形成的数据变量称为数字变量。例如，企业的销售额，工资总额，职工人数，其变量为不同的数值。根据其取值的不同，可分为连续型变量和离散型变量。

第三节　思考与练习

一、单选题

1. 统计指标反映的是(　　)。

A. 总体现象的数量特征　　B. 总体现象的社会特征

C. 个体现象的数量特征　　D. 个体现象的社会特征

答案：A

2. 下面那个选项是属于时期指标(　　)？

A. 商场数量　　B. 营业员人数

C. 商品价格　　D. 商品销售量

答案：D

3. 如果一个业务对象指标数值数列中，有指标数值为零，则不适宜计算的平均指标是哪一个(　　)？

A. 算术平均数　　B. 调和平均数

C. 中位数　　D. 众数

答案：B

4. 如果按照从低层到高层的排列顺序将测量尺度进行排列，在下述选项中，正确的是(　　)？

A. 定序尺度，定距尺度，定比尺度，定类尺度

B. 定类尺度，定序尺度，定距尺度，定比尺度

C. 定序尺度，定比尺度，定距尺度，定类尺度

D. 定类尺度，定距尺度，定序尺度，定比尺度

答案：B

5. 下述关于定序数据的说法，哪一个选项是正确的(　　)？

A. 定序数据包含了定类数据和定距数据的全部信息

B. 定类数据包含了定序数据的全部信息

C. 定序数据和定类数据是平行的

D. 定比数据包含了定类数据,定序数据,和定距数据的全部信息

答案:D

6. 关于定距数据中两个数值的差值的说法,哪一个选项是正确的(　　)?

A. 有意义　　B. 没有意义

C. 有时有意义,有时没有意义　　D. 无法判断是否有意义

答案:A

7. 下列关于变量的描述,哪个选项是属于定性变量(　　)?

A. 居民的受教育年限　　B. 市场上的蔬菜价格

C. 年龄　　D. 天气形势

答案:D

8. 下述哪个选项正确表述了统计指标的三个特点是(　　)?

A. 数量性,综合性,完整性

B. 数量性,完整性,统一性

C. 数量性,综合性,具体性

D. 数量性,综合性,统一性

答案:C

9. 按照所反映业务的内容和特点,业务指标可分为数量指标和质量指标,下述哪些选项属于质量指标(　　)?

A. 产品销售数量　　B. 单位产品利润

C. 企业员工总数　　D. 利润总额

答案:B

10. 下列统计数据中,由定类尺度计量形成的是(　　)。

A. 投资完成额　　B. 性别

C. 产品产量　　D. 工业总产值

答案:B

11. 对于下列统计指标,不能够用定距尺度进行计量的指标是哪一个(　　)?

A. 国内生产总值　　B. 人口数

C. 性别　　D. 产品产量

答案:C

12. 在下列计量尺度中,适用于反映业务对象的结构,比重,速度,和密度数量关系的是哪一个选项(　　)?

A. 定距尺度　　B. 定比尺度

C. 定序尺度　　D. 定类尺度

答案:B

13. 在下列数据中,哪一个选项属于定类数据(　　)?

A. 消费品分类数据　　B. 受教育程度

C. 客户的满意度　　D. 年级

答案:A

14. 下列关于数据的描述,哪个选项属于定比数据(　　)。

A. 性别　　B. 生产效率
C. 籍贯　　D. 民族
答案:B

15. 下列变量中,属于定量变量的是(　　)。
A. 法律部门　　B. 城市人口
C. 所属行业　　D. 会计要素
答案:为 B

二、多选题

1. 业务指标按其数值计量单位的属性,可分为实物指标和价值指标,下述哪些选项属于实物指标(　　)?
A. 100 台笔记本电脑　　B. 10 套微软 OFFICE 软件
C. 企业账户中 3000 万现金　　D. 每年 1 亿人民币销售
E. 每月用电量 3500 度
答案:ABE

2. 下列哪些指标可以用于统计描述一个企业的运行状况(　　)?
A. 员工人数　　B. 厂房面积
C. 标准差　　D. 均值
E. 研发投入占利润比例
答案:ABE

3. 定类尺度是对事物进行平行的分类,下述哪些选项(　　)具备定类尺度的特征。
A. 年龄　　B. 男性还是女性
C. 请根据你的偏好对下列品牌排序　　D. 请告诉我你的婚姻状况
E. 你的民族
答案:BDE

4. 以定比尺度计量形成的相对数或平均数可以反映业务对象的数量关系包括哪些(　　)?
A. 结构　　B. 比重
C. 规模　　D. 速度
E. 密度
答案:ABDE

5. 统计数据分为定性数据与定量数据,定性数据包括分类数据。分类数据是指只能归于某一类别的非数字型数据,它是对事物进行分类的结果。从下面关于数据的说法来确定哪些是分类数据(　　)。
A. 按城市规模可将城市分为特大城市、大城市、中等城市和小城市。
B. 婚姻状况:1—未婚,2—已婚,3—离异,4—丧偶。
C. 从 A 地到 B 地的距离为 200 公里,到 C 地为 320 公里,到 D 地为 100 公里。
D. 某医院建筑面积 37.5 万平方米,开放床位 3182 个,临床医生 687 人。
E. 汽车厂生产红色、蓝色、白色共 3 款小轿车。

答案:BE

6. 由定距尺度和定比尺度计量形成的数据类型一般可称为(　　)。

A. 顺序数据　　B. 数量数据

C. 数值型数据　　D. 分类数据

E. 定量数据

答案:BCE

7. 下列哪些变量属于定量变量(　　)?

A. 天气温度　　B. 月收入

C. 上证指数　　D. 市场上的蔬菜价格

E. 工厂每月生产的产品数量

答案:ABCDE

8. 总量指标通常用于反映企业总体规模或业务规模的统计指标,下述哪些选项符合总量指标的定义(　　)?

A. 反映企业对象的总规模

B. 反映企业总销售额的增加或减少

C. 必须有计量单位

D. 通常用绝对数表示

E. 没有任何统计误差

答案:ACD

9. 下列哪些选项属于平均指标(　　)?

A. 一个城市人均住房面积

B. 一个城市所住的人口数

C. 一个产品的平均等级

D. 一个企业的工人劳动生产率

E. 一个企业各车间的平均产品合格率

答案:ACDE

10. 在下列统计指标中,哪些选项属于数量指标(　　)。

A. 总收入　　B. 平均亩产量

C. 平均工资　　D. 汇总人口数

E. 劳动生产率

答案:AD

11. 下面关于定序尺度说法,正确的选项有哪些(　　)?

A. 可以反映各类的优劣、量的大小或顺序

B. 只是测度了类别之间的顺序,而未测量出类别之间的精确差值

C. 能进行加、减、乘、除等数学运算

D. 是最粗略、计量层次最低的计量尺度

E. 计量结果只能比较大小,不能进行加、减、乘、除等数学运算

答案:ABE

12. 下面关于类别描述的选项中,哪些属于定序尺度(　　)?

A. 教育程度
B. 专业
C. 班级
D. 满意程度
E. 性别
答案:AD

13 在下述关于定距尺度的数学运算的说法中,哪些选项是正确的计量结果(　　)。

A. 相加
B. 相除
C. 相乘
D. 相减
E. 比较大小
答案:ADE

14 下面关于定序数据的观点,哪些说法是正确的(　　)?

A. 不能取负值
B. "0"表示不存在或没有
C. 可以计算中位数
D. 可以计算算术平均数
E. 可以比较顺序
答案:AE

15. 下列变量中,哪些选项属于定性变量(　　)。

A. 商品销售额
B. 上班出行方式
C. 家庭收入
D. 居住地区
E. 年龄
答案:BD

三、简答题

1. 举例说明定类数据、定序数据、定距数据和定比数据的区别。

解:(1)定类数据,数据的最低级,没有序次关系。例如,"男"编码为1,"女"编码为2。

(2)定序数据,数据的中间级,能用数字表示顺序,不能做四则运算。例如,"受教育程度",文盲半文盲=1,小学=2,初中=3,高中=4,大学=5,硕士研究生=6,博士及其以上=7。

(3)定距数据,具有间距特征,有单位,没有绝对零点,可以做加减运算,不能做乘除运算。例如温度。

(4)定比变量,数据的最高级,既有测量单位,也有绝对零点,例如职工人数、身高。

第五章
参数和统计量

本章学习目标

掌握总体、样本、统计量、抽样误差的基本概念。掌握基本的抽样方法，了解不同抽样方法之间的优缺点。掌握样本均值、样本方差统计量的计算。了解样本均值、样本比例统计量的抽样分布。

本章思维导图

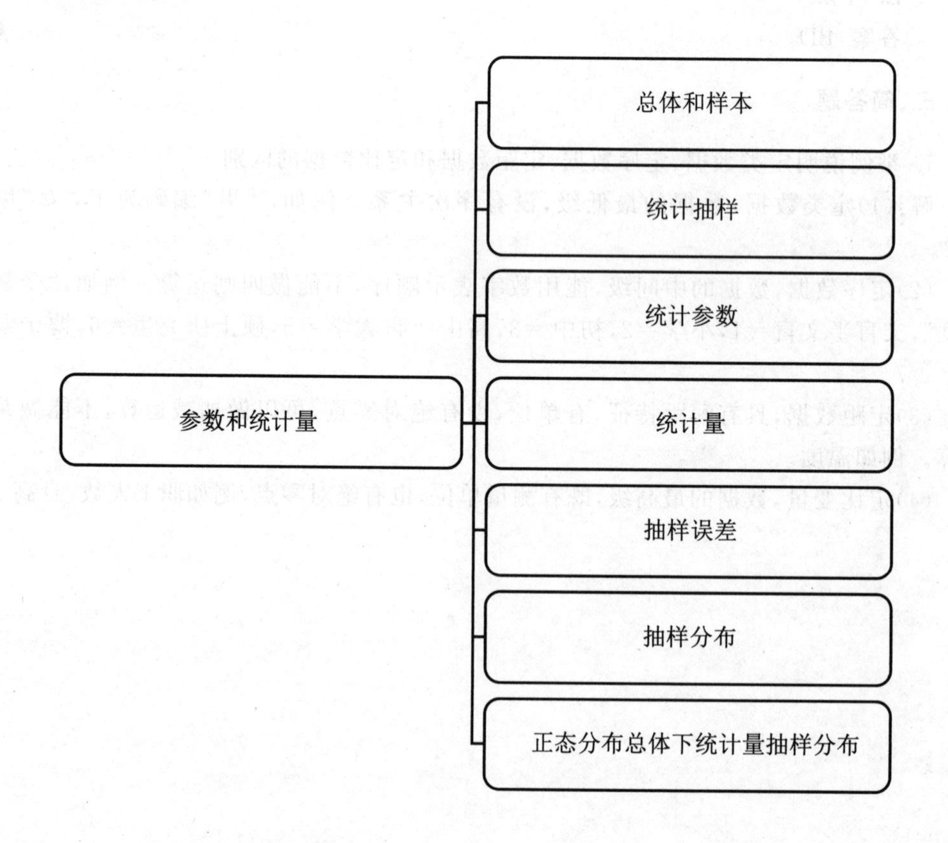

在统计学中，参数是描述总体情况的统计指标，样本的特征值称为统计量。参数与总体对应，统计量与样本对应。参数往往是未知的，需要通过抽样调查的方法来估计。以下对统计学中总体和样本的概念进行简要回顾。

第一节 总体和样本

一、总体

在统计学中，总体是指包含所研究对象的全部数据(也称个体)的集合。例如企业构成的集合，家庭构成的集合，自然人构成的集合。

总体中的每一个元素都被称为一个数据或一条数据记录，在由多个企业构成的总体中，每一个企业就是一条数据记录，由多个家庭构成的总体中，每一个家庭就是一条数据记录，由多自然人构成的总体中，每一个自然人就是一条数据记录。

总体是客观存在的，在同一性质基础上结合起来的多个单位的整体。构成总体的这些单位称为总体单位。确定总体与总体单位，必须考虑下述两个方面的问题。

第一，构成总体的单位必须是同质的，不能把不同质的单位混在总体之中。例如，在研究工人的工资水平时，就只能将领取工资的职工列入统计总体的范围。同时，也只能对职工的工资收入进行考察，对职工由其他方面取得的收入就要加以排除，这样才能正确反映职工的工资水平。

第二，随着研究对象的变化，总体与总体单位之间的关系是具有相对性的。在一些情况下，一个单位可以是总体，而在另外一些情况下，这个单位也可能就成为一个总体的单位。例如，为了研究全国国有工业企业职工的工资收入情况，那么国内全部国有企业构成一个总体，各个国企是这个总体的单位。如果我们准备研究某个国有企业职工的工资收入情况，则该企业就成为一个总体，每位职工的工资就是该总体的单位。

根据上述讨论，可以认为一个总体是根据研究目的来确定的同质观察单位的全体。更确切地说，它是根据研究目的来确定的同质观察单位某种变量值的集合。例如，所有工业企业构成一个总体，这是因为在性质上每个工业企业的经济职能是相同的，即都是从事工业生产活动的基本单位，这就是说，它们是同性质的。这些工业企业的集合就构成了统计总体。对于该总体来说，每一个工业企业就是一个总体单位。

二、样本

样本是用于观测或调查的一部分个体，是从总体中抽取的所要考查的元素总称，样本中个体的多少叫样本容量。例如，在水质检验时，从河水中采的水样。在临床化验中，从病人身上采的血液都是样本。

由于一个总体中包含的观察单位通常是大量的甚至是无限的，在实际工作中，一般不可能或不必要对每个观察单位逐一进行研究。我们只需从中抽取一部分观察单位加以实际观察或调查研究，根据对这一部分观察单位的研究结果，再去推断和估计总体情况。

所以说，观察样本的目的在于推断总体，这就是样本与总体的辩证关系。总言之，样本是从总体中选取的一部分，样本数量是有多少个样本，样本大小或样本容量是每个样本里包含多少个数据。

第二节 统计抽样

统计抽样是应用统计方法从总体中抽取样本，根据对样本的分析来推断总体的正确性和适当性的一种统计方法。使用这种方法要对选样内容进行判断，并决定样本误差率，如果样本审核结果的误差率超过预定的百分比，就应增加样本继续抽查。

也就是说，为了研究总体，我们需要从总体中抽出一部分样本，并对这部分样本进行分析，来了解总体中的情况。对总体的研究路径是从总体到样本再到总体。

那么如何抽取样本？有两个抽取的基本准则，一是抽取的样本要具有代表性，二是尽量减少误差。

考虑一般情况，假设一个总体包含 N 个个体，从中逐个不放回地抽取 n 个个体作为样本，其中 $n \leqslant N$。常见的抽样方法主要有4种方法，分别为：随机抽样，分层抽样，整体抽样，系统抽样。

一、随机抽样

如果每次抽样总体内的个体被抽到的概率都相等，这种抽样方法叫作简单随机抽样。随机抽样要求严格遵循概率原则，每个个体被抽中的概率相同。随机抽样从总体中逐个抽取，常常用于总体个数较少时。

随机抽样主要有两种方法：抽签法和随机数法。

(1)抽签法

该方法是先将总体中的 N 个个体进行编号，然后采用随机的方法任意抽取号码，连续抽取 n 次，就得到一个容量为 n 的样本。抽签法简单易行，适用于总体中的个数不多的情况。当总体中的个体数较多时，用抽签法产生的样本具有的误差可能很大。

(2)随机数法

在设计随机抽样方案时，另一个经常被采用的方法是随机数法，即利用随机数表或计算机产生的随机数进行抽样。该方法优点是操作简便易行。

二、分层抽样

分层抽样是指在抽样时，将总体分成互不相交的多个层，然后按照一定的比例，从各层独立地抽取一定数量的个体，将各层取出的个体合在一起作为样本的方法。

分层以后，要求层内变异越小越好，层间变异越大越好。在每一层进行简单随机抽样，确定各层抽取的个体数的方法一般有以下3种。第一，等数分配法。就是对每一层都抽取同样的个体数。第二，等比分配法，具体算法是每一层抽得的个体数与该层总体数之比都相同。第三，最优分配法。利用最优分配公式确定每层抽得的样本数。

一般来说，分层抽样方法具有下述3个优点：首先，能够减小抽样误差，分层后增加了层内的同质性，因而可使观察值的变异度减小，各层的抽样误差减小。在样本量相同的情况下，分层抽样总的标准误一般均小于单纯随机抽样、系统抽样和整群抽样的标准误。第二个优点是抽样方法灵活，可以根据各层的具体情况对不同的层采用不同的抽样方法。例如，某自行车企业调查某地消费者对自行车的需求，可分为城、乡两层。第三个优点是可对不同层独立进行分析。

分层抽样的缺点是如果分层变量选择不当，层内变异较大，层间均数相近，分层抽样就失去了意义。

分层抽样要求数据集中有足够的辅助信息，能够将总体单位按某种标准划分到各层之中，实现在同一层内各单位之间的差异尽可能小，不同层之间各单位的差异尽可能大。

三、整群抽样

整群抽样，也称聚类抽样，是将总体中的个体归并成若干个互不交叉，互不重复的集合，称这种集合为群。然后以每个群为抽样单位来进行抽取样本的一种抽样方式。应用整群抽样时，要求各群有较好的代表性，即群内各单位的差异要大，群间差异要小。

整群抽样的优点是便于组织，能够节省人力、物力和时间，容易控制调查质量。整群抽样的缺点是往往由于不同群之间的差异较大，由此而引起抽样误差大于简单随机抽样。

整群抽样先将总体分为 N 个群，然后从中随机抽取若干个群，这些抽取到群内的所有个体均参与调查。在整群抽样中，抽样的基本单位已经不再是个体，而是由部分个体组成的群。抽样过程具体步骤如下：

步骤 1：按照某种性质将总体分群。

步骤 2：确定所需要的群的数目。

步骤 3：采用简单随机的方法，按照步骤 2 的数目抽取群。

例 5.1 一所高校将要调查学生对学校食堂的综合评价，大学共有 30000 名学生，设计整群抽样方法进行抽样。

解：针对这个问题的具体设计方案为：

步骤 1：由于学生们已经被分到不同的班级，因此可以按照已经分好的班级作为群。假设每个班 50 名学生，则总体被分为 600 个群。

步骤 2：假设需要抽取 5000 名学生，则要抽取 100 个群。

步骤 3：从 600 个群里抽取出 100 个群，抽取出来的群内的所有学生都进入调查样本。

整群抽样与分层抽样在形式上有一定相似之处，两者的差异主要表现在：第一，分层抽样要求各层之间的差异大，层内个体差异小。而整群抽样要求群与群之间的差异比较小，群内个体差异大。第二，分层抽样的样本是从每个层内抽取若干个体构成，而整群抽样则是要么整群抽取，要么整群不被抽取。

四、系统抽样

系统抽样方法是首先将总体中个体按一定顺序排列，根据样本容量要求确定抽选间隔，然后随机确定起点，每隔一定的间隔抽取一个单位的一种抽样方式。系统抽样是纯随机抽样的改进方法。在系统抽样中，先将总体从 1 至 N 相继编号，并计算抽样距离 $K=N/n$。式中 N 为总体的个体总数，n 为样本容量。我们可以按下列步骤进行系统抽样：

步骤1：编号，先将总体的N个个体编号。

步骤2：分段，确定分段间隔K，对编号进行分段。

步骤3：确定初始编号，在第1段用简单随机抽样确定第一个个体编号L。

步骤4：抽取样本，按照一定的规则抽取样本。通常是将L加上间隔K获得第二个个体编号$L+K$，依次进行下去，直到获取整个样本。

例5.2 一个企业有500员工，为了研究员工的通勤成本，管理层决定抽取10%的员工进行调查，用系统抽样方法设计抽取方案。

解：

步骤1：将500名员工进行编号，$N=500$。

步骤2：由于样本容量为50，分段间隔$K=10$，将编号分为10个段。

步骤3：在第1段的001到010这10个编号中用简单随机抽样确定起始号码l。

步骤4：抽取样本，将编号为l，l+10，l+20，…，l+490的个体抽出，构成样本。

第三节 统计参数

在统计学中统计参数用以表示随机变量分布特征的某些数值，统计参数也称为随机变量统计参数。

统计参数概念来源于一些实际问题，在一些情况下随机变量的分布函数不能够确定，或有时也不一定需要用完整的函数形式来描述随机变量，而只要知道其主要特征就可以。

随机变量的分布函数和密度函数中都包含一些参数，例如均值、方差、偏态系数。而这些参数能反映随机变量分布的特点：如有的分布集中，有的分布分散，有的分布对称，有的分布非对称。

参数是对整个总体的描述性度量，它可用作概率分布函数的输入以生成分布曲线。参数通常用是固定常量，也就是说，它们不会像变量一样变化。但是，它们的值通常是未知的，因为对整个总体进行度量是不可行的。

每个分布完全由若干个特定参数来定义，参数的个数通常为一到三个。参数值决定了分布图上的曲线的位置和形状，参数值的每个唯一组合可产生唯一的分布曲线。

常用的分布函数参数可以大致分为以下二类。一是描述分布集中趋势的参数，包括各种平均数、中位数和众数等。二是描述分布离散程度的参数，包括方差、标准差、极差。

由于总体中的指标就是一个随机变量，其分布描述了指标在总体中的分布状况。所以，在统计学中就把总体定义为服从某一分布的随机变量，其概率分布和数字特征就称为总体的分布函数和数字特征，我们将不再区分总体与相应的随机变量，统称为总体。

以下定义统计参数为描述总体特性的指标，简称参数。参数表示总体的特征，是要研究或调查的指标。通常一个总体包括有多个参数，在讲到参数的时候，要明确它是总体的哪个参数。

总而言之，统计参数是含在总体中的未知数字特征或其他未知数。为了估计未知参数的真值或其所在区间，就要从总体中抽取样本，然后用样本构造某种统计量，来估计未知参数或其范围。参数与总体对应，统计量与样本对应。正是由于参数是未知的，所以才要通过抽样调查的方法来估计，根据样本算出统计量。

第四节 统计量

一、样本统计量

因为对整个总体进行度量是不可行的，参数值通常是未知的。因此，可以从总体取一个随机样本以获得参数估计值。统计分析的一个目标是获得总体参数的估计值，以及与这些估计关联的误差量。这些估计值也称为样本统计量。

统计量就是用来估计总体未知参数的。统计量与参数的区别是：参数是存在于总体，代表总体的一些特征，通常是一个常数值。统计量是从一个样本中计算得到的量数，它描述一组数据的情况，是一个变量，随抽取样本的变化而变化。总体参数通常是通过样本统计量来预测得到的。

另一方面，统计量还可以用来对数据进行分析、检验的变量。由于统计量是样本的已知函数，其作用是把样本中有关总体的信息汇集起来，是统计推断中一个重要的基本概念。统计量只依赖于样本信息，它不含总体分布的任何未知参数。

由于样本来自总体，但是要把零散的信息集中起来反映总体的特征，就需要对样本进行加工，一种有效的办法就是构造样本的函数，不同的函数反映总体的不同的特征。这种样本函数被定义为统计量，统计量的分布定义为抽样分布。

二、样本均值和样本方差

以下介绍最常用的统计量：样本均值，样本方差和样本标准差。对于给定的样本容量为 n 的样本 $x=(x_1,x_2,\cdots,x_n)$

样本平均数：

$$\bar{x}=\frac{1}{n}\sum_{i=1}^{n}x_i \tag{5.1}$$

样本方差：

$$s^2=\frac{1}{n-1}\sum_{i=1}^{n}(x_i-\bar{x})^2 \tag{5.2}$$

样本标准差：

$$s=\sqrt{\frac{1}{n-1}\sum_{i=1}^{n}(x_i-\bar{x})^2} \tag{5.3}$$

未修正样本方差：

$$s_*^2=\frac{1}{n}\sum_{i=1}^{n}(x_i-\bar{x})^2 \tag{5.4}$$

未修正样本标准差：

$$s_*=\sqrt{\frac{1}{n}\sum_{i=1}^{n}(x_i-\bar{x})^2} \tag{5.5}$$

上述统计量只依赖样本,而不包括任何未知参数。

以下是对总体参数估计值的例子。假设你是一家火花塞制造厂的数据分析人员,工厂正在研究火花塞存在间隙的问题。要检验其所生产的每个火花塞(总体)的成本太高。于是,通过随机抽取了100个火花塞(样本),并以毫米为单位度量间隙。如果计算出样本均值为9.2毫米,它可以作为总体均值的点估计值。我们还为总体均值创建了一个95%的置信区间。

三、描述样本集中位置的统计量

有三个统计量通常用于描述样本数据的集中位置,它们分别为样本均值、样本中位数和样本众数。

(一)样本均值

数据的均值,也就是数学期望,是表示一组数据集中趋势的数值,是指在一组数据中所有数据之和再除以这组数据的个数。它是反映数据集中趋势的一项指标。

均值是统计领域中的一个重要概念。它是描述数据集中位置的一个统计量,既可以用它来反映一组数据的平均水平,也可以用它进行不同组数据之间的比较,以看出组与组之间的差别。用平均数表示一组数据的情况,具有直观和简明的特点。

样本均值是将抽取到的样本数据进行均值计算后的结果,常常用样本均值来估计总体均值,由于样本均值就是一阶原点矩,我们通常称这种估计为样本矩方法。一般来说,用样本矩或其函数估计总体矩或其函数的方法称为矩估计法。

(二)样本中位数

所谓中位数是按顺序排列的一组数据中居于中间位置的元素,代表数组的一个数值,其可将数据集合划分为相等的上下两部分。对于有限的数集,可以通过把所有数据值高低排序后找出正中间的一个作为中位数。如果数据个数是偶数个,通常取最中间的两个数值的平均数作为中位数。

例如,一个由100数据构成的数组,那么排序后第50和51个数值的平均值就是中位数,如果一共有101个数据,那么第51个数值就是中位数。

样本中位数就是将样本数据集合看成一个数组,然后对数组排序后按中位数定义来获得。

(三)样本众数

众数是指在统计分布上具有明显集中趋势点的数值,代表数据的一般水平。也是一组数据中出现次数最多的数值,有时众数在一组数中有好几个。需要注意的是,众数是在一组数据中出现次数最多的数据,是一组数据中的原数据,而不是相应的次数。

样本众数是样本数据中出现次数最多的数值。样本众数反映的是抽取样本最普遍水平。当样本容量较小时,可以直接求出众数,当样本容量较大时,可以根据频数分布求样本众数或求样本众数的近似值。

四、描述样本分散程度的统计量

一组数据内部总是有差别的,反映数据内部差异或分散程度的统计量有样本方差,样本标准差,样本极差和样本变异系数。

(一)样本方差

方差是一组数据中各数值与其算术平均数离差平方和的平均数。总体方差是先求出个体变量值与其平均值的离差的平方和,然后再对此变量取平均数。样本方差用来表示一组数的变异程度。样本方差为构成样本的变量值与其平均值的离差的平方和,再除以 $n-1$,用来表示一组数的变异程度。

注意计算总体方差的分母是 n,而计算样本方差的分母是 $n-1$。

(二)样本标准差

标准差就是方差的开平方,标准差通常是相对于数据的平均值而定的,表示数据集中某个数据值相距平均值有多远。

样本标准差就是样本方差的开平方,表示样本中的某个数据观察值相距平均值有多远。从这里可以看到,标准差越小,表明数据越聚集,标准差越大,表明数据越离散。

(三)样本极差

极差是用来表示一个数据集中的变异量数,反映最大值与最小值之间的差距,即最大值减最小值后得到的数值。极差可以用来评价一组数据的离散度。

极差只说明了数据的最大离散范围,而不是使用全部数据值的信息,不能细致地反映数据彼此相符合的程度,它的优点是计算简单,含义直观,运用方便,在数据处理中仍有着相当广泛的应用。但是,它仅仅取决于两个极端值的情况,不能反映数据分布情况,同时易受极端值的影响。

样本极差就是样本中最大值与最小值之间的差距,用来刻画一组样本数据的离散程度,样本极差越大,样本离散程度越大,反之,样本离散程度越小。

(四)样本变异系数

样本变异系数是样本标准差与样本均值之比,是对消除量纲影响后的样本分散程度的一种度量。

五、顺序统计量

假设 n 为样本容量,顺序统计量是指将 n 个元素自小到大进行排序,则这个排列称为样本顺序统计量。任意抽取一组样本,我们便有一组自小到大的观察值

与之相对应,其中排在第一的是观察值中最小者,排在最后的是观察值中最大者。例如,样本值为 3,2,4,5,6,则其顺序统计量为 2,3,4,5,6。

我们可以用顺序统计量或其函数来对总体的参数进行估计。例如,用样本极差估计总体的标准差。

通过顺序统计量,我们可以计算出其中位数,因此,可以用这个中位数估计总体的平均数信息。这就是用样本中位数估计总体的数学期望的方法。

如果我们需要用顺序统计量估计总体的均值和标准差,则样本中位数和样本极差是一个选择,且他们都是顺序统计量的函数,这类函数计算简便,而且样本中位数不受样本中异常值的影响.无论总体服从哪种分布,都可以样本中位数作为总体均值的估计量。如果用样本极差作为总体标准差的估计量,但是这种估计结果相对来说比较粗糙。

例 5.3 假设我们有随机样本数据 1,2,3,4,5,6,7,试分别用样本均值和顺序统计量估计法估计总体的数学期望。

解:因为样本顺序统计量观察值为:1,2,3,4,5,6,7,n=7为奇数,所以该样本顺序统计量的中位数为4,如果我们计算样本均值,其数值也为4,这种情况下,用他们估计总体的数学期望是完全一致的。

六、统计量评判标准

由于统计量是样本的函数,是一个随机变量,所以评价一个统计量的优劣,不能仅仅依据一次抽样结果,而必须由多次抽样结果来衡量。一个好的统计量应该在多次抽样中尽可能接近总体参数的真值。

常用的几个用于评价统计量是否优良性的原则标准为:无偏性,有效性和一致性,我们接下来对其进行介绍。

(一)无偏性

统计量的无偏性并不是要求其与总体参数不能够有偏差,在抽样的情况下这是不可能的,抽样必然导致抽样误差,不可能与总体完全相同。无偏性指的是如果对这同一个总体反复多次抽样,则要求各个样本所得出的统计量的平均值等于总体参数。所以如果统计量的数学期望值等于被估计总体参数的真值,则称为其具有无偏性,这样的统计量也称为无偏统计量。

(二)有效性

样本统计量与总体参数之间必然存在着一定的误差,衡量这个误差大小的一个指标就是标准差,标准差越小,统计量对总体的估计也就越准确,这个统计量也就越有效。对同一总体参数的两个无偏统计量,具有更小标准差的统计量更有效。

(三)一致性

一致性指的是当样本容量逐渐增加时,样本的统计量能够逐渐逼近待估计的总体参数的真实值。

第五节　抽样误差

一、抽样误差

抽样误差是指由于随机抽样的偶然因素,或样本结构与总体结构不一致,样本不能完全代表总体而引起抽样指标与总体指标的绝对离差。抽样误差是数量上的误差,是因只调查部分群体所造成的误差。样本容量越大,抽样误差越小。例如3000个人中只抽100人和抽2000人,则后者的抽样误差较前者是减小的。

对于只抽部分群体来做调查,抽样误差是不可避免的,只能把抽样误差降低到可被接受的范围。抽样误差是可以计算的。

因为既然是抽样,就肯定会有一定程度的随机性,也就有抽样误差。那么如何衡量抽样误差?抽样分布的方差或标准差越大,抽样的随机误差就越大,所以通常用抽样分布的方差或标准差来衡量抽样的随机误差。

从理论上看,抽样的随机误差与三个因素有关。一是样本容量,样本容量越大,抽样误差越小,这个很好理解。在极端情况下,如果能进行普查,就不会有随机误差了。二是抽样时是否分层，分层抽样能够降低抽样的随机误差。三是抽样时是否分群，整群抽样会增加抽样的随机误差。

二、标准误

抽样误差可以用标准误来表示，而标准误的定义是样本统计量的标准差，它反映了每次抽样样本之间的差异。如果标准误小，则说明多次重复抽样得到的统计量差别不大，提示抽样误差较小。反之，如果标准误大，则说明样本统计量之间差别较大，提示抽样误差较大。

通常用样本均值的标准差作为衡量其抽样误差一般水平的尺度，也就是标准误。根据样本均值标准差的定义，样本均值标准差的理论计算公式：

$$\sigma_{\bar{x}} = \sqrt{\frac{\sum(\bar{x}-\bar{X})^2}{K}} \tag{5.6}$$

其中，$\bar{x}$，$\bar{X}$ 分别表示每次抽样的样本均值和总体均值，K 表示进行了多少次抽样。

这个理论公式表明了抽样误差的意义，但在实际中总体的 $\bar{X}$ 是未知的，而且也无法计算全部样本的平均数，所以按上述公式计算标准误实际上是不可能的。在实践中，我们可以通过其他方法对标准误加以推算。

给定样本容量 n，在重复抽样的情况下，样本均值的标准差可以定义为：

$$\sigma_{\bar{x}} = \frac{\sigma}{\sqrt{n}} \tag{5.7}$$

在上述公式中的标准差 σ 是总体的标准差，而总体的指标通常是未知的，一般用经验数据或样本的标准差 s 来代替，得到近似值，即：

$$\sigma_{\bar{x}} = \frac{s}{\sqrt{n}} \tag{5.8}$$

为了简化计算，在实际工作中，对不重复抽样的情况也往往采用重复抽样公式计算抽样平均误差。

三、置信区间

抽样估计时，要求确定可允许的误差范围，在这个范围内的数字都算是有效的。我们把这种可允许的误差范围称为抽样极限误差。被估计的总体指标以抽样指标为中心，被包含在 $\bar{x}-\delta_{\bar{x}}$ 至 $\bar{x}+\delta_{\bar{x}}$ 之间：

$$\bar{x}-\delta_{\bar{x}} \leqslant \bar{X} \leqslant \bar{x}+\delta_{\bar{x}}$$

区间 $[\bar{x}-\delta_{\bar{x}}, \bar{x}+\delta_{\bar{x}}]$ 称为总体指标的估计区间或称置信区间，区间的总长度为 $2\delta_{\bar{x}}$，在这个区间内样本指标和总体指标之间的绝对离差不超过 $\delta_{\bar{x}}$。

一方面，必须处理好抽样误差与置信度之间的关系。所谓置信度就是进行推断时的可靠程度。置信区间的跨度是置信度的正函数，即要求的置信度越大，得到置信区间也较宽，这就相应降低了估计的准确程度。所以，置信度的提高必然会加大抽样误差范围，同时降低了抽样调查的准确程度。一般在市场调查实践中，对于抽样误差范围或置信度是在调查方案中事先规定的，并据此确定样本容量。

另一方面，进行区间估计是以样本指标推断总体指标。区间估计是在考虑到抽样误差的情况下以样本指标推断总体指标的过程，同时必须联系到前面所谈到的抽样误差与置信度的关系。具体到指标，区间估计可以用样本均值推断总体均值，也可以用样本比例推断总体比例。

第六节 抽样分布

由于样本统计量是样本数据的一个函数，统计量分布是指样本函数的分布，在统计学中称作抽样分布。以样本均值函数为例，它是总体数学期望的一个估计量，如果按照相同的样本容量，相同的抽样方式，反复地抽取样本，每次都可以计算出一个期望值，所有可能样本的期望值所形成的分布，就是样本期望值的抽样分布。

由于统计量由样本决定，所以统计量因样本而异，对于同一个总体，抽取不同的样本，统计量就不同，所以统计量也是一个随机变量。虽然统计量不依赖于任何参数，但统计量的分布一般依赖于未知参数。

我们为什么关心统计量的概率分布？因为他提供了样本统计量长远而稳定的信息，是抽样推断可行性的重要依据。

寻找统计量的精确的抽样分布，属于小样本问题。例如，对任意一个 n，求出给定统计量的精确分布的问题。另外一个是大样本问题，当统计量的精确分布得不到时，设法求出它的极限分布的问题。

我们需要区分统计量与样本数据分布之间的不同，前者是样本函数的分布，后者是指样本数据的联合分布。

由于统计量的抽样分布与正态分布有紧密联系，接下来，我们首先介绍正态分布的相关知识。

一、正态分布

正态分布是一个非常重要的连续型随机变量分布，在统计学的许多方面有着重大的影响力。正态分布的密度函数是

$$f(x)=\frac{1}{\sigma\sqrt{2\pi}}e^{-\frac{1}{2\sigma^2}(x-\mu)^2},\quad -\infty< x <+\infty \tag{5.9}$$

正态分布密度函数图形是以 μ 为中心的对称钟形曲线，两头低，中间高，左右对称。

图 5.1 是正态分布密度函数的曲线形状。我们不难发现图形具有以下几个特征：集中性、对称性和均匀变动性。

第一，集中性说明了正态分布密度函数的曲线的高峰位于正中央，即均值所在的位置。第二，对称性显示正态分布密度函数曲线以均值为中心，左右对称，曲线两端永远不与横轴相交。第三，均匀变动性反映了正态分布密度函数曲线由均值所在处开始，分别向左右两侧逐渐均匀下降。曲线与横轴间的面积总等于 1，即频率的总和为 100%。

如果一个正态分布的均值和方差分别为 $\mu=0,\sigma=1$，则称该分布为标准正态分布，记为：$Z\sim N(0,1)$，相应的密度函数为：

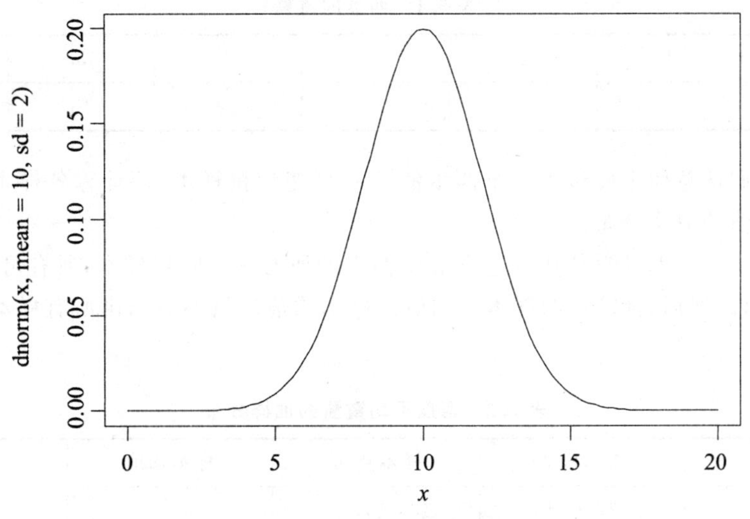

图 5.1　正态分布密度图

$$\varphi(x)=\frac{1}{\sqrt{2\pi}}e^{-\frac{1}{2}x^2},\quad -\infty< x <+\infty \tag{5.10}$$

任何一个服从正态分布的随机变量 X,我们可以通过下面的线性变换将其转换为标准正态分布,如果 $X \sim N(\mu,\sigma^2)$ 则:

$$Z=\frac{X-\mu}{\sigma}\sim N(0,1) \tag{5.11}$$

由于统计量的性质以及使用统计量对总体参数进行推断的质量,取决于其分布。下面我们介绍一些常用统计量的概率分布。

二、样本均值的抽样分布

设总体共有 N 个元素,从中随机抽取一个容量为 n 的样本,如果我们使用不重复抽样,有多少种可能性?这是一个组合问题。从 N 个不同的元素中,任取 $n(n\leqslant N)$个元素为一组,叫作从 N 个不同元素中取出 n 个元素的一个组合。

例如,当 $N=5,n=2$ 时,可能的组合个数就等于 10 个,即 10 组不同的样本。每一组样本都可以计算出一个均值,这些所有可能的抽样均值形成的分布就是样本均值的分布。但现实中不可能将所有的样本都抽取出来,例如,$N=50,n=10$ 时,可能的组合个数就达到千万的级别,因此,样本均值的概率分布实际上是一种理论分布。

样本均值函数的抽样分布是所有可能的样本均值形成的分布,统计学理论已经证明样本均值的抽样分布在形状上是对称的。随着样本量 n 的增大,不论原来的总体是否服从正态分布,样本均值的抽样分布都将趋于正态分布,其分布的期望值为总体均值,方差为总体方差的 $1/n$。

例 5.4　表 5.1 表述了由 6 个西瓜的重量构成的总体,这时我们假设总体是已知的,并且西瓜的重量只能是下表中列出的重量值之一。

表 5.1 西瓜的重量

西瓜	1	2	3	4	5	6
重量	19	14	15	12	16	17

假设我们从总体中取包含 3 个西瓜的所有可能随机样本，请计算各样本均值，并且研究样本均值的概率分布。

解：$N=5$，$n=2$，从总体中取包含 3 个西瓜的所有可能随机样本，所有可能的样本组合共有 20 组。然后，计算各组样本的均值。样本均值的概率分布由所有样本均值描述，见表 5.2。

表 5.2 西瓜平均重量的抽样分布

样本组	样本构成	样本重量	样本均值	概率
1	2，3，4	14，15，12	13.7	0.05
2	2，4，5	14，12，16	14	0.05
3	2，4，6	14，12，17	14.3	0.05
4	3，4，5	15，12，16	14.3	0.05
5	3，4，6	15，12，17	14.7	0.05
6	1，2，4	19，14，12	15	0.05
7	2，3，5	14，15，16	15	0.05
8	4，5，6	12，16，17	15	0.05
9	2，3，6	14，15，17	15.3	0.05
10	1，3，4	19，15，12	15.3	0.05
11	1，4，5	19，12，16	15.7	0.05
12	1，4，5	19，12，16	15.7	0.05
13	1，2，3	19，14，15	16	0.05
14	3，5，6	15，16，17	16	0.05
15	1，4，6	19，12，17	16	0.05
16	1，2，5	19，14，16	16.3	0.05
17	1，2，6	19，14，17	16.7	0.05
18	1，3，5	19，15，16	16.7	0.05
19	1，3，6	19，15，17	17	0.05
20	1，5，6	19，16，17	17.3	0.05

图 5.2 显示了平均重量值的抽样分布。此分布围绕 15.5(这也是总体均值的真值)。样本均值较接近 15.5 的频数最多，样本均值较远离 15.5 的发生概率低。

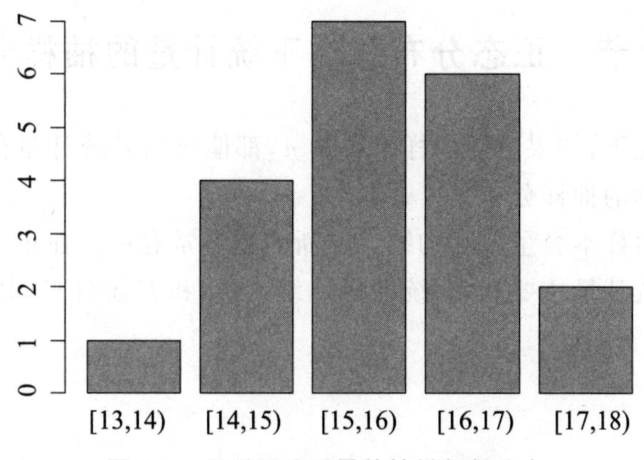

图 5.2 西瓜平均重量的抽样频数分布

在实际中，生成以上所示的抽样分布表是不可行的。即使在理想的情况下（即知道样本的总体），可能仍无法确定所需样本统计量的精确抽样分布。但是，在某些情况下，可能能够大致地确定样本统计量的抽样分布。例如，如果从正态总体中取样，则样本平均值具有完全的正态分布特征。

但是，如果从一个非正态分布总体中抽样，则可能无法确定样本均值的准确分布。但是，由于中心极限定理，样本均值近似地呈正态分布，前提是样本足够大。如果总体分布未知但是样本足够大，也就能够做出判断。

三、样本比例的抽样分布

样本比例函数是指从总体中随机抽取容量为 n 的样本，某一特征出现次数占样本容量 n 的比例，其抽样分布就是样本比例函数的概率分布。总体中具有某一特征单位数占总体全部单位数的比例称为总体比率，用 P 表示。样本中具有某一特征的单位数占样本全部单位数的比例称为样本比例，用 p 表示。例如，特征可以是产品合格率，学生中考考试成绩及格率，大学毕业生就业率。

随样本容量的增加，样本比例的抽样分布趋近于正态分布。它是推断总体比例 P 的理论基础。样本比例的数学期望等于总体均值，即：

$$E(p)=P \tag{5.12}$$

而样本比例的方差为：

$$\sigma_p^2=\frac{P(1-P)}{n} \tag{5.13}$$

四、样本方差的抽样分布

样本方差抽样分布是从总体中重复随机抽取容量为 n 的样本数据，对每次抽样都计算样本方差，所有样本方差可能的取值形成的概率分布。

当总体服从正态分布，从中抽取容量为 n 的样本，样本方差与总体方差的比值服从自由度为 $n-1$ 的卡方分布。

第七节　正态分布总体下统计量的抽样分布

在正态总体情况下，如果对任何样本容量 n，都能导出其统计量分布的数学表达式，称这种分布称为精确的抽样分布。

这样的统计量对样本容量较小的统计推断问题非常有用。在正态总体条件下，满足精确的抽样分布的统计量主要有 χ^2 统计量，t 统计量，和 F 统计量，其对应的分布为称为 χ^2 分布，t 分布和 F 分布。

一、卡方统计量

卡方统计量是指抽取出样本的实际观测值与总体理论推断值之间的偏离程度，样本观测值与理论推断值之间的偏离程度就决定卡方值的大小，当卡方值越大，二者就存在较大程度的偏差，反之，二者偏差较小，若两个值完全相等时，卡方值就为 0，表明样本观测值与理论值完全符合。

假设样本容量为 n 的样本数据都是从一个正态分布总体中抽取，能够计算出每一组样本对应的卡方值，由于抽样的随机性，卡方统计量也是一个随机变量，那么这些卡方统计量的所有可能取值将构成关于样本方差和总体方差的卡方分布。卡方统计量的计算公式为：

$$\chi^2 = \sum_{i=1}^{n} \frac{(A_i - T_i)^2}{T_i} \tag{5.14}$$

其中，A_i 为实际值，T_i 为理论值。

卡方值用于衡量实际值与理论值的差异程度，它包含了以下两方面信息，第一，实际值与理论值偏差的绝对大小，由于平方的存在，差异是被放大了，第二，差异程度与理论值的相对大小有关系。

由于卡方统计量是通过样本计算，而抽样是随机的，卡方统计量也是一个随机变量，它的分布是卡方分布。其定义如下：

$$\chi^2 = \sum_{i=1}^{n} x_i^2 \tag{5.15}$$

这是由 n 个正态分布随机变量的平方和函数构成的统计量 χ^2，而 y 服从自由度为 $n-1$ 的卡方分布。

二、t 统计量

正态总体的情况下，t 统计量主要用于样本容量较小，总体标准差未知的情况。如果总体的标准差未知，t 统计量可以用来对总体的均值进行检验，我们先讨论 t 统计量的定义。假设抽取样本的容量为 n，t 统计量为：

$$t = \frac{\bar{x} - \mu}{s_{\bar{x}}} \tag{5.16}$$

其中，$\bar{x}$ 为样本均值，μ 为总体均值，$s_{\bar{x}}$ 为样本均值标准差。由于总体标准差无法得知，因此一般用样本均值标准差，也就是用标准误来近似总体标准差。在关于标准误的讨论中，我们已知如果样本容量为 n，样本均值的标准差等于总体的标准差除以样本容量。

t 统计量服从 t 分布，因为标准误与样本容量 n 直接相关，所以 t 统计量的 t 分布也与样本容量 n 有关，这就是 t 分布的自由度。

t 分布的自由度一方面与样本容量 n 直接相关，另一方面还受到样本均值计算公式的约束，即 n 个数值相加除以 n，所以由样本均值和另外 $n-1$ 个数就能够推导出剩下的未知数，这相当于 n 个样本只有 $n-1$ 个是不受约束的。所以样本有 $n-1$ 个自由度意味着 t 统计量分布的自由度是 $n-1$。

当 n 的数目越大，样本对总体的代表性越好。同时 n 也影响 t 统计量的形状，或者说 t 统计量的分布是样本容量 n 的函数，也就是自由度的函数。t 分布与正态分布的关系是当 n 的数目非常大时，t 分布就越接近正态分布。

t 统计量被广泛应用于 t 检验中，用 t 分布理论来推论差异发生的概率，从而比较两个均值的差异是否显著。

三、*F* 统计量

假设样本容量分别为 n 和 m 随机抽取的二组样本，分别来自两个正态分布总体，且二者相互独立。F 统计量主要通过比较两组样本数据的方差来判断两总体方差是否相同，F 统计量的定义如下：

$$F=\frac{\sum_{i=1}^{m}(x_i-\bar{x})^2/(n-1)}{\sum_{j=1}^{m}(y_j-\bar{y})^2/(m-1)} \tag{5.17}$$

F 统计量等于第一组数据样本方差除以第二组数据样本方差，其中样本方差是样本值与其平均值的离差的平方和，再除以样本容量减 1。

F 统计量服从自由度分别为 $n-1$ 和 $m-1$ 的 F 分布，从另外一个角度来看，F 统计量是两个服从卡方分布的独立随机变量各除以其自由度后的比值的抽样分布。

第一组样本的方差服从自由度为 $n-1$ 的卡方分布，第二组样本的方差服从自由度为 $m-1$ 的卡方分布。当两组样本相互独立，可以看成是两个卡方分布的比值服从的分布为 F 分布，其中第一自由度为 $n-1$，第二自由度为 $m-1$。

F 分布是一种非对称分布，且位置不可互换。F 分布有着广泛的应用，如在方差分析，回归方程的显著性检验中都有着重要的地位。

第八节　思考与练习

一、单选题

1. 下面关于整群抽样的观点，哪一个选项是正确的(　　)？

   A. 按一定顺序机械地每间隔一定数量的单位抽取一个单位的抽样方法

   B. 将调查总体按照不同特点分层，然后在每层中随机抽样的抽样方法

   C. 从调查总体中抽取若干个群体，再从群体中随机抽取样本的抽样方法

   D. 选择调查者最为方便的调查对象的抽样方法

答案:C

2. 统计量与样本之间的关系,不正确的选项是(　　)。

A. 统计量是样本的函数,是一个随机变量。

B. 统计量就是用来估计样本未知参数的。

C. 统计量是从一个样本中计算得到的量。

D. 统计量是样本的已知函数,其作用是把样本中有关总体的信息汇集起来。

答案:B

3. 为了评估样本统计量的优良性,我们需要用到评价指标,在下述关于评价指标的描述中,下面哪一个选项不作为评价指标(　　)?

A. 统计量的无偏性　　B. 统计量的一致性

C. 统计量的有效性　　D. 统计量的可靠性

答案:D

4. 下面关于样本统计量的无偏性的说法,哪一个选项是正确的(　　)。

A. 样本统计量等于总体参数

B. 样本统计量均值等于总体参数均值

C. 样本统计量比例等于总体比例

D. 样本统计量均值的均值等于总体均值

答案:B

5. 下述关于抽样误差的说法,哪一个选项是错误的(　　)。

A. 抽样误差无法避免

B. 抽样误差与总体分布有关,总体方差越大,抽样误差就越大

C. 抽样误差与样本容量有关

D. 在其他条件相同情况下,样本量越大,抽样误差就越大

答案:D

6. 在简单随机抽样中,关于某一个个体被抽到的可能性的说法,哪一个选项是正确的(　　)?

A. 与第 n 次有关,第一次可能性最大

B. 与第 n 次有关,第一次可能性最小

C. 与第 n 次无关,与抽取的第 n 个样本有关

D. 与第 n 次无关,每次可能性相等

答案:D

7. 下面关于系统抽样的说法,哪一个说法是错误的(　　)?

A. 亦称等距抽样

B. 优点为易于理解,简便易行

C. 可以得到一个按比例分配的样本

D. 其抽样误差大于单纯性随机抽样

答案:D

8. 下面关于总体参数的描述,正确的是(　　)?

A. 唯一且已知　　B. 唯一且未知

C. 非唯一且可知　　　　　　　　D. 非唯一且不可知

答案:B

9. 下表是关于一个城市家庭的年人均收入(万元)的抽样数据:

收入范围	＜＝6	6－7	7－8	8－9	9－10	10－11	＞＝11	合计
家庭数	18	35	76	24	19	14	14	200

根据表中数据,可计算样本均值和样本方差,请选择正确选项(　　)。

A. 样本均值:1.589;样本方差:0.517

B. 样本均值:1.589;样本方差:2.587

C. 样本均值:7.945;样本方差:0.517

D. 样本均值:7.945;样本方差:2.587

答案:D

10. 对于样本数据 2,4,3,5,6 下述哪个选项是这个样本的极差(　　)?

A. 2　　　　　　　　B. 3

C. 4　　　　　　　　D. 5

答案:C

11. 下面关于统计量的有效性的观点,正确的选项是(　　)。

A. 统计量的抽样方差比较大　　　　B. 统计量的抽样方差比较小

C. 统计量的均值比较大　　　　　　D. 统计量的均值比较小

答案:B

12. 下列关于统计量的"一致性"评估指标的描述中,错误的选项是(　　)。

A. 样本均值是总体均值的一致估计量

B. 随着样本量的增大,估计量的值越来越接近总体参数

C. 是评估估计量"好坏"的重要因素

D. 用具有一致性的估计量估计总体参数时没有误差

答案:D

13. 对于下列关于抽样误差的论述,正确的选项是(　　)。

A. 抽样误差产生的原因是抽样方法不合适

B. 由于抽样原因引起的样本均值与总体均值的差别,称为抽样误差。从同一总体抽取不同样本,样本均值之间的差别亦反映抽样误差。

C. 抽样误差是人主观造成的

D. 严格遵循随机化原则进行抽样可避免抽样误差

答案:B

14. 下列关于 t 分布与正态分布的关系的说法,正确的是(　　)。

A. 样本含量无限增大,两者分布完全一致

B. 总体均数增大,曲线变得瘦长

C. 曲线下两端 5% 的面积对应的分位点均为±96

D. 随样本含量增大,t 分布逼近标准正态分布

答案:D

二、多选题

1. 下述关于统计抽样的描述，正确的选项应包括（　　）。

A. 简单随机抽样　　B. 系统抽样

C. 分层抽样　　D. 整体抽样

E. 滚雪球法

答案：ABCD

2. 下述哪些样本统计量能够作为描述样本集中位置的统计量（　　）？

A. 样本中位数　　B. 样本众数

C. 样本均值　　D. 样本标准差

答案：ABC

3. 下面关于样本中位数说法，哪些选项是正确的（　　）？

A. 描述样本分散程度的统计量

B. 与均值相等

C. 是有序样本中位于中间的数值

D. 位于中间位置的数值

E. 是描述样本集中位置的统计量之一

答案：CE

4. 对于下列抽样分布的说法，哪些选项是正确的（　　）？

A. 是由样本统计量形成的概率分布

B. 是一个随机变量

C. 是一种经验分布

D. 是推断总体参数的理论基础

E. 是与总体分布是完全相同的

答案：ABCD

5. 下面关于标准误的观点，正确的说法是哪几个（　　）？

A. 标准误越大，表示原始数据的分散度越大

B. 标准误越大，表示变量值分布较分散

C. 标准误越大，表示样本均值之间的分散程度越大

D. 标准误是总体均值的标准差

E. 标准误反映各观察值抽样误差的大小

答案：CE

6. 关于总体和样本，下列说法中错误的选项是哪些（　　）？

A. 总体是根据研究目的确定的

B. 总体可以是同质的，也可以是不同质的

C. 总体是所有观察单位的所有变量值的集合

D. 样本是从总体中随机抽取的

E. 可以用样本信息推断总体特征

答案：BC

7. 下列关于总体和样本的说法中，正确的选项包括（　　）。
A. 我们把研究对象的全体称为总体
B. 构成总体的每个成员称为个体
C. 样本中的个体称为样本元素
D. 我们要研究某大学的学生身高情况，则该大学的全体学生构成问题的个体
E. 构成总体的每个成员称为样本
答案：ABC

8. 下列关于分层抽样的描述，正确的选项包括（　　）。
A. 适用于抽样框中有足够的辅助信息
B. 适用于同一层内各单位的差异尽可能大，不同层之间各单位的差异尽可能小
C. 每层都要抽取一定的样本
D. 不仅可以估计总体参数，同时也可以估计各层的参数
E. 估计量的方差一般小于简单随机抽样
答案：ABCDE

9. 在下述选项中，哪些是属于总体参数（　　）？
A. 总体平均数　　B. 总体方差
C. 总体比例　　D. 样本均值
E. 样本方差
答案：ABC

10. 关于样本统计量的说法，正确的有（　　）。
A. 样本统计量是对总体参数的估计
B. 样本统计量是非随机变量
C. 样本统计量取决于样本设计和样本单元的特定组合
D. 样本均值就是一个样本统计量
E. 样本统计量根据样本中各单位的数值计算
答案：ACDE

11. 下列关于众数的叙述，正确的选项是（　　）。
A. 一组数据可能存在多个众数
B. 众数主要适用于定量数据
C. 众数是指一组数据中最大的数
D. 众数不受极端值的影响
E. 众数是测度离散趋势的统计量
答案：AD

12. 要提高抽样推断的可靠程度可以采取的方法有（　　）。
A. 提高概率度　　B. 扩大估计值的误差范围
C. 增加样本容量　　D. 减少样本容量
E. 减小概率度
答案：ABC

13. 下述关于抽样误差，置信区间和置信度之间的关系的描述，哪几个选项是正确的(　　)?

A. 置信度越大，置信区间越窄

B. 置信度越小，抽样误差越小

C. 置信度越小，抽样误差越大

D. 置信度越大，置信区间越宽

E. 置信度越小，置信区间越窄

答案：BD

14. 在计算 F 统计量时，下述哪些是需要进行计算的(　　)?

A. 计算总体的方差

B. 分别计算两组样本方差

C. 分别计算样本方差和总体方差

D. 计算一组样本方差对另一组方差的比例

E. 计算一组样本方差对总体方差的比例

答案：BD

三、思考题

一家美妆公司为了研究其产品的消费率时，按常理认为男性和女性有不同的消费率。为了把性别作为有意义的分层标志，如何设计分层抽样调查来证明男性与女性的消费水平是否明显不同?

提示：按照性别进行分层抽样，将男性和女性视作两个总体，检验两总体的消费率均值是否相等。

第六章 统计推断

本章学习目标

掌握参数估计的点估计及区间估计方法。理解假设检验的基本概念、思路和方法，了解弃真和存伪两类错误。掌握 Z 检验、t 检验等常用检验方法。

本章思维导图

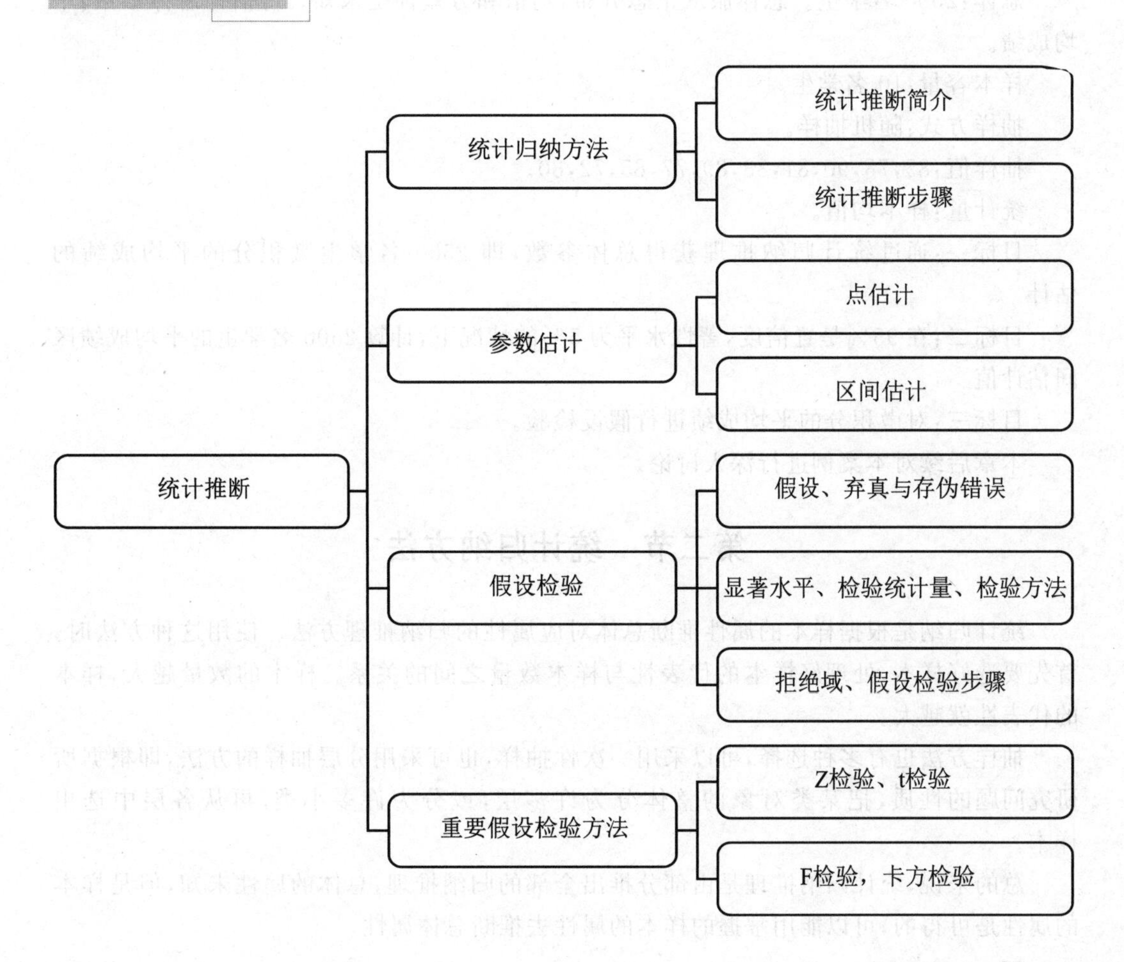

认识过程是从个别到一般,又由一般再到个别的过程。通过个别认识一般的主要思维方法是归纳。归纳是从个别或特殊事物概括出一般原理的逻辑思维方法,在逻辑上叫作归纳推理。

根据归纳法自身的特点,可以将其区分为两类不同类型,完全归纳法和不完全归纳法。由于完全归纳推理具有一定的局限性和不可实现性,当需要归纳推理的数量过大,如果按照完全归纳推理原则,归纳者需要调查全部的实际情况,对集合内所有要素进行逐一了解,这是一种不实际的推理原则。

不完全归纳推理是统计归纳推理中比较常用的一种方法。不完全归纳仅仅从集合中抽取少量或具有代表性的元素进行归纳,所以不完全归纳是统计归纳常用的数学工具之一。

第一节 提出问题

不完全归纳推理在统计中有广泛应用,例如,为了对首都经济贸易大学本科一年级2500学生的微积分成绩进行考察,准备随机抽取10名学生来研究所有学生微积分的平均成绩,也就是用不完全归纳推理来获得平均成绩。已知信息如下:

总体:2500名学生。总体服从正态分布,均值和方差都是未知。待估计总体参数:平均成绩。

样本容量:10名学生。

抽样方式:随机抽样。

抽样值:85,78,90,81,83,89,77,85,72,80。

统计量:样本均值。

目标一:通过统计归纳推理获得总体参数,即2500名学生微积分的平均成绩的估计。

目标二:在95%是置信度,著性水平为5%的情况下,计算2500名学生的平均成绩区间估计值

目标三:对微积分的平均成绩进行假设检验。

本章后续对本案例进行深入讨论。

第二节 统计归纳方法

统计归纳是根据样本的属性推断总体对应属性的归纳推理方法。使用这种方法时,首先要选好样本,处理好样本的代表性与样本数量之间的关系。样本的数量越大,样本的代表性就越大。

抽样方法也有多种选择,可以采用一次性抽样,也可采用分层抽样的方法,即根据所研究问题的性质,把某类对象的整体分为许多层,或分为许多小类,再从各层中选出样本。

总的来说,统计归纳推理是由部分推出全部的归纳推理,总体的属性未知,但是样本的属性是可得的,可以能用掌握的样本的属性去推断总体属性。

统计归纳的结论可能不百分之百正确，也就是说结论是或然的。可以利用概率论，计算出用样本推测总体的时候误差是多少。

一、统计推断简介

统计推断是通过样本推断总体的统计方法。近代统计学中关于统计归纳推断包括三方面主要内容，分别为估计、假设检验和贝叶斯推理。

统计推断包括对总体的未知参数进行估计，或对总体参数的假设检验，或对总体进行预测预报。统计推断所使用的样本需要有代表性，样本通常通过随机抽样方法得到。

我们为什么要做统计推断？目的对总体状况及总体中未被观察到的个体进行判断和决策。统计推断是从总体中抽取部分样本，通过对带有随机性的样本数据分析，进而对总体做出概率意义上的科学判断。

统计推断的理论和方法论的基础是概率论和数理统计学。统计推断的一个基本特点是其所依据的条件中包含有带随机性的观测数据。在这里要注意样本的两重性，样本既可看成具体的数，又可以看成随机变量。在完成抽样后，它是具体的数，在实施抽样之前，它被看成随机变量。因为在实施具体抽样之前无法预料抽样的结果，只能预料它可能取值的范围，所以可把样本看成一个随机变量，才有概率分布可言。

从更加抽象角度来看，统计推断的目的是试图找到可能产生我们所观测到的数据背后的概率分布模型。寻找一个模型一般需要对模型具有一定的猜想以及对未知模型参数的估计。

二、统计推断步骤

获得有效样本数据后，统计推断问题可以按照如下的步骤进行：

步骤1：确定用于统计推断的合适统计量。

步骤2：寻找统计量的精确分布。如果出现统计量的精确分布难以求出的情况下，可考虑利用中心极限定理或其他极限定理找出统计量的极限分布。

步骤3：基于该统计量的精确分布或极限分布，求出统计推断问题的精确解或近似解。

步骤4：根据统计推断结果对问题做出解释。

统计推断的基本问题可以分为两大类：一类是参数估计问题，包括点估计和区间估计；另一类是假设检验问题。

第三节　参数估计

参数估计是根据从总体中抽取的样本估计总体分布中包含的未知参数的统计推断方法。参数估计包括点估计和区间估计。

一、点估计

点估计是以抽样得到的样本统计量作为总体参数的估计量，并以样本统计量的实际值直接作为总体未知参数的估计值的一种推理方法。常见点估计方法有矩估计、最小二乘估计、极大似然估计、贝叶斯估计。

矩估计法的理论依据是大数定理，是基于一种简单的"替换"思想，即用样本矩估计总体矩。其特点是简单易行，并不需要事先知道总体是什么分布。最常见的矩估计是利用均值或方差来计算总体未知参数。

一般情况下总体的未知参数或其函数是其某个特征值，例如数学期望、方差或标准差、相关系数。

点估计是根据从总体中抽取的随机样本来估计总体分布中未知参数的过程。在本小节中我们讨论矩估计方法，它是点估计中的一种，也就是用样本的矩函数作为统计量，其原理就是构造样本和总体的矩，然后用样本的矩去估计总体的矩。

设有样本：

$$X_1, X_2, \cdots, X_n$$

定义 k 阶原点矩：

$$\frac{1}{n}\sum_{i=1}^{n} X_i^k$$

定义样本均值：

$$\bar{X} = \frac{1}{n}\sum_{i=1}^{n} X_i$$

不难看出样本均值就是 1 阶原点矩。

定义 k 阶中心矩：

$$\bar{X} = \frac{1}{n}\sum_{i=1}^{n} (X_i - \bar{X})^k$$

由于样本均值是 1 阶原点矩，样本方差是 2 阶中心矩，所以在以下的关于矩估计的讨论主要集中在数学期望和方差的估计。

由于矩估计不考虑抽样误差，直接用样本矩估计总体参数的一种推断方法。随机性样本的抽样统计量可能不等于总体的参数，所以，用样本矩直接估计总体的参数，不可避免地会有误差。

点估计具有无偏性和有效性特点。首先，无偏性是指由样本抽样后计算点估计的数学期望(1 阶原点矩)等于总体参数的真值。无偏性的含义是，对于随机样本的每一次实现，由点估计算出的估计值有时可能偏高，有时可能偏低，但这些估计值平均起来等于总体参数的真值。在平均意义下，无偏性表示没有系统误差。第二，有效性是指对于两个无偏估计量，方差较小的无偏估计量较为有效。

从数学上不难证明，样本均值(一阶原点矩)是关于总体均值的一个无偏估计。但是，样本的方差(二阶中心矩)并非总体方差的无偏估计，但是可以采用因子来调整这个估计偏差，但一般在应用上不去做调整而是容忍一些偏差存在，在样本容量 n 较大时，这个偏差对于应用是没有影响的。

在实际应用中，我们通常用样本均值估计总体均值，用样本方差估计总体方差，用样本标准差估计总体标准差。

回顾第一节关于学生微积分成绩的例子。通过统计归纳推理获得 2500 名学生的平均成绩。由于抽样数据为：85，78，90，81，83，89，77，85，72，80，可以计算出样本均值为

82,使用点估计方法,可以估计 2500 名学生微积分的平均成绩为 82 分。

二、区间估计

区间估计是在点估计的基础上,给出总体参数估计的一个区间范围,该区间通常由样本统计量加减估计误差得到。与点估计不同,进行区间估计时,根据样本统计量的抽样分布可以对样本统计量与总体参数的接近程度给出一个概率意义上的度量。

为了理解区间估计,我们来讨论关于置信度,置信区间和显著性水平的相关概念。置信区间是根据样本信息推导出来的可能包含总体参数的数值区间,置信度表示置信区间的可信度。置信度一般用百分数来表示,表示成(1－α)%,其中 α 指的是显著性水平,表示总体参数不落在置信区间的可能性。

例如,估计一个学校学生的平均身高的区间情况,有 95%的置信度可以认为该校学生的平均身高为 1.4 米到 1.5 米之间,那么[1.4,1.5]是置信区间,95%是置信度,显著性水平为 5%。通说来说,如果我们抽样 100 次,有信心认为这个区间大约有 95 次包含该校学生的平均身高,有 5 次不包括。

置信区间也是对总体未知参数的一种估计,区间长度意味着误差。所以,区间估计与点估计是互补的两种参数估计。置信度越大,置信区间包含总体参数真值的概率就越大,同时区间的长度就越大,对未知参数估计的精度就越差。

计算置信区间的基本思想为在点估计的基础上,构造合适的函数,并针对给定的置信度计算出置信区间。

以下讨论关于总体均值的区间估计问题,假设容量为 n 的样本,是从正态分布总体中随机抽取。为了计算总体均值的区间估计,我们需要考虑二种情况,一是正态总体的标准差已知,二是标准差未知。

(一)总体方差已知

在大样本情况下,总体服从正态分布,总体方差已知,总体均值在置信水平(1－α)下的置信区间为:

$$\left[\text{总体均值}-\frac{\sigma}{\sqrt{n}}z_{1-\alpha/2},\text{总体均值}+\frac{\sigma}{\sqrt{n}}z_{1-\alpha/2}\right]$$

其中:n 为样本容量,σ 为总体标准差,$z_{1-\alpha/2}$ 为标准正态分布的分位数,可以通过查表获得。

(二)总体方差未知

当正态总体的方差未知,且为小样本条件下,总体均值在置信水平(1－α)下的置信区间为:

$$\left[\text{总体均值}-\frac{s}{\sqrt{n}}t_{1-\alpha/2},\text{总体均值}+\frac{s}{\sqrt{n}}t_{1-\alpha/2}\right]$$

其中,n 为样本容量,s 为样本标准差,$t_{1-\alpha/2}$ 为 t 分布的分位数,可以通过查表获得。

再回到本章第一节关于学生微积分成绩的例子。我们将计算 2500 名学生的平均成绩估计值的置信区间。由于总体方差是未知,我们将利用样本方差和 t 分布来计算置信度为 95%的置信区间。由于样本方差标准差 $s=5.49$,$n=10$,$t_{1-\alpha/2}=2.26$,于是有:

$$\frac{s}{\sqrt{n}}\mathrm{t}_{1-a/2}=\frac{5.49}{\sqrt{10}}\times 2.26=3.92$$

所以,2500 名学生微积分平均成绩的置信区间为:[82－3.92,82＋3.92]。

第四节 假设检验

假设检验是用来判断样本与样本、样本与总体的差异,是由抽样误差引起还是本质差别造成的统计推断方法。显著性检验是假设检验中最常用的一种方法,也是一种最基本的统计推断形式,其基本原理是先对总体的特征做出某种假设,然后通过抽样,对此假设应该被拒绝还是无法拒绝做出推断。

假设检验这种统计推断方法是带有概率性质的反证法,是利用“小概率事件”的原理。所谓小概率思想是指小概率事件在一次试验中基本上不会发生。

反证法思想是先对总体参数提出一个假设值,再用样本信息和适当的统计方法,利用小概率原理,确定假设是否成立。如果样本观察值导致了“小概率事件”发生,就应拒绝提出的假设,否则无法拒绝原假设。

在实践中,常用的假设检验方法有基于正态分布的 Z 检验,t 分布的 t 检验,卡方分布的卡方检验,F 分布的 F 检验。

假设检验分为参数检验和非参数检验。参数检验通常假定总体中数据服从某一个分布,通过样本参数的统计量对总体参数进行检验。例如 t 检验,F 检验,方差分析都是属于参数检验。

非参数检验不需要假定总体的分布形式,直接利用样本数据对总体分布形态进行推断,对总体的分布进行检验。由于不涉及总体分布的参数,所以称为非参数检验。例如,卡方检验是非参数检验。

关于参数的假设检验的具体做法是根据问题的需要,对总体分布的参数做出某种假设,记作 H_0;选取合适的统计量,这个统计量的选取要使得在假设 H_0 成立时,其分布为已知;由随机抽取的样本,计算出统计量的值,并根据预先给定的显著性水平进行检验,做出拒绝或无法拒绝 H_0 的判断。

接下来,我们将介绍在假设检验中经常用到的一些基本概念,并且对假设检验的基本步骤进行总结。

一、假设检验的假设

由定义可知,我们需要对结果进行假设,然后拿样本数据去验证这个假设。所以做假设检验时会设置两个假设,一种叫原假设,通常用 H_0 表示。原假设一般是设计者想要拒绝的假设。原假设的设置一般有:等于(＝),大于等于(＞＝),和小于等于(＜＝)。

另外一种叫备择假设,一般用 H_1 表示。备则假设是设计者想要接受的假设。备择假设的设置一般为不等于(≠)、大于(＞)、小于(＜)的形式。

为什么设计者想要拒绝的假设放在原假设呢?因为如果原假设被拒绝出错,只能犯第Ⅰ类错误,而犯第Ⅰ类错误的概率已经被规定的显著性水平所控制。

二、弃真错误和取伪错误

我们通过样本数据来判断总体参数的假设是否成立，但样本是随机抽取的，因而有可能出现小概率的错误。这种错误分两种，一种是弃真错误，也称为第一类错误，另一种是取伪错误，也称为第二类错误。

弃真错误是指原假设实际上是真的，但通过样本检验统计量，拒绝了原假设。明显这是错误的，拒绝了真实的原假设，所以叫弃真错误，这个错误的概率记为 α。这个值也是显著性水平，在假设检验之前会规定这个概率的大小。

取伪错误它是指原假设实际上假的，但通过样本估计总体后，没有拒绝原假设。显然是错误的，我们接受的原假设实际上是假的，所以叫取伪错误，这个错误的概率记为 β。

这就是为什么原假设一般都是想要拒绝的假设。如果原假设被拒绝，如果出错，只会放弃真错误，而放弃真错误的概率已经被规定的显著性水平所控制了。这样对设计者来说更容易控制，将错误影响降到最小。

三、显著性水平

显著性水平是指当原假设实际上正确时，检验统计量落在拒绝域的概率，简单理解就是犯弃真错误的概率。这个值是做假设检验之前根据业务情况事先确定好的。

通常假设检验中的显著性水平用 α 表示，也就是决策中所面临的风险。α 越小，犯第一类错误的概率也就越小。

四、检验统计量

假设检验需要借助样本统计量进行统计推断，称这样的统计量为检验统计量。不同的假设检验问题需要选择不同的检验统计量。检验统计量是用于假设检验计算的统计量，是根据对原假设和备择假设做出决策的某个样本统计量。

在具体问题中，选择什么统计量，需要考虑的因素包括，总体方差已知还是未知，用于检验的样本是大样本还是小样本。

五、检验方法

假设检验方法有两种，双侧检验和单侧检验。单侧检验又可分为左侧检验和右侧检验。

如果检验的目的是检验抽样的样本统计量与假设参数的差是否过大(无论正方向，还是负方向)，就把风险分摊到左右两侧。例如显著性水平为 5%，则概率曲线的左右两侧各占 2.5%，也就是 95%的置信区间。

双侧检验的备择假设没有特定的方向性，通常的形式为“≠”，这种假设检验被称为双侧检验。

如果检验的目的只是注重验证是否偏高，或者偏低，也就是说只注重验证单一方向，就进行检验单侧。例如显著性水平为 5%，概率曲线只需要关注某一侧占 5%即可。

单侧检验的备择假设带有特定的方向性，通常的形式为“＞”或“＜”的假设检验，一般来说单侧检验“＜”被称为左侧检验，而单侧检验“＞”被称为右侧检验。

在实践中,会根据问题的性质来决定使用双侧检验和单侧检验。例如,为了检验中学生男女生身高是否有性别差异。如果问题男女生的身高是否存在性别差异,这个时候需要用双侧检验,因为实际的差异可能是男生平均身高比女生高,也可能是男生平均比女生矮。这两种情况都属于存在性别差异。而如果问题变为在中学生中,男生的身高是否比女生高,这个时候只需要检验单侧即可。

六、拒绝域

在假设检验中,用来拒绝原假设的统计量的取值范围,拒绝域是由显著性水平围成的区域。拒绝域的功能主要用来判断假设检验是否要拒绝原假设。如果通过样本数据计算出来的检验统计量的具体数值落在拒绝域内,就拒绝原假设,否则不拒绝原假设。给定显著性水平 α 后,查表就可以得到具体临界值,将检验统计量与临界值进行比较,判断是否拒绝原假设。

七、假设检验步骤

假设检验首先需要对问题做出假设,对照样本数据进行检验,主要包括以下基本步骤。

步骤 1:提出原假设(H_0)与备择假设(H_1)。

步骤 2:从总体中出抽取一个随机样本。

步骤 3:构造检验统计量。

步骤 4:根据显著性水平确定拒绝域临界值。

步骤 5:计算检验统计量并与临界值进行比较。

第五节　重要假设检验方法

假设检验的四种常用方法分别为 z 检验、t 检验、F 检验和卡方检验。前三种属于参数检验,而卡方检验则属于非参数检验。

一、z 检验

z 检验是有关总体平均值参数的假设检验,检验一般用于大样本,即样本容量大于30,总体的方差已知。它用标准正态分布的理论来推断差异发生的概率,从而比较样本平均数和总体均值的差异是否显著。

z 检验首先假定样本均值 μ_1 和总体均值 μ_0 之间没有显著差异,所以原假设为:

$$H_0: \mu = \mu_0$$

然后,计算统计量 z 值,其计算公式为:

$$z = \frac{\bar{X} - \mu}{\sigma / \sqrt{n}}$$

其中,$\bar{X}$ 是检验样本的均值;μ_0 是假定的总体均值;σ 是总体的标准差;n 是样本容量。

z 检验首先比较根据样本计算所得 z 值与理论 Z 值之间关系,推断发生的概率,依

据 z 值与差异显著性关系表做出判断。例如,在显著性水平 $\alpha=0.05$ 的情况下,通过查表获得理论 Z 值等于 1.96,如果计算所得 z 值绝对值大于 1.96,则拒绝原假设。

例 6.1 一种零配件,要求使用寿命不低于 1000 小时,现从一批这种零配件中抽取 25 件,测得其使用寿命的平均值为 950 小时,已知该零配件服从标准差 $S=100$ 小时的正态分布,在显著性水平 $\alpha=0.05$ 下确定这批零配件是否合格。

解:使用寿命小于 1000 小时即为不合格,可以使用左单侧检验。

原假设 $H_0:\mu \geqslant 1000$;备选假设:$H_1 < 1000$

计算统计量:

$z=(X-\mu)/(S/\sqrt{n})=(950-1000)/(100/\sqrt{25})=-2.5$

在显著性水平 $\alpha=0.05$ 下的真值为 $Z=-1.65$,由于 $z=-2.5<Z=-1.65$,所以拒绝原假设,即认为这批零配件不合格。

二、t 检验

t 检验是在总体方差未知的情况下对总体均值参数的假设检验,主要用于样本含量较小($n<30$),总体标准差 σ 未知的正态分布。目的是用来比较样本均值所代表的未知总体均值 μ_1 和已知总体均数 μ_0。

单样本的 t 统计量计算公式如下:

$$t=\frac{\bar{X}-\mu_0}{s/\sqrt{n}}$$

其中,$\bar{X}$ 是样本均值,μ_0 是假定的总体均值,s 样本标准差,n 是样本容量。t 统计量服从自由度为 $n-1$ 的 t 分布。

原假设样本均值与总体均值之间没有显著差异。然后,在给定显著水平下,例如选择 $\alpha=0.05$,根据自由度 $n-1$,查 T 值表,找出对应的 T 理论值。根据样本数据计算 t 统计量的值,比较计算得到的 t 值和理论 T 值,推断发生的概率,如果 t 值的绝对值大于 T 值,做出原假设不成立的判断。

例 6.2 假设一家化工企业每天的污水排放水平如下:

15.6,16.2,22.5,20.5,16.4,19.4,16.6,17.9,12.7,13.9

假设政府的排放量合格标准为平均排放量小于 20,公司想要知道这种排放水平是否能满足政府的要求。

解:(1)建立假设,设污水排放的均值 μ 大于等于政府规定的均值为原假设,排放的均值小于政府规定的均值为备选假设,那么有:

原假设 $H_0:\mu \geqslant 20$;备择假设 $H_1:\mu < 20$

(2)判断标准,假设判断标准定为显著水平 $\alpha=0.05$。第三,选择统计量,由于样本容量为 10,属于小样本。因此选择 t 分布,自由度等于 9。

(3)推断决策,计算 t 值及显著水平 $\alpha=0.05$ 下的理论 T 值,分别为:$t=-3$,$T=0.74$,所以拒绝原假设,检验显著,也就是污水排放不满足政府标准。

例 6.3 对第一节引例中学生微积分成绩进行假设检验,检验 2500 名学生微积分的平均成绩是否为 82 分进行假设检验。

解:步骤1:建立原假设:全体学生微积分的平均成绩 $= 82$;

备择假设:全体学生微积分的平均成绩 $\neq 82$;

步骤2:从2500名学生的总体中出抽取一个随机样本如下:75,78,70,71,83,79,77,75,72,70。

步骤3:由于总体的方差未知,样本容量为10,属于小样本。使用 t 统计量进行检验,显著性水平 $\alpha = 0.05$。分别计算出 t 统计值 $t = -5.38$,拒绝域临界值 $T = 2.26$。因为 $|t| > T$,所以拒绝原假设,接受备择假设,即微积分的平均成绩不等于82分。

三、*F* 检验

F 检验是对两个正态分布的方差齐性检验,简单来说,就是检验两个分布的方差是否相等。最典型的 F 检验是用于分析一系列服从正态分布总体的样本是否都有相同的标准差。具体来说,对于正态总体,两个总体的方差比较可以用 F 分布来检验。

假设两组独立样本容量分别分别为 N 和 M,来自正态总体1和正态总体来2,其理论方差和样本方差分别为:$\sigma_1^2, \sigma_2^2, s_1^2, s_2^2$,需通过样本方差来检验两个正态分布总体的方差是否存在显著差异。检验步骤如下:

(1)建立假设。

原假设:$\sigma_1^2 = \sigma_2^2$;备择假设:$\sigma_1^2 \neq \sigma_2^2$

(2)计算 F 统计量。

基于原假设,即 $\sigma_1^2 = \sigma_2^2$,则统计量:$\frac{s_1^2}{s_2^2}$ 的抽样分布服从 F 分布,分子自由度为 $N-1$,分母自由度为 $M-1$。

(3)确定 F 临界值。

F 的临界值取决于分子自由度 $N-1$,分母自由度 $M-1$,以及设定的显著性水平,临界值通过查 F 分布值表获取。

(4)比较 F 临界值与 F 统计值,得出结论。

将 F 临界值与统计量 $\frac{s_1^2}{s_2^2}$ 的值进行比较,如果 F 统计值落入 F 分布两侧的临界值区域,得出方差存在显著差异,拒绝原假设。反之,方差不存在显著差异,无理由拒绝原假设。

例6.4 假设两位分析人员(甲和乙)对某种样品中的维生素含量进行测定的结果如下:

甲:2.01,2.10,1.86,1.92,1.94,1.99

乙:1.88,1.92,1.90,1.97,1.94

假设给定显著性水平为0.05,这两人检测结果有无显著性差异?

解:F 检验法是通过计算两组数据的方差之比来检验方差是否存在显著性差异。首先分别计算甲、乙两组数据的方差:

$$s_1^2 = 0.0069, s_2^2 = 0.0012$$

那么 F 统计值:

$$f = \frac{s_1^2}{s_2^2} = 5.75$$

由于 f 分布服从分子自由度为 5，分母自由度为 4 的 F 分布，通过查表确定 F 临界值：

$$F_{0.05}(5,4)=6.25$$

比较计算出的 f 与 F 临界值：

$$f=5.75<F_{0.05}(5,4)=6.25$$

检验结果说明甲乙两人检测结果差异不显著。

四、卡方检验

根据卡方统计量的定义，卡方值描述两个事件的独立性或者描述实际观察值与期望值的偏离程度。卡方值越大，表明实际观察值与期望值偏离越大，也说明两个事件的相互独立性越弱。

卡方检验属于非参数检验，主要是比较两个变量的关联性分析。根本思想在于比较观测值和理论值的拟合程度。原假设认为观测值与理论值的差异是由于随机误差所致。

确定数据间的实际差异，即求出卡方值，如卡方值大于某特定显著性标准，则拒绝原假设，认为实测值与理论值的差异在该显著水平下是显著的。

利用卡方分布进行假设检验的基本步骤如下：

(1)确定原假设 H_0 和备选假设 H_1；

(2)计算期望频数和自由度；

(3)通过自由度和显著水平确定拒绝域；

(4)计算检验统计量；

(5)查看统计量是否位于拒绝域内。

例 6.5 表 6.1 列出一个骰子的每一面出现次数的观察值，根据这些数据，并以 1% 的显著性水平检验骰子的结果是否公正。

表 6.1

骰子的面	1	2	3	4	5	6
观察值	107	198	192	125	132	248

解：我们知道公正骰子的每面出现的概率等于 1/6，这是属于拟合问题，我们需要检验表中数据与指定分布的拟合程度。

首先，我们确定下述原假设 H_0 和备选假设 H_1：

H_0：骰子公正，即每面概率为 1/6。

H_1：骰子不公正

第二，计算卡方分布自由度，自由度 ＝ 6－1=5。

第三，确定拒绝域。由于显著性水平 ＝ 0.01，自由度 ＝ 5，则拒绝域临界值 ＝ 15.09，于是拒绝域为＞15.09 的范围。

第四，计算检验统计量。卡方统计量＝ 88.24。

第五，查看统计量是否位于拒绝域内。由于卡方统计量等于 88.24，大于拒绝域临界值 15.09，所以统计量位于拒绝域内。

最后，决策。在显著性水平为 1%的情况下，有足够理由拒绝原假设，即骰子不公正。

第六节　思考与练习

一、单选题

1. 用样本推断总体，样本应当是总体中（　　）

A. 任意一部分　　B. 有代表性的一部分

C. 有价值的一部分　　D. 有意义的一部分

答案：B

2. 将构造置信区间的步骤重复多次，下述哪一个选项能够描述总体参数真值所占次数的比例（　　）。

A. 置信区间　　B. 显著性水平

C. 置信水平　　D. 临界值

答案：C

3. 假设检验中的显著性水平一般用 α 来表示，下述关于 α 的观点正确的选项是（　　）。

A. 犯第一类错误的概率不超过 α

B. 犯第二类错误的概率不超过 α

C. 犯两类错误的概率之和不超过 α

D. 犯第一类错误的概率不超过 $1-\alpha$

答案：A。

4. 下面关于检验统计量说法中，哪一个选项是错误的（　　）？

A. 检验统计量是样本的函数

B. 检验统计量包含未知总体参数

C. 在原假设成立的前提下，检验统计量的分布是明确可知的

D. 检验同一总体参数可以用多个不同的检验统计量

答案：B

5. 在下列关于可用 z 检验统计量的条件中，哪些条件属于正确的（　　）

A. 单个正态总体均值的检验，其中总体方差未知且小样本

B. 单个正态总体均值的检验，其中总体方差未知且大样本

C. 大样本下，单个总体均值的检验，其中方差已知

D. 大样本下，单个总体均值的检验，其中方差未知

答案：C

6. 以下关于 F 检验法的说法正确的有（　　）

A. 通过比较两组分别来自正态总体样本数据的方差 S，来确定样本的方差是否有显著性差异

B. 要在一定的置信度和相应的自由度的情况下查 F 值表

C. 如果 F 统计值＞F 临界值，说明方差的存在显著性差异

D. 如果 F 计统计值＜F 临界值，说明方差存在显著性差异

答案:C

7. 在卡方检验中,下面关于原假设的说法,哪一个选项是正确的(　　)?

A. 数据总体是正态的　　B. 数据 X 与 Y 间是独立的

C. 组与组的总体均值相等　　D. 数据 X 与 Y 之间无线性相关

答案:B

8. 当正态总体的方差未知,且为小样本条件下,构造总体均值的置信区间使用的分布是(　　)。

A. 正态分布　　B. t 分布

C. χ^2 分布　　D. F 分布

答案:B

9. 关于假设检验的两类错误,下列说法不正确的有(　　)。

A. 第一类错误被称为弃真错误

B. 第一类错误被称为取伪错误

C. 第二类错误是原假设不正确,但却被接受的错误

D. 第一类错误是原假设正确,但却被拒绝的错误

答案:B

10. 设 $x_1,x_2,\cdots,x_n$ 为来自正态总体 $N(\mu,3^2)$ 的样本,$\bar{x}$ 为样本均值。对于原假设和备选假设 $H_0:\mu=\mu_0,H_1:\mu\neq\mu_0$,则采用的检验统计量应为(　　)。

A. $\dfrac{\bar{x}-\mu_0}{3/n}$　　B. $\dfrac{\bar{x}-\mu_0}{3/\sqrt{n}}$

C. $\dfrac{\bar{x}-\mu_0}{3/(n-1)}$　　D. $\dfrac{\bar{x}-\mu_0}{3/\sqrt{(n-1)}}$

答案:B

二、多选题

1. 下列关于统计推断中假设检验的说法,正确的说法有(　　)。

A. 根据实际问题的要求提出一个论断,称为统计假设

B. 根据样本的有关信息,对 H 的真伪进行判断

C. 可做出拒绝 H,或接受 H 的决策

D. 假设检验的基本思想是概率性质的反证法

E. 概率性质的反证法的根据是小概率事件原理

答案:ABCDE

2. 下面关于在假设检验中拒绝域的观点,正确的包括(　　)。

A. 左侧检验的拒绝域在左侧,即检验统计量值小于临界值

B. 左侧检验的拒绝域在右侧,即检验统计量值大于临界值

C. 右侧检验的拒绝域在右侧,即检验统计量值小于临界值

D. 右侧检验的拒绝域在右侧,即检验统计量值大于临界值

E. 双侧检验的拒绝域是检验统计量的绝对值大于临界值

答案:ADE

3. 下面对于单样本 t 检验的描述，说法正确的有(　　)。

A. 配对 t 检验样本数据可按照单样本 t 检验方法进行统计分析

B. 如果单样本 t 检验推断结论为拒绝 H_0，那么使用该样本均值对总体均值进行区间估计，置信区间不包含 H_0 中假设的总体参数

C. t 统计量的自由度为样本中个数减 1

D. 在样本含量较低时，单样本 t 检验是无意的

E. 以上说法均不对

答案：ABC

4. 统计归纳推理的根本目的在于由样本的特征来推断总体情况，主要包括下述哪些选项(　　)。

A. 区间估计　　B. 统计决策

C. 点估计　　D. 系统分析

E. 假设检验

答案：ACE

5. 下述关于点估计的观点，哪些选项是正确的(　　)？

A. 简单易懂

B. 考虑了抽样误差大小

C. 没有考虑抽样误差大小

D. 可以对统计量与总体参数的接近程度给出一个概率度量

E. 不能对统计量与总体参数的接近程度给出一个概率度量

答案：ACE

6. 下面对矩估计中原点矩和中心矩表述的观点，正确的选项是(　　)。

A. 样本的一阶原点矩就是样本的原数据值

B. 样本的一阶原点矩就是样本的均值

C. 样本的二阶原点矩就是样本的均值

D. 样本的二阶中心矩就是样本的标准差

E. 样本的二阶中心矩就是样本的方差

答案：BE

7. 下列关于统计推断概念的描述，哪些选项是正确的(　)？

A. 统计推断包括参数估计和假设检验

B. 假设检验的基本思想是小概率原理

C. 参数估计与假设检验都由样本数据做出推断

D. 假设检验与区间估计存在本质区别

E. 假设检验与区间估计不存在本质区别，只是立足点不同

答案：ABCE

8. 在下述选项中，哪些可以作为原假设的命题(　　)

A. 两个总体方差相等

B. 两个样本均值相等

C. 总体不合格品率不超过 0.01

D. 样品中的不合格品率不超过 0.05

E. 两个样本方差相等

答案:AC

9. 在假设检验中,下面关于显著性水平 α 的表述,正确的选项有哪些(　　)。

A. 原假设为假时接受原假设的概率

B. 原假设为真时拒绝原假设的概率

C. 原假设为真时接受原假设的概率

D. 取伪概率

E. 弃真概率

答案:BE

10. 下面关于单侧和双侧假设检验的说法,正确的有(　　)。

A. 在显著性水平 α 下,检验假设 $H_0:\mu=\mu_0,H_1:\mu\neq\mu_0$ 的假设检验,称为双侧假设检验

B. 右侧检验和左侧检验统称为单侧检验

C. 在显著性水平 α 下,检验假设 $H_0:\mu\geqslant\mu_0,H_1:\mu<\mu_0$ 的假设检验,称为左侧检验

D. 在显著性水平 α 下,检验假设 $H_0:\mu\geqslant\mu_0,H_1:\mu<\mu_0$ 的假设检验,称为右侧检验

E. 在显著性水平 α 下,检验假设 $H_0:\mu\leqslant\mu_0,H_1:\mu>\mu_0$ 的假设检验,称为右侧检验

答案:ABCE

11. 下述关于显著性水平与检验拒绝域关系的描述,哪些选项是正确的(　　)?

A. 显著性水平提高,意味着拒绝域缩小

B. 显著性水平降低,意味着拒绝域扩大

C. 显著性水平提高,意味着拒绝域扩大

D. 显著性水平降低,意味着拒绝域缩小

E. 显著性水平提高或降低,不影响拒绝域的变化

答案:AB

12. 假设检验的基本步骤是(　　)。

A. 建立检验假设　　B. 选定检验方法

C. 计算检验统计量　　D. 做出推断结论

E. 画出图形

答案:ABCD

第七章 大数据和云计算

本章学习目标

了解大数据相关概念、主要特征及相关存储技术。理解数据类型的多样性。了解云计算相关概念，了解云计算服务有哪些类型。

本章思维导图

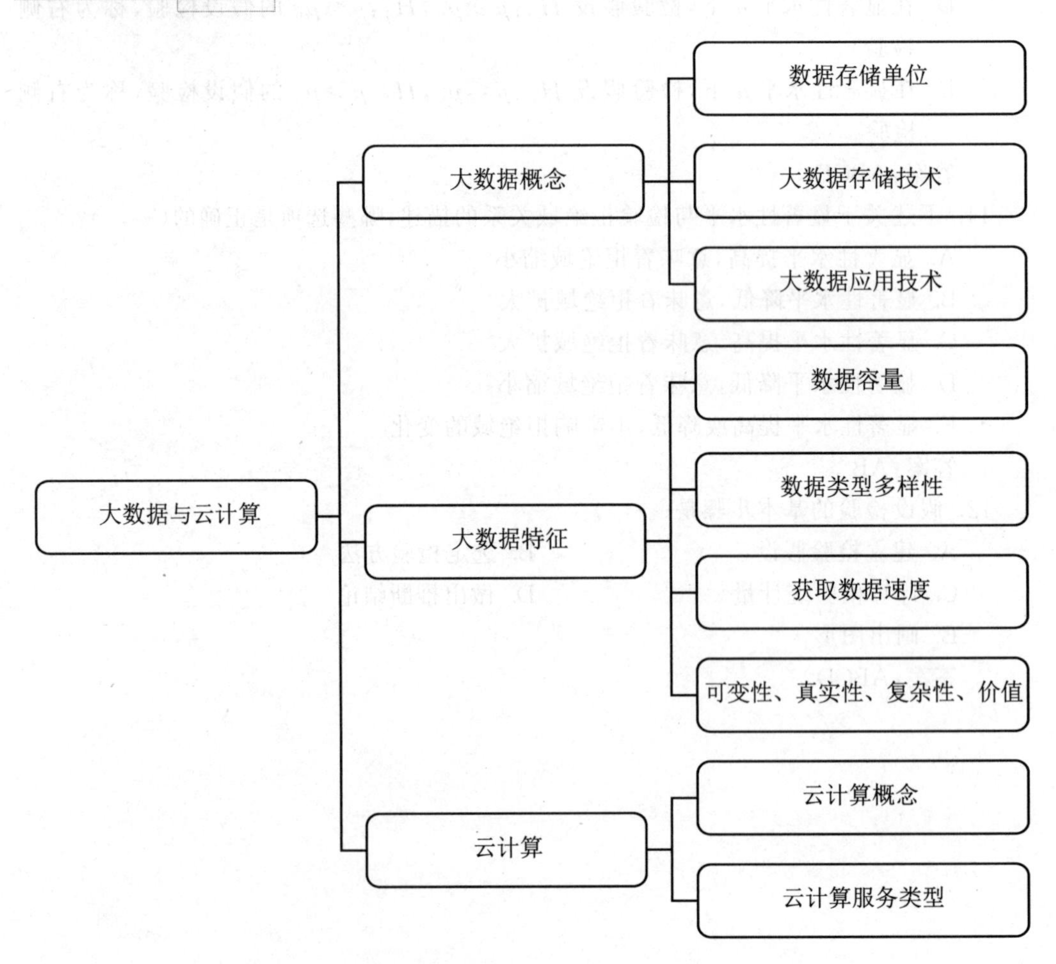

大数据是指所涉及的数据量规模巨大到无法通过人脑或主流数据分析软件工具,在合理时间内达到提取、管理、处理和整理,使之成为帮助企业经营决策的数据。

相对于传统的数据收集和分析流程,大数据就是数据量非常大,数据种类繁多,无法用常规方法对数据进行集成。现实中,大数据的收集、开发和利用已经成为当今数据分析领域最热门研究主题之一。人们普遍认为,掌握大数据的分析应用技术,将对于政府和企业的决策具有非常积极的帮助,其影响深远。

大数据技术的战略意义不仅仅在于掌握庞大的数据信息,还在于对这些含有意义的数据进行专业化处理。从另外一个角度来看,如果把大数据比作一种产业,那么这种产业实现盈利的关键,在于提高对数据的"加工能力"实现数据的"增值"。所谓加工能力就是处理大数据的整体过程,包括大数据采集、入库、在线分析。

第一节 大数据概念

由于大数据不能用传统的类似于抽样调查之类的随机分析法获取数据,而采用对所有数据都进行分析处理。大数据的基本定义是一种规模大到在获取、存储、管理和分析方面大大超出了传统数据库软件工具能力范围的数据集合,具有海量的数据规模、快速的数据流转、多样的数据类型和价值密度低四大特征。

一、数据存储单位

为了深入理解数据大小概念,我们接下来讨论数据存储的单位。对于二进制计算机来说,最小的基本单位是位(bit),电脑记忆中最小的单位,在二进制电脑系统中,每一位(bit)可以代表 0 或 1 的数位讯号。

一个字节(byte)由 8 个位(bit)所组成,可代表计算机键盘上的字元,英文字母 A 到 Z,数字 0 到 9,和各种符号,是记忆体储存资料的基本单位。如果要表达中文字则需要两个字节。

汉字的字长是指汉字的长度,转换关系如下:

1 字节(byte)= 8 位(bit)

1 汉字 = 2 字节= 16 位(bit)

当记忆体容量过大时,位这个单位就不够用,因此就有千位的单位,用 KB 表示,以下是各个记忆体计算单位之间的关系:

1 byte = 8 bit

1 KB = 1024 byte

1 MB = 1024 KB

1 GB = 1024 MB

它们是按照进率 1024(2 的十次方)来计算。下面我们讨论大数据存储单位 TB,PB,EB,ZB,YB,DB 的关系:

1 TB = 1024 GB

1 PB = 1024 TB

1 EB = 1024 PB

1 ZB = 1024 EB

1 YB = 1024 ZB

1 BB = 1024 YB

1 NB = 1024 BB

1 DB = 1024 NB

以 PB 为例，根据换算，1PB=2 的 50 次方，地球上所有印刷材料大约 200PB。

今天讨论的大数据是指发生在 2000 年后，因为信息交换，信息存储，信息处理三个方面能力的大幅增长而产生的数据。

首先，信息交换产生大量数据。根据估算，从 1986 年到 2007 年这 20 年间，地球上每天可以通过既有信息通道交换的信息数量增长了约 217 倍，这些信息的数字化程度，则从 1986 年的约 20%，增长到 2007 年的约 99.9%。在数字化信息爆炸式增长的过程里，每个参与信息交换的节点都可以在短时间内接收并存储。

其次，信息存储能力大幅增强。全球信息存储能力大约每 3 年翻一番。从 1986 年到 2007 年这 20 年间，全球信息存储能力增加了约 120 倍，所存储信息的数字化程度也从 1986 年的约 1%增长到 2007 年的约 94%。1986 年时，即便用上我们所有的信息载体、存储手段，也不过能存储全世界所交换信息的大约 1%，而 2007 年这个数字已经增长到大约 16%。信息存储能力的增加为我们利用大数据提供了近乎无限的想象空间。

最后，有了海量的信息获取能力和信息存储能力，我们也必须有对这些信息进行整理、加工和分析的能力。大数据分析的目标是从数据中提取有价值的信息，从而形成对业务有帮助的结论和发现。

二、大数据存储技术

由于大数据是指那些数量巨大，难于收集、处理和分析的数据集，大数据存储是将这些数据集持久化到计算机中。存储是大数据分析的第一步。为满足大数据存储需求，存储机制已经形成从传统数据管理系统到非结构化数据管理（NoSQL 技术）的结构化转移。

随着大数据应用的爆发性增长，它已经衍生出了自己独特的架构，而且也直接推动了存储、网络以及计算技术的发展。毕竟处理大数据这种特殊的需求是一个新的挑战。硬件的发展最终还是由软件需求推动的，大数据分析应用需求推动着数据存储基础设施的发展。

基于 Hadoop 环境下大数据存储技术包括分布式存储和虚拟化。在 Hadoop 的整个架构中，HDFS 提供了对文件操作的和存储的支持，而 MapReduce 在 HDFS 基础上实现了任务的分发、跟踪和执行等工作，并收集结果，两者相互作用，共同完成了 Hadoop 分布式集群的主要任务。

HBase 是一个建立在 HDFS 之上，面向列的 NoSQL 数据库。它可用于快速读写大量数据，是一个高可靠、高性能和可伸缩和易构建的分布式存储系统。HBase 具有海量数据存储、快速随机访问和大量写操作等特点。

非关系型数据库技术通常可以理解为对关系型数据库的一个有力补充。非关系型数据能够拥有存储类似声音和图像的非结构化数据，非关系型数据库的典型代表有

Mongodb、Redis 和 Neo4j。

Mongodb 是一个基于分布式文件存储的数据库，为互联网应用提供可扩展的高性能数据存储解决方案。Redis 是一个高性能的键值对数据库，Neo4j 是高性能的图形数据库。

三、大数据应用技术

大数据应用技术包括用于发现数据价值的数据挖掘技术，人工智能领域的自然语言处理技术，社交网络分析技术，以及数据可视化技术。

大数据挖掘技术有分类、聚类、回归预测和关联规则这些领域。大数据挖掘的根基还是数据挖掘，所以数据挖掘的知识，例如机器学习、统计分析是基础。

但是大数据的环境下的数据挖掘也需要考虑大数据环境的特点，因此涉及的挖掘技术需要进行三个方面的调整。首先，大数据具有来源多的特点，大数据挖掘的研究对象往往不只涉及一个业务系统，而是多个系统的融合分析，因此，需将多个系统的数据整合到一起。其次，大数据的维度一般来说较高，整合起来的数据就不只传统数据挖掘的那一些维度了，可能达到百万级别的维度，这需要降维技术。最后，大数据量的计算，通常在单台服务器上计算不了，这就需要使用分布式计算，所以要掌握各种分布式计算框架，需要掌握机器学习算法的分布式实现。

自然语言处理是现代计算机科学和人工智能领域的一个重要分支，是一门融合了语言学、人工神经网络和计算机科学综合交叉科学。自然语言处理的研究领域包括机器翻译、主题模型、情感分析与意见挖掘、智能问答与对话系统、个性化推荐和机器写作。

一般来说，学习自然语言处理应该了解分词、词性标注方法、语法树、关键词抽取技术、实体抽取和情感分析技术。

社交网络分析的主要目标是对社交网络中用户关系的预测与分析。通俗地说，就是对特定社交圈子的识别，所谓物以类聚，人以群分，一旦能完成了对社交圈子进行分类预测，能做的事情就会很多。例如，微信是关于人与人之间的强关系网络，划分社交圈有助于朋友间相互推荐。

分好社交网络之后可以对人进行精准化营销，推荐个性化的商品和服务，例如，网上购物平台就非常好的利用这类技术。又例如，疾病传播也是由一个中心点向外扩散，切断传播网络中的关键节点就可以有效阻止传染病的传播。

数据可视化通常是以图表形式展现，可以帮助我们处理更加复杂的信息并增强记忆。大多数人对统计数据了解甚少，直接看数据很难看出规律，但通过可视化出来的表示方式，规律就非常清楚。所以，通过数据可视化可以发现数据存在问题或规律，帮助解决问题和辅助决策。

第二节　大数据特征

大数据的特征首先就是数据规模大。随着互联网，物联网，移动互联技术的发展，人和物的所有轨迹都可以被记录下来，数据呈现出爆发性增长。一般认为，大数据主要具有以下几个方面的典型特征：

一、数据容量大

数据量大是大数据能够运行的基础，统计分析也要求数据量大，数据量小不符合大数据的原则。因为个体都是有差异的，数据量足够大才可以避免因个体差异带来的偏差。

多大的数据才是大数据？目前一般笔记本硬盘最大的容量也就在1TB这个级别，但是从大数据角度来看数据很可能超过该规模。上一节中讨论了比TB级还大的数据存储单位。比TB级还大的数据计量单位有1PB＝1024TB，1EB＝1024PB，1ZB＝1024EB，1YB＝1024ZB等。

到目前为止，业界尚未有一个公认的标准来界定“大数据”的大小。换句话说，“大”只是表示大数据容量的特征，并非全部含义。所以，大数据是一个抽象的概念，是我们面临的数据无法存储，无法计算的状态，大数据的容量是没有边界的。

二、数据类型的多样性

大数据的数据类型不仅仅是单一的文本或数字信息，还包括越来越多的非结构化，半结构化数据，例如，互联网的网络日志，音频，图片，视频，地理位置信息。

针对不同的应用，这些数据的采集可以通过表格格式，HTML网页格式，XML格式，资源描述框架(RDF)数据格式，文本数据格式，图片格式，多媒体数据格式来获得。这些数据可以划分成结构化数据，非结构化数据和半结构化数据等不同类型。

(一)结构化数据

结构化数据，可以从名称中看出，是高度组织和整齐格式化的数据。结构化数据通常对应表格数据结构和SQL的数据类型，可使用关系型数据库表示和存储。一般特点是数据以行为单位，一行数据表示一个实体的信息，每一行数据的属性是相同的。

结构化数据的存储和排列是很有规律的，便于查询和修改等操作。在计算机中可以轻松地搜索，但是在日常管理中可能不是大家最容易找到的数据类型。结构化数据缺点是扩展性不够灵活。在实际使用中反复进行表结构变更是不可取的，这也容易导致后台接口从数据库取数据出错。

另一方面，结构化数据比较适合处理定量数据，是能够用统一的结构加以表示的信息，例如，数字或符号。一般使用关系型数据库保存和管理这些数据，当使用结构化查询语言(SQL)时，计算机程序很容易获取这些数据。结构化数据具有的明确的关系使得这些数据使用起来十分方便，但是在商业上可挖掘价值方面就比较低。常见的结构化数据包括银行卡号码、日期、存款金额、电话号码、地址、产品名称等。

(二)半结构化数据

半结构化数据是结构化数据的一种形式，但它并不符合关系型数据库或其他表格结构的形式。半结构化数据是以树或者图的数据结构存储的数据。标签是树的根节点和子节点。通过这样的数据格式，可以自由地表达很多有用的信息。所以，半结构化数据的扩展性是比较好的。

在半结构化数据中，属于同一类实体可以有不同的属性，这些属性的顺序并不重要。通常有基本固定结构模式，常见的半结构数据有日志文件、HTML、XML和JSON文档。

（三）非结构化数据

非结构化数据是指数据结构不规则或不完整，没有预定义的数据模型，不方便用数据库二维逻辑表来表现的数据。可以说非结构化数据是结构化数据之外的一切数据，其字段长度可变，并且每个字段的记录又可以由可重复或不可重复的子字段构成的数据库。

非结构化数据技术不仅可以处理结构化数据而且更适合处理非结构化数据，例如文本、图像、声音、影视、超媒体等信息。它不符合任何预定义的模型，因此它存储在非关系数据库中，并使用 NOSQL 语言进行查询。它可能是文本的或非文本的，也可能是人为的或机器生成的。简单地说，非结构化数据就是字段可变的数据。

由于非结构化数据不容易组织，收集和处理，分析非结构化数据将是一项重大挑战。非结构化数据构成了网络上绝大多数可用数据，并且它每年都在增长。随着更多信息在网络上可用，并且大部分信息都是非结构化的，传统的数据分析工具和方法还不足以完成这些工作，找到使用它的方法已成为数据分析人员重要挑战之一。

三、获取数据的速度快

大数据具有一定的时效性，数据是不停变化的，体现在两个方面，一是随时间变化，数据量逐渐增大，另一方面在空间上不断移动变化的数据。如果采集到的数据不经过流转，最终会过期作废。客户的体验在分秒级别，海量的数据，带来的第一个问题就是大大延长了各类报表生成时间。

我们能否在极短的时间内提取最有价值的数据十分重要。如果数据处理软件达不到“秒”处理，所带来的商业价值就会大打折扣。这就是大数据处理速度方面的一个著名的“1 秒定律”，即要有秒级时间范围内给出分析结果，超出这个时间，数据就失去价值了。

四、可变性

大数据的可变性妨碍了处理和有效地管理数据的过程，为什么会出现这种情况？由于数据的多义性，数据在处理过程中发生了变化，这意味着相同的数据在不同的上下文中可能具有不同的含义。在进行情感分析时，这一点非常重要，即分析算法能够理解上下文并发现该上下文中数据的确切含义。

五、真实性

大数据的真实性指的是数据的质量问题，例如数据的可信度、偏差、噪声和异常值的情况。那么怎样保障大数据的数据质量呢？根据大数据的收集和处理过程，一般分为事前预设、事中监控、事后改善三个阶段来实施。

大数据中出现损坏的数据很常见。它可能由多种原因而产生，例如拼写错误、语法缺失或不常见的缩写、数据重新处理和系统故障等。但是，忽略这些损坏数据可能会导致数据分析不准确，最终导致错误的决策。因此，确保数据正确，对于大数据分析非常重要。

六、复杂性

大数据由于数据量巨大，并且其来源渠道多，导致传统的数据处理和分析技术难以应对。具体来说,这些挑战大多来自数据本身的复杂性,计算的复杂性和信息系统的复杂性。

第一,我们要面对数据复杂性。图文检索、主题发现、语义分析、情感分析等数据分析工作都具有极大挑战性,其原因是大数据涉及复杂的类型,复杂的结构和复杂的模式,数据本身也具有很高的复杂性。

第二,我们还要考虑计算复杂性。大数据计算不能像处理小样本数据集那样做全局数据的统计分析和迭代计算,在分析大数据时,需要重新审视和研究它的可计算性、计算复杂性和求解算法。大数据样本量巨大,内在关联密切而复杂,价值密度分布极不均衡,这些特征对建立大数据计算范式提出了挑战。对于 PB 级的数据,即使只有线性复杂度的计算也难以实现,而且,由于数据分布的稀疏性,可能做了许多无效计算。

第三,系统复杂性引起的复杂性。大数据对计算机系统的运行效率和能耗提出了苛刻要求,大数据处理系统的效能评价与优化问题具有挑战性,不但要求理清大数据的计算复杂性与系统效率、能耗间的关系,还要综合度量系统的吞吐率、并行处理能力、作业计算精度、作业单位能耗等多种效能因素。

七、大数据价值

大数据的价值是从数据分析中获得的知识。大数据的价值在于组织如何将自己转变为大数据驱动型公司,并利用大数据分析的洞察力来决策。具体来说,企业利用大数据有下述三方面可作为。

第一,对消费者提供产品或服务的企业可以利用大数据进行精准营销,精准有效地将供需双方建立联系。第二,做小而美模式的中长尾企业,可以利用大数据做服务转型,更好地利用数据提高服务质量和效率。第三,面临互联网压力之下必须转型的传统企业,需要与时俱进充分利用大数据的价值,例如考虑开设网店和网络服务平台。用大数据,以低成本创造高价值。

第三节　云计算

大数据具有数据规模大、数据类别复杂、数据处理速度快、数据真实性高、数据蕴藏价值的特点,对于大数据的处理和挖掘很大程度上需要依赖于云计算平台的分布式处理、分布式数据库、云存储和虚拟化技术。

一、云计算概念

云计算是分布式计算的一个分支,指的是通过网络“云”将巨大的数据计算处理程序分解成无数个小程序,然后通过多部服务器组成的系统进行处理和分析这些小程序得到结果并返回给用户。

云计算可以在很短的时间内完成对数以万计的数据的处理,从而达到强大的网络服务。目前阶段的云服务已经不仅仅是一种分布式计算,而是综合分布式计算、效用计算、负载均衡、并行计算、网络存储、热备份冗余和虚拟化等计算机技术混合演进并跃升的结果。

从技术上看,大数据与云计算的关系就像一枚硬币的正反面一样密不可分。大数据必然无法用单台的计算机进行处理，必须采用分布式架构。它的特色在于对海量数据进行分布式数据挖掘。

二、云计算服务类型

云计算主要就是对计算资源进行灵活有效的管理和分配，这些资源主要包含计算资源，存储资源，网络资源三个方面。

那什么是计算资源？对于一个笔记本电脑来说，计算资源是CPU，存储资源是硬盘，由于内存是CPU和硬盘之间的桥梁，它的性能制约着整个计算机的性能，相当于网络资源。

云计算的计算资源不是单体物理资源。也就是说，不会租一台物理服务器给你。大部分云计算资源，都是虚拟化了的资源。虚拟化就是在物理资源的基础上，通过软件平台，封装成虚拟的计算资源。虚拟化的好处，就是让计算资源变得更加容易选择，调用更加灵活。

从管理角度来看，云计算具有弹性伸缩特点。云计算的计算资源，可以按需付费。你想要用多少，就租多少，配置是支持自定义的。如果后期因为业务增长，需要更好的配置，可以加钱买更多资源。

增加资源的过程，基本上是平滑升级。尽可能减小对业务的影响，也不需要进行业务迁移。如果某项业务的负荷下降，你也可以选择弹性收缩，降低配置，节约资金。

由于云计算既然是一种资源提供方式，那么，就可以根据模型的层级，提供不同等级的资源。云计算服务类型基本上可以分为三个层次。

第一层次，是最底层的硬件资源，主要包括CPU（计算资源）、硬盘（存储资源）和网卡（网络资源）。

第二层次，高级一些，买家不打算直接使用CPU、硬盘、网卡，而是希望服务商把操作系统装好，把数据库软件装好再来使用。

第三层次，更高级一些，服务商不但要装好操作系统这些基本的软件、还要把具体的应用软件装好，例如FTP服务端软件，在线视频服务端软件等，可以直接使用服务。

以上讨论的三种层次，就是经常听到的基础设施服务（IAAS）、平台服务（PAAS）和软件服务（SAAS）。事实上，这三种服务模型并不代表云计算的全部服务。如果你愿意，完全可以自己定义一个模型，例如存储即服务，网络即服务，编排即服务，甚至出行即服务，定位即服务，这些都充分体现了云计算服务的灵活性。

第四节　思考与练习

一、单选题

1. 下述数据存储单位哪个表示的单位最大（　　）。

   A. MB　　　　B. PB

   C. TB　　　　D. KB

   答案：B

2. 在大数据存储方面,下述哪个选项适合平台采用(　　)大数据存储集群?

A. NoSQL　　B. Hadoop

C. MySQL　　D. HDFS

答案:B

3. 下列关于数据可视化的描述,哪个是正确的?(　　)

A. 数据可视化是指将大型数据集中的数据以图形图像形式表示

B. 利用数据分析和开发工具发现其中未知信息的处理过程

C. 数据可视化的基本思想是表示每一个数据

D. 数据可视化是将数据的每个属性以一维数组形式表示

答案:A

4. 下列关于云计算技术的发展与运用来源的说法,不正确的选项是(　　)

A. 并行计算　　B. 网格计算

C. 分布式计算　　D. 超级计算

答案:D

5. 一般认为,云计算产业链主要分为 4 个层面,其中包含底层元器件和云基础设施的是(　　)。

A. 基础设施层　　B. 平台与软件层

C. 运行支撑层　　D. 应用服务层

答案:A

6. 大数据的(　　)反映数据的精细化程度,越细化的数据,价值越高。

A. 规模　　B. 活性

C. 颗粒度　　D. 关联度

答案:C

7. 从大量数据中提取知识的过程通常称为(　　)。

A. 数据挖掘　　B. 人工智能

C. 数据清洗　　D. 数据仓库

答案:A

8. 大数据技术是指从各种各样海量类型的数据中,快速获得有价值信息的能力。下面哪个选项不属于大数据的特点(　　)。

A. 数据量巨大　　B. 数据类型多样

C. 处理速度快　　D. 价值密度高

答案:D

9. 下列哪个选项不属于云计算的特征(　　)。

A. 虚拟化　　B. 分布式

C. 并行计算　　D. 独立性

答案:D

二、多选题

1. 云计算虚拟化常见的类型有哪些(　　)?

A. 服务器虚拟化　　B. 桌面虚拟化　　C. 存储虚拟化
D. 网络虚拟化以　　E. 应用虚拟化
答案:ABCDE

2. 下面那几个是非关系型数据库(　　)。
A. REDIS　　B. MYSQL
C. MONGODB　　D. SQLSERVER
E. DB2
答案:AC

3. 自然语言处理包括的层次有(　　)。
A. 语音分析　　B. 实体抽取　　C. 词法分析
D. 句法分析　　E. 词性标注
答案:BCDE

4. 下面关于大数据多样性的说法,正确的选项有(　　)
A. 大数据包括半结构化数据
B. 大数据必须是结构规则、完整的数据
C. 大数据包括结构化数据
D. 大数据包括非结构化数据
E. 地理位置是大数据的一种类型
答案:ACDE

5. 下述关于信息可视化的作用描述,哪些选项是正确的(　　)?
A. 反馈　　B. 发现问题　　C. 辅助决策
D. 解决问题　　E. 寻找规律
答案:BCDE

6. 下列关于数据存储单位的叙述,哪些选项是不正确的(　　)?
A. 1GB=1024Kb　　B. 1MB=1024B
C. 1B=8byte　　D. 1GB=1024MB
E. 1ZB = 1024 EB
答案:ABE

7. 下述关于大数据主要存储技术的说法,哪一些选项是正确的(　　)?
A. 分布式文件存储　　B. HBase 和 HDFS
C. 分布式数据库　　D. 应用了 MapReduce 技术
E. 应用了 NOSQL 技术
答案:ABDE

第八章
数据模型

本章学习目标

了解优化模型的类型，掌握线性优化模型的求解方法。理解方差分析的基本思想，能运用方差分析方法对多组均值差异进行检验。了解最大似然估计方法的思想。掌握线性回归模型的设定、假设，能使用线性回归模型进行预测。掌握机器学习的基本概念，理解常见模型的核心思想。

本章思维导图

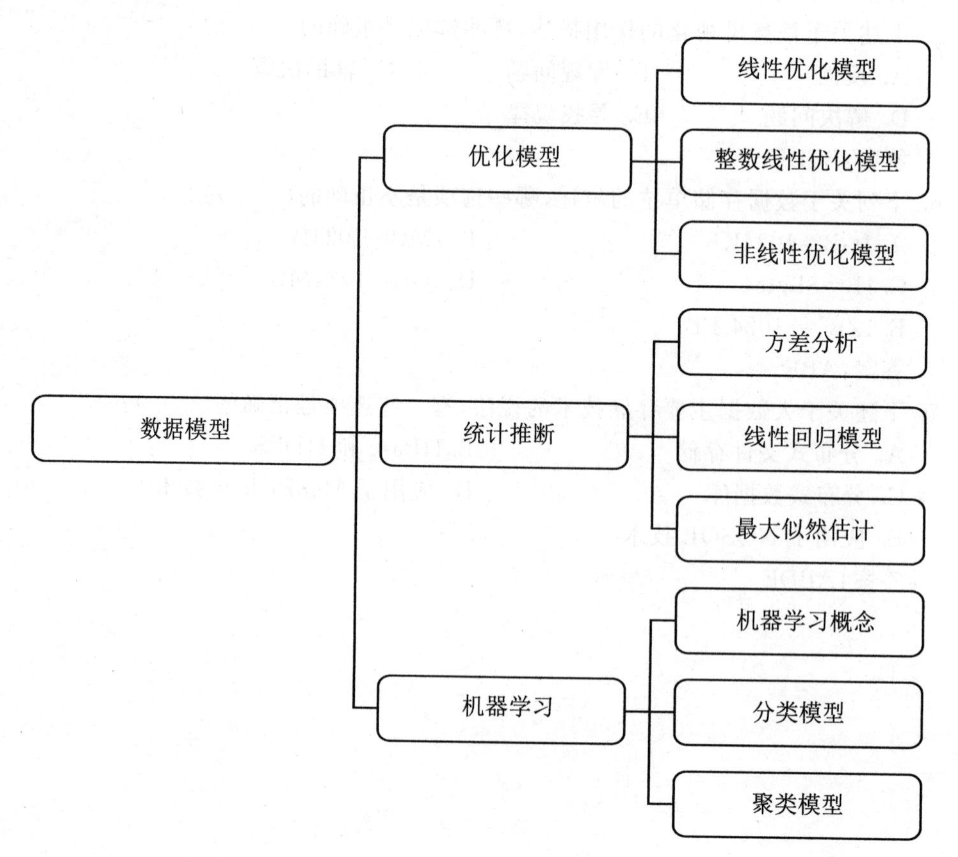

数据分析离不开模型。在进行数据分析之前,先搭建数据分析模型,根据模型中的内容,具体细分到不同的数据指标进行细化分析,最终得到想要的分析结果或结论。在本章中,我们将讨论数学分类模型,包括最优化模型,统计模型,特别是统计推断模型,和机器学习模型。

最优化模型是求出在满足一定条件下,函数的最大值或最小值。优化模型所涉及的内容种类繁多,有的十分复杂,但是它们都可以通过变量、约束条件和目标函数这3个要素来建立模型。

一方面,优化模型在工业、农业、交通运输、企业管理和国防领域具有非常广泛的应用。另一方面,优化模型也是一种非常重要的数学工具,为其他数据分析模型,例如统计推断中的回归分析和最大似然估计、机器学习的神经网络算法,提供了分析方法。

统计模型的意义在于对大量随机事件的规律性做推断,所以统计推断模型可用于推断数据中的关系或创建具有预测功能的模型。统计推断模型重点用于推断变量之间的关系,而不是对未来的数据进行预测。这个过程一般被称为统计推断过程,而不是预测过程。

机器学习基于统计学习理论,有监督的机器学习的目的是构建一个可重复预测的模型。实际上只关心这个学习模型能不能解释数据之间的关系或发现数据之间的规律,而不是去解释它的机制。为了找到这个函数,需要让算法通过"学习"去解决该问题。

第一节 优化模型

优化模型能够反映企业生产经营活动中的条件极值问题,即在既定目标下,如何最有效地利用各种资源,或者在资源有限制的条件下,如何取得最好的效果。最优化模型方法常用来解决资源的最佳分配问题,包括原材料,生产资料,人力资源的最优配置。

优化模型还可以用来最优化部门结构、生产力合理布局、物资合理调运及生产成本。此外,优化模型在工业、农业、交通运输、商业、金融、工程、管理和国防领域也具有非常广泛的应用。

优化模型的求解方法属于应用数学领域的一个重要分支,主要指在一定条件限制下,选取某种解决方案使目标达到最优的一种方法,即决策变量在给定目标函数和约束条件下,求目标函数的最大或最小值的问题。如果按照函数分类,最优化模型可以是线性规划和非线性规划,按照时间阶段维度进行划分又可以分为多阶段动态规划和单阶段最优化,按照变量维度可以分纯整数规划,混合整数规划,纯0—1整数规划和混合0—1规划。

一、线性优化模型

(一)线性优化模型定义

目标函数为线性函数并且所有约束条件也都是线性函数,则称其为线性优化模型,也称或线性规划问题。对于有 n 个变量和 m 个约束条件线性优化模型具有下述标准形式:

$$\max \quad c_1x_1+c_2x_2+\cdots+c_nx_n$$

$$\text{st}\begin{cases} a_{11}x_1+a_{12}x_2+\cdots+a_{1n}x_n \leqslant b_1 \\ a_{21}x_1+a_{22}x_2+\cdots+a_{2n}x_n \leqslant b_2 \\ \cdots \\ a_{m1}x_1+a_{m2}x_2+\cdots+a_{mn}x_n \leqslant b_m \\ x_1,x_2\cdots x_n \geqslant 0 \end{cases} \tag{8.1}$$

我们选择求目标函数的最大值,变量取值非负作为线性优化模型的标准型。关于线性优化模型的一些基本概念如下:

1. 可行解。满足所有线性约束条件和非负条件的解,通常有无限多个。

2. 可行域。由所有可行解构成的一个集合。

3. 基解。两个或多个线性约束条件相交的解,有限个数,可以在可行域之外。

4. 基可行解。可行域中两个或多个线性约束条件相交的解,也称为顶点,为有限个数。

5. 最优解。从可行域中找出使目标函数达到最优(最大值或最小值)的那些可行解,一定来自基可行解。

在实际应用中,描述线性目标函数的最优特征除了最大值,最小值外,通常也包括最满意程度,最大化效用,最低化成本。

(二)线性优化模型求解算法

线性优化模型的求解是从变量的可行域中找到使目标函数达到最优值的算法。对于一个线性优化模型来说,算法求解的最终结局如下:

(1)唯一最优解

(2)有多个最优解

(3)最优解无界

(4)可行域为空

如果出现第三种或第四种情况,这个线性优化模型就是无解的。线性优化模型的求解算法包括:

(1)图解法。只适用具有 2 个或 3 个决策变量的线性优化问题。

(2)单纯形法。通用迭代算法。

(3)内点法。通用迭代算法。

(4)椭圆法。通用迭代算法。

(5)割平面法。通用迭代算法。

由于图解法最直观,对于理解线性规划的求解过程有着重要意义,而单纯形算法最著名的迭代算法,接下来我们将重点讨论这两种方法。

1. 图解法

我们首先对具有 2 个变量的线性优化模型的图解法进行介绍,由于 3 个变量的模型需要在 3 维空间作图,所以重点介绍 2 维平面的图解法,通常有以下五个步骤:

步骤 1:根据非负性条件选择直角坐标系的第一象限;

步骤 2:绘制每个线性约束条件的直线;

步骤 3:确定决策变量的可行域;

步骤 4：绘制线性目标函数的等值线，并朝着使目标函数最优化的方向移动；

步骤 5：最优解就是目标函数的等值线与可行域的切点。

图解法能够直观地说明线性优化模型的唯一解一定出现在可行域的边角点，也称为顶点上，而多个最优解一定出现在目标函数等值线与某个约束条件直线的斜率出现了重合。

例 8.1 宝石工具加工厂生产扳手和钳子，原料为钢铁，制造过程为先在浇铸机上浇铸工具，然后在装配机上装配工具，该工厂的生产、销售和利润数据见表 8.1。

表 8.1 生产和销售扳手和钳子数据

	扳手	钳子	资源数量(日)
生铁(公斤)	1.5	1.0	27(千公斤)
浇铸机(小时)	1.0	1.0	21(千小时)
装配机(小时)	0.3	0.5	9(千小时)
日需求量(千件)	15	16	—
利润(元/千件)	130	100	—

工厂管理层希望制定一个扳手和钳子的日生产方案，使的日利润最大化，并特别关注以下问题：

(1)每天应生产多少扳手和钳子的数量使利润最大化？

(2)在这个计划下的日利润是多少？

(3)在这个计划中，哪些资源是最关键的？

解：我们定义 X = 日生产扳手的数量，Y = 日生产钳子的数量，单位为千件，那么目标函数就是关于扳手和钳子的线性利润函数：

$$P(X,Y)=130X+100Y$$

由于生产数量 X 和 Y 受到资源数量和日需求量的限制，第一个约束限制是日生铁资源数量的限制，即：

$$\text{生铁限制：}1.5X+1.0Y\leqslant 27$$

第二个约束是浇铸机的日可用小时限制：

$$\text{浇铸：}1.0X+1.0Y\leqslant 21$$

第三个约束是装配机的日可用小时限制：

$$\text{装配：}0.3X+0.5Y\leqslant 9$$

第四个约束是扳手的日需求量限制：

$$\text{扳手日需求量：}X\leqslant 15$$

第五个约束是钳子的日需求量限制：

$$\text{钳子日需求量：}Y\leqslant 16$$

第六个约束是生产数量不能为 0 的限制：

$$\text{产量非负：}X\geqslant 0,Y\geqslant 0$$

所以，该工厂的日生产计划问题的线性优化模型为：

$$\max 130X + 100Y$$

$$\text{st.}\begin{cases}1.5X + 1.0Y \leqslant 27 \\ 1.0X + 1.0Y \leqslant 21 \\ 0.3X + 0.5Y \leqslant 9 \\ X \leqslant 15 \\ Y \leqslant 16 \\ X \geqslant 0, Y \geqslant 0\end{cases}$$

利用图解法，对上述线性优化模型进行求解。

步骤 1：根据非负性条件绘制第一象限。

步骤 2：绘制 3 个约束条件的直线。

直线 $1.5X + 1.0Y = 27$ 的绘制，绘制在第一象限的平面上，基本方法为确定两个点，分别设 $X = 0$，获点(0,27)，及设 $Y = 0$，获点(18,0)，将以上两个点相连就可获得一直线，运用同样原理，我们分别将其他 4 个约束直线也绘制到第一象限中。

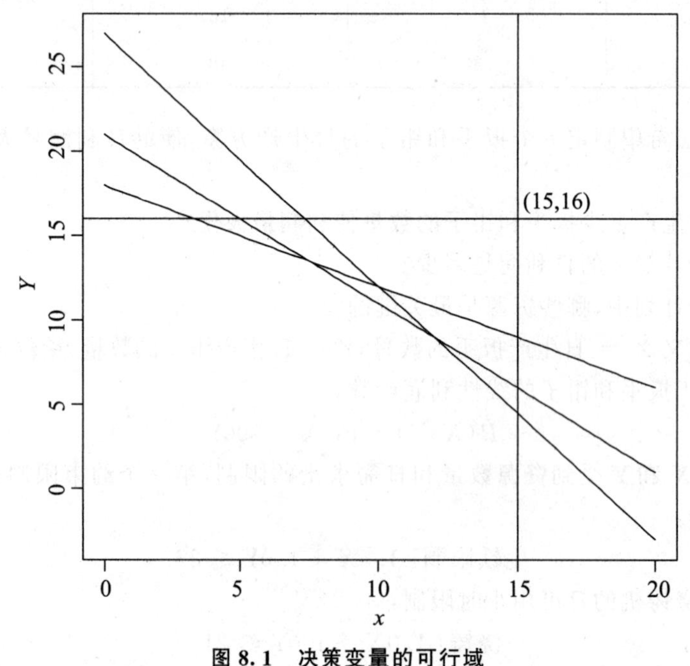

图 8.1　决策变量的可行域

步骤 3：确定可行域。

图 8.1 中由所有约束条件直线和直角坐标构成的多边形就是可行域，需要注意的是可行域包括所有直线和直角坐标上的值。

步骤 4：绘制目标函数的等值线。

由于目标函数为：

$$130X + 100Y = p$$

我们可以将 p 看成是等值线的参数，也就是对于不同的 p 值有不同的直线，但这些直线的斜率和截距都是相等的，例如，我们可以绘制 p 等于 1300 的直线，即：

$$130X + 100Y = 1300$$

利用两点(0,13)和(10,0)获得一直线。同样原理,绘制 p 等于 1500 的直线。

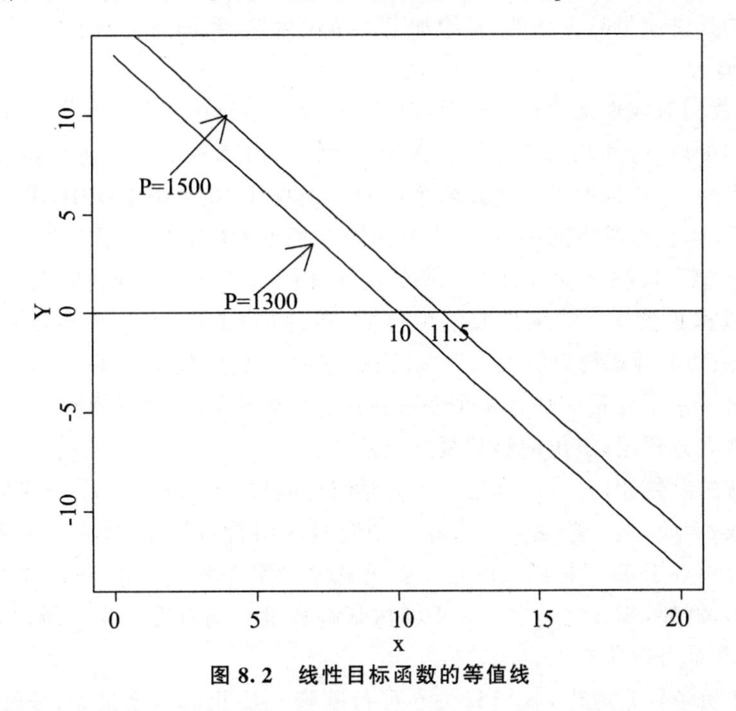

图 8.2　线性目标函数的等值线

步骤 5:决定最优解。

利用图解法求最优解的思路是将可行域和等值线都绘制到第一象限中,计算可行域中的哪一点具有最大的目标函数值。通过添加目标函数的等值线到可行域上,我们可以看出当等值线向第一象限的右上方移动时,目标函数值在增加,并在 A 点达到最优解。这是因为 p 等于 2460 的等值线与 A 点相交,再向上移动就离开可行域了,所以,在 A 点 $X=12, Y=9$ 是最优解,而 2460 是最优目标值。

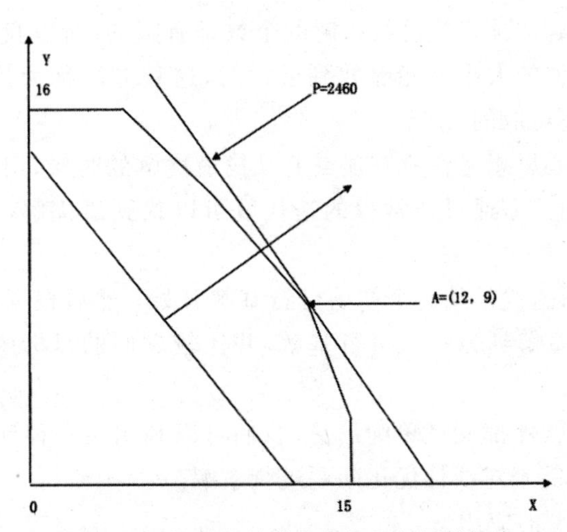

图 8.3　目标函数的等值线与可行域的切点

根据以上计算结果,对管理层的建议如下:

①日产量 12 千件扳手和 9 千件钳子。

②日利润是 2460 元。

③生铁的日供应量是关键的,多增加一个单位生铁,利润将会增加。

2. 单纯形法

接下来,我们对线性优化模型的单纯形法进行简单讨论。单纯形是指由所有线性约束条件构成的可行域,其几何意义是在 N 维空间中,由 $N+1$ 个点连接起来的一个几何体。在一维空间中,单纯形就是连接两个点的一条直线,在二维空间中,单纯形是由三个点形成的三角形,在三维空间中,单纯形是由四个顶点构成的四个平面金字塔图形。

对于有 n 个变量和 m 个线性约束函数的线性优化模型的最优解的求解过程,是在由 m 个约束函数和变量非负约束构成的可行域(单纯形)上进行迭代,所以称其为单纯形法。如果将 m 个不等式约束转换为等式约束,这时变量总数就等于 $n+m$ 个,方程个数等于 m。从 $n+m$ 个变量中任选 n 个变量并让它们等于 0,我们就得到一个 m 个变量和 m 个方程的联立方程组,求出的解就是一个基解。

那么基解的总数如何计算,这是一个数学组合问题,等于从 $n+m$ 个变量中选取 n 个变量的组合数,例如,从 3 个变量中选取 2 个变量的组合数等于 3,从 5 个变量中选取 2 个变量的组合数等于 10。我们可以用组合公式来计算基解。当 n 和 m 非常大时,基解数量也非常大,例如,当 $n=20$ 和 $m=10$ 时,基解数量可到百万级别。所以,基解是有限个数,但它的数量可以非常大。

从变量非负条件来考虑,我们只关心可行基解。从几何角度来看,线性方程组的可行基解对应着可行域的一个顶点。由于线性规划问题的最优解一定是出现在可行域的某个顶点,所以单纯形算法只关心可行基解。

对于多维维空间,我们无法通过几何方法直接观察到单纯形的顶点,但是利用线性代数的知识,我们能够设法计算出单纯形顶点的坐标及对应目标函数值。所以,我们将通过线性方程组的基可行解来记录,描述和分析目标函数和约束函数在单纯形顶点的情况。

因为线性规划问题的顶点或可行基解的个数是有限的,所以我们只需要逐个比较每个顶点处的目标函数值的大小就能够找到最优解,这种方法称为枚举法,当可行基解非常多时,这种方法是不可取的。

单纯形算法的核心思想是在所有顶点上寻找最优解的时候,用一种最聪明的方式以避免遍历所有顶点,而只需通过非常少的迭代就可以找到最优解,该方法被证明是非常有效的。

具体来说,单纯形迭代是从一个初始可行基解开始,然后根据一种称为高斯变换的迭代规则从一个可行基解到另一个可行基解,并比较它们的目标函数值,直到找到最优解为止。

由于许多计算机软件都支持单纯形法,我们可以利用某一种计算机软件,例如,EXCEL 中的规划求解功能来对线性优化问题进行求解。

(三)线性优化模型的应用

线性优化模型在生产管理,交通网络,物流配送,市场营销和项目评价方面都具有非常广泛应用。

以下通过一个管理问题的实例,介绍如何应用线性优化模型解决成本管理问题。

例 8.2 钢铁厂在钢铁生产过程中,炼焦煤是一种必备的生产原料。假设该钢铁厂对炼焦煤的年需求量在 100 到 150 万吨之间。假设共有 8 家煤炭公司为钢铁厂提供炼焦煤,这 8 家供应商分别标记为 A,B,C,D,E,F,G,H,表 8.2 给出了 8 家供应商关于炼焦煤的报价及其他信息。

表 8.2 八家供应商的相关信息

供应商	A	B	C	D	E	F	G	H
价格(元/吨)	49.5	50	61	63.5	66.5	71	72.5	80
联合/非联合	联合	联合	非联合	联合	非联合	联合	非联合	非联合
卡车/铁路	铁路	卡车	铁路	卡车	卡车	卡车	铁路	铁路
挥发性(%)	15	16	18	20	21	22	23	25
产能(千吨/年)	300	600	510	655	575	680	450	490

表 8.2 第二行是供应商关于炼焦煤的报价信息,第三行是关于供应商是否为联合或非联合的信息,第四行是供应商的运输方式是铁路还是公路,第五行是供应商的产品挥发性指标,第六行是供应商的生产能力。

根据钢铁厂的下一年生产计划,对炼焦煤的总需求量为 1225 吨。从质量上考虑,要求炼焦煤的平均挥发性需要至少达到 19%以上。钢铁厂必须从属于具有联合性质的供应商处的采购量至少为总采购量的 50%以上。通过铁路运输达到钢铁厂的采购量限制在每年 650 吨以内,通过卡车的采购量限制在每年 720 吨以内。

该钢铁厂管理层需要解决下述 3 个问题:

(1)需要确定从每个供应商处的采购量,目标使总采购成本最小?

(2)总采购成本是多少?

(3)平均采购成本是多少?

为了回答这些问题,我们需要建立使采购成本最小的采购方案,所以分别定义从这 8 家供应商处的采购量如下:$X_A,\cdots,X_H$ 分别从 A 到 H 供应商处采购炼焦煤的数量。采购炼焦煤的总采购成本函数:从每家供应商处的采购量乘以单位采购价格,然后在将 8 家供应商的采购成本相加就得到总采购成本。所以,总采购成本是一个线性函数,可被表示为:$49.5X_A+50X_B+61X_C+63.5X_D+66.5X_E+71X_F+72.5X_G+80X_H$,我们的目标是在考虑各种限制条件下,要使得上述总采购成本达到最小值。以下将这些限制条件转换为线性优化模型的约束条件。

(1)对炼焦煤年需求量的约束,从每个供应商处的采购量等于钢铁厂的年需求量:

$$X_A+X_B+X_C+X_D+X_E+X_F+X_G+X_H=1225$$

(2)至少 50%的炼焦煤必须从具有联合性质的供应商处采购:

$$X_A+X_B+X_D+X_F \geqslant X_C+X_E+X_G+X_H$$

对上式重新安排后获得约束:

$$X_A+X_B-X_C+X_D-X_E+X_F-X_G-X_H \geqslant 0$$

(3)卡车运输的约束条件为:

$$X_B+X_D+X_E+X_F \leqslant 720$$

(4)铁路运输的约束条件为：

$$X_A + X_C + X_G + X_H \leqslant 650$$

(5)由于要求所采购炼焦煤的平均挥发性至少是19%以上，所以有下述约束条件：

$$\frac{15X_A + 16X_B + 18X_C + 20X_D + 21X_E + 22X_F + 23X_G + 25X_H}{X_A + X_B + X_C + X_D + X_E + X_F + X_G + X_H} \geqslant 19$$

对上式处理后，获得挥发性的约束条件为：

$$-4X_A - 3X_B - X_C + X_D + 2X_E + 3X_F + 4X_G + 6X_H \geqslant 0$$

还有一类重要的约束是从每家供应商处的采购量不能够超过它们的生产能力，所以有下面的约束条件：

$$X_A \leqslant 300$$
$$X_B \leqslant 600$$
$$X_C \leqslant 510$$
$$X_D \leqslant 655$$
$$X_E \leqslant 575$$
$$X_F \leqslant 680$$
$$X_G \leqslant 450$$
$$X_h \leqslant 490$$

最后，由于采购量不可能为负数，所以有下面的非负性约束条件：

$$X_A, X_B, \cdots, X_H \geqslant 0$$

根据以上目标函数和约束条件，我们将钢铁厂炼焦煤采购问题的线性优化模型表示为：

$$\min 49.5X_A + 50X_B + 61X_C + 63.5X_D + 66.5X_E + 71X_F + 72.5X_G + 80X_H$$

$$\text{st.}\begin{cases} X_A + X_B + X_C + X_D + X_E + X_F + X_G + X_H = 1225 \\ X_A + X_B - X_C + X_D - X_E + X_F - X_G - X_H \geqslant 0 \\ X_B + X_D + X_E + X_F \leqslant 720 \\ X_A + X_C + X_G + X_H \leqslant 650 \\ -4X_A - 3X_B - X_C + X_D + 2X_E + 3X_F + 4X_G + 6X_H \geqslant 0 \\ X_A \leqslant 300 \\ X_B \leqslant 600 \\ X_C \leqslant 510 \\ X_D \leqslant 655 \\ X_E \leqslant 575 \\ X_F \leqslant 680 \\ X_G \leqslant 450 \\ X_H \leqslant 490 \\ X_A, X_B, X_C, X_D, X_E, X_F, X_G, X_H \geqslant 0 \end{cases}$$

对上述线性优化模型利用EXCEL的规划求解进行求解，获得使总采购成本最小的采购方案，结果见表8.3。

表 8.3 总采购成本最小的采购方案

供应商	采购量	采购数量(最优解)
供应商 A	X_A	55
供应商 B	X_B	600
供应商 C	X_C	0
供应商 D	X_D	20
供应商 E	X_E	100
供应商 F	X_F	0
供应商 G	X_G	450
供应商 H	X_H	0

对应这个采购方案的总采购成本是：

$$49.5\times55+50\times600+61\times0+63.5\times20+66.5\times100+71\times0+72.5\times450+80\times0=73267.50$$

这时的平均采购成本是：73267.50/1225 = 59.81(元/吨)

二、整数线性优化模型

整数优化模型是指在一个优化模型中的决策变量(全部或部分)被限制为整数，如果优化模型是一个线性优化模型，其决策变量被限制为整数，则称为整数线性规划。

(一)整数线性优化模型定义

求解整数规划的方法往往只适用于整数线性规划。纯整数线性规划要求全部决策变量都必须取整数值的整数线性规划，其具有的标准形式为：

$$\max\quad c_1x_1+c_2x_2+\cdots+c_nx_n$$

$$\text{st}\begin{cases}a_{11}x_1+a_{12}x_2+\cdots+a_{1n}x_n\leqslant b_1\\a_{21}x_1+a_{22}x_2+\cdots+a_{2n}x_n\leqslant b_2\\\cdots\\a_{m1}x_1+a_{m2}x_2+\cdots+a_{mn}x_n\leqslant b_m\\x_1,x_2,\cdots,x_n\geqslant0\text{ 且为整数}\end{cases}\qquad(8.2)$$

除了纯整数线性规划之外，如果一部分决策变量取整数值，则称为混合整数线性规划，如果决策变量只能取整数 0 和 1，则称为 0－1 型整数线性规划。

(二)整数线性优化模型求解方法

在线性规划优化模型中，最优解可能是分数或小数，但对于一些具体应用，常要求某些变量的解必须是整数。例如，当变量代表的是机器的台数，工作的人数，或装货的车辆数都必须是整数。为了满足整数的要求，初看起来似乎只要把已得的非整数解四舍五入化整就可以了。但是实际上化整后的数不见得是可行解和最优解，所以应该有特殊的方法来求解整数线性优化模型。

整数线性优化模型的求解主要针对具有纯整数规划形式的模型，至今尚未找到一种通用算法用于求解纯整数规划，混合整数规划和 0－1 整数规划。纯整数优化模型的求解的经典方法是分枝定界法。

假设目标函数是求最大值的整数线性规划问题，分枝定界法的主要思路是在先不考虑整数的情况下，获得一个与该整数线性规划相应的线性规划问题，从求解这个线性规划问题开始。

如果上述线性规划的最优解不符合整数条件，那么这个解对应的最优目标函数必是整数规划的最优目标函数值的上界，记为 z^{-}。而线性规划的任意可行解的目标函数值将是整数规划的一个下界，记为 z_。分枝界定法就是把线性规划的可行域分成子区域的方法。逐步减小 z^{-} 和增大 z_，最终求到整数规划的最优解。

分枝的含义就是将大的问题分割成小的问题，具体做法是在从线性规划的最优解中任选一个不符合整数条件的变量，例如说变量等于 3.5，以小于它的最大整数，也就是 3，构造两个约束条件：变量≤3，变量≥3+1

将这两个约束条件，分别加入线性规划中，获得两个新的线性规划，也就是 2 个分枝，还是先不考虑整数条件来求解这两个分枝的线性规划。

界定就是在分枝的过程中检查子问题的上下界。从每个分枝线性规划的求解结果找出最优目标函数。

比较与剪枝是对各分枝的最优目标函数值进行判断。如果一个分枝线性规划的目标函数值小于下界的 z_，那么可以剪掉这枝。如果一个分枝线性规划的目标函数值大于下界 z_，但是不符合整数条件，可以重新选择变量深入这枝重新分枝定界。

例 8.3 用分枝定界法求下述整数线性规划问题。

$$\max \quad 5x_1 + 8x_2$$

$$\text{st}\begin{cases} x_1 + x_2 \leqslant 6 \\ 5x_1 + 9x_2 \leqslant 45 \\ x_1, x_2 \geqslant 0 \text{ 且整} \end{cases}$$

解：暂时不考虑解为整数条件对应的线性规划为：

$$\max \quad 5x_1 + 8x_2$$

$$\text{st}\begin{cases} x_1 + x_2 \leqslant 6 \\ 5x_1 + 9x_2 \leqslant 45 \\ x_1, x_2 \geqslant 0 \end{cases}$$

通过单纯形法可以得到图 B 的最优解为 $x_1 = 2.25$，$x_2 = 3.75$，目标函数值为 41.25 是整数规划解的上界。在小数解上不断进行分枝计算，才能最终能够得到整数解。

因为 x_1，x_2 都是小数，我们可以任选一个进行分支，这里选用 x_2 进行分支，即分别添加 $x_2 \leqslant 3$ 和 $x_2 \geqslant 4$，因为不确定整数解到底在那个方向能取到最优值，因此需要考虑两种分枝情况：

$$\max \quad 5x_1 + 8x_2$$

$$\text{st}\begin{cases} x_1 + x_2 \leqslant 6 \\ 5x_1 + 9x_2 \leqslant 45 \\ x_2 \leqslant 3 \\ x_1, x_2 \geqslant 0 \end{cases}$$

和

$$\max \quad 5x_1 + 8x_2$$
$$\text{st}\begin{cases} x_1 + x_2 \leqslant 6 \\ 5x_1 + 9x_2 \leqslant 45 \\ x_2 \geqslant 4 \\ x_1, x_2 \geqslant 0 \end{cases}$$

分别对上述两式用 Excel 规化求解进行求解，获得：

$x_2 \leqslant 3$ 的分枝解：$x_1 = 3, x_2 = 3$，目标值等于 39

$x_2 \geqslant 4$ 的分枝解：$x_1 = 1.8, x_2 = 4$，目标值等于 41

由于第一个分枝具有整数解，所以，目标值 39 在这个阶段可以把它作为整数线性规划的暂时下界，而第二个分枝线性规划的目标值为 41 作为整数规划的新上界。但是它的解中仍然有小数，所以不能确定最终解是否是 39。

所以我们要继续对上述第二个分枝中的变量 x_2 再进行分支，分别将 $x_2 \leqslant 1$ 和 $x_2 \geqslant 2$ 代入第二个分枝的约束条件中进一步进行求解，这里要特别注意不要忘记将之前分枝的条件也加进来，所以我们有：

$$\max \quad 5x_1 + 8x_2$$
$$\text{st}\begin{cases} x_1 + x_2 \leqslant 6 \\ 5x_1 + 9x_2 \leqslant 4 \\ x_2 \geqslant 4 \\ x_2 \leqslant 1 \\ x_1, x_2 \geqslant 0 \end{cases}$$

和

$$\max \quad 5x_1 + 8x_2$$
$$\text{st}\begin{cases} x_1 + x_2 \leqslant 6 \\ 5x_1 + 9x_2 \leqslant 4 \\ x_2 \geqslant 4 \\ x_2 \geqslant 2 \\ x_1, x_2 \geqslant 0 \end{cases}$$

分别对上述两式用 Excel 规化求解进行求解，获得：

$x_2 \leqslant 1$ 的分枝解：$x_1 = 1, x_2 = 4.4$，目标值等于 40.6

$x_2 \geqslant 4$ 的分枝解：无可行解，无目标值

因为上面第一个分枝的目标值等于 40.6，可以作为新的上界，但由于不是数解，所以要继续分枝，用变量 x_2 分支，分别用 $x_2 \leqslant 4$ 和 $x_2 \geqslant 5$ 构造新的分枝线性规划：

$$\max \quad 5x_1 + 8x_2$$
$$\text{st}\begin{cases} x_1 + x_2 \leqslant 6 \\ 5x_1 + 9x_2 \leqslant 4 \\ x_2 \geqslant 4 \\ x_2 \leqslant 1 \\ x_2 \leqslant 4 \\ x_1, x_2 \geqslant 0 \end{cases}$$

和

$$\max \quad 5x_1 + 8x_2$$

$$\text{st}\begin{cases} x_1 + x_2 \leqslant 6 \\ 5x_1 + 9x_2 \leqslant 4 \\ x_2 \geqslant 4 \\ x_2 \leqslant 1 \\ x_2 \geqslant 5 \\ x_1, x_2 \geqslant 0 \end{cases}$$

分别对上述两式用 Excel 规化求解进行求解，获得：

$x_2 \leqslant 4$ 的分枝解：$x_1 = 1, x_2 = 4$，目标值等于 37

$x_2 \geqslant 5$ 的分枝解：$x_1 = 0, x_2 = 5$，目标值等于 40

这两个分枝线性规划都是整数解，由于第一分枝的目标值比下界小，所以剪去，第二个分枝线性规划的目标值小于上界，所以整数线性规划的最优解就是 $x_1 = 0, x_2 = 5$，目标值等于 40。

（三）整数线性优化模型应用

整数线性优化模型在工程安排、资本预算、广告投放、工作指派、运输调配、项目评价这些领域有着非常广泛的应用。以下通过 2 个案例来说明整数优化模型的应用。

例 8.4 A 商务飞机制造公司生产下述四种类型的小型商务飞机，分别为：A1 型，具有一个座位；A2 型，具有二个座位；A4 型，具有四个座位；A6 型，具有六个座位。

假设飞机的组装是以月为单位进行的。表 8.4 说明了该公司的有关飞机制造的相关信息。

表 8.4　A 商务飞机制造公司飞机组装的相关信息

单位：架

	A1	A2	A4	A6
月最大产量	8	17	11	15
单位组装天数	4	7	9	11
单位管理人员	1	1	2	2
单位利润(元)	62	84	103	125

表 8.4 的第二行说明了每种飞机在下个月的最大产量，第三行说明了组装一架飞机所需要的天数，第四行说明了生产一架飞机所需要管理人员人数，最后行说明了一架飞机的单位利润。

关于资源的情况，该公司可用的人员总人数为 60 人。公司的生产能力为 9 架/天，按每月 30 天计算，月最大产能为 270 架飞机。该公司的主管想要确定在下一个月每种飞机的生产数量，目标是使得公司的利润达到最大化。

解：设决策变量为每款飞机的生产数量：A_1, A_2, A_4, A_6 分别表示下一个月生产 A1，A2，A4，A6 型飞机的生产数量。每个决策变量的取值必须是一个非负的整数值，取值形式是 0，1，2，3，…。

所以，在公司的生产计划的线性优化模型中，必须加上对决策变量的下述整数约束条件：A_1, A_2, A_4, A_6 是整数。

该公司的生产计划描述为一个整数线性优化模型，并且具有下述表达式：

$$\max \quad 62A_1 + 84A_2 + 103A_4 + 125A_6$$

$$\text{st}\begin{cases} 4A_1 + 7A_2 + 9A_4 + 11A_6 \leqslant 270 \\ A_1 + A_2 + 2A_4 + 2A_6 \leqslant 60 \\ A_1 \leqslant 8 \\ A_2 \leqslant 17 \\ A_4 \leqslant 11 \\ A_6 \leqslant 15 \\ A_1, A_2, A_4, A_6 \geqslant 0 \text{ 且为整数} \end{cases}$$

以上模型可以利用 EXCEL 的规划求解进行求解，结果见表 8.5。

表 8.5 A 商务飞机制造公司最优生产计划

飞机类型	决策变量	最优产量
类型 A1	A_1	8
类型 A2	A_2	17
类型 A4	A_4	1
类型 A6	A_6	10

在表 8.5 中，决策变量的取值都是整数。在这个生产计划下的利润为：

$$62\times8+ 84\times17 + 103\times1+125\times10=3277(\text{元})$$

例 8.5 A 建筑投资管理公司的主要业务是工程投资，公司正在考虑下一年可能要投资的工程项目。表 8.6 说明了每个工程所需要的投资，以及每个工程在未来三年中的预期利润。

表 8.6 A 建筑投资管理公司工程投资信息

项目	项目 1	项目 2	项目 3	项目 4
投资总额(万元)	8	6	5	4
预期利润(万元)	12	8	7	6

该公司准备在下一年投入 1500 万元人民币，希望所选择的项目使得总预期利润最大化。

解：设置决策变量 x_i，x_i 等于 1 表示第 i 个项目被选中，等于 0 表示第 i 个项目未选中。

$$x_i = \begin{cases} 1, & \text{选中项目 } i \\ 0, & \text{未选项目 } i \end{cases}$$

该公司的资本预算模型可以表示为下列 0－1 整数线性优化模型：

$$\max \quad 12x_1 + 8x_2 + 7x_3 + 6x_4$$

$$\text{st}\begin{cases} 8x_1 + 6x_2 + 5x_1 + 4x \leqslant 15 \\ x_1, x_2, x_3, x_4 \text{ 等于 } 0 \text{ 或 } 1 \end{cases}$$

用 Excel 电子表格中的线性规划求解计算出最优解，结果如表 8.7 所示。

表 8.7　A 建筑投资管理公司最优投资决策

项目名称	决策变量	最优解
项目 1	x_1	0
项目 2	x_2	1
项目 3	x_3	1
项目 4	x_4	1

表 8.7 显示，最优项目的选择是项目 2，项目 3 以及项目 4 。在这种方案之下的总预期利润为：

$$12\times0+8\times1+7\times1+6\times1=21\text{(万元)}$$

三、非线性优化模型

非线性优化模型是指一个优化模型中的目标函数或约束条件有一个或几个非线性函数，非线性优化模型是数学优化领域中的一个重要分支。近年来，随着计算机的发展，非线性优化模型在生产优化和定价决策领域，在工厂位置的优化选址方面，在金融行业的投资组合管理方面都具有非常广泛的应用。

(一)非线性优化模型定义

非线性优化模型是 20 世纪 50 年代才开始形成的一门新兴学科，20 世纪 50 年代，数学家库恩和塔克提出的库恩－塔克条件(KT)是非线性优化正式诞生的一个重要标志。随着计算机技术的快速发展，非线性优化模型取得了长足发展，在多个领域取得了丰硕的成果。

为了建立非线性优化模型，首先要选定适当的目标和决策变量，并建立起目标与决策变量之间的函数关系，称之为目标函数。然后将各种约束条件加以抽象，得出决策变量与约束之间的函数关系满足的一些等式或不等式，称之为约束条件。

非线性优化的一般数学模型可表述为求 n 维决策变量 $x=(x_1,x_2,\cdots,x_n)$，使之满足不等式和等式约束条件：

$$g_i(x_1,x_2,\cdots,x_n)\geqslant 0,\quad i=1,2,\cdots,n$$

$$h_j(x_1,x_2,\cdots,x_n)=0,\quad j=1,2,\cdots,p$$

并使目标函数 $f(x_1,x_2,\cdots,x_n)$ 达到最小值或最大值。其中，$f(x)$，$g_i(x)$，$h_j(x)$ 至少有一个是非线性函数。非线性优化模型的标准形式为：

$$\min f(x)$$

$$\text{st}\begin{cases} g_i(x)\geqslant 0, & i=1,2,\cdots,n \\ h_j(x)=0, & j=1,2,\cdots,p \end{cases} \tag{8.3}$$

满足约束条件的点称为非线性优化模型的可行解。全体可行解组成的集合称为模型的可行域。

对于一个可行解 x^*，如果存在 x^* 的一个邻域，使目标函数在 x^* 处的值 $f(x^*)$ 优于(指不大于或不小于取决于优化方向)该邻域中任何其他可行解处的函数值，则称 x^* 为非线性优化模型的局部最优解。

如果 $f(x^*)$ 优于可行域中所有可行解处的目标函数值，则称 x^* 为非线性优化模型的全局最优解。实用非线性规划问题要求全局最优解，而现有的算法大多只是求出局部最优解。

(二)非线性优化模型求解方法

一般说来，非线性优化模型的求解要比线性优化困难得多。而且非线性优化模型的算法不像线性优化有单纯形法这一通用方法，非线性优化目前还没有适于各种问题的通用算法，各种非线性优化的求解方法都有自己特定的适用范围。

非线性优化模型的算法涉及的微积分知识较多，常见解法包括以下步骤：一是，将有约束条件的模型转化为无约束模型。二是，针对无约束非线性模型的多维变量算法。三是，一元函数在一个区间上的最优值的算法，多维最优化方法都依赖于一维最优化。

1. 有约束非线性模型算法

对于前面定义的一般非线性规划模型，其求解方法中最著名的是拉格朗日法，它是将有约束非线性模型转化为无约束模型，并通过求拉格朗日函数的驻点来求解。

第二种方法是制约函数法，又分两类：一类叫罚函数法，也称外点法，它的基本思想是把约束问题转化为一系列无约束优化问题，进而用无约束优化方法去求解。另一类叫障碍函数法，也称内点法。它们都是将有约束非线性模型转化为一系列无约束问题来求解。

第三种求解非线性模型的算法是可行方向法，这类算法通过逐次选取可行下降方向去逼近最优点的迭代算法。

第四种求解方法是近似算法，将非线性模型转化为一系列线性规划求解，或将非线性模型转化为一系列二次规划问题求解。

2. 无约束非线性模型算法

虽然现实中非线性规划大多是有约束的，但许多约束最优化方法可将有约束问题转化为若干无约束问题来求解。

无约束最优化方法一般是基于一维搜索的迭代算法。这类迭代算法可分为两类。一类需要用目标函数的梯度，称为解析法。另一类不涉及梯度，只用到目标函数值，称为直接法。

无约束线性模型求解迭代算法的基本思想是在一个近似点处，选定一个有利搜索方向，沿这个方向进行一维搜索，得出新的近似点。然后对新点继续搜索，如此反复迭代，直到满足预定精度要求为止。

那么如何确定搜索方向是算法的核心课题之一，也就是说不同的方向对应不同的算法。利用一阶和二阶导数的解析型的算法有梯度方向和牛顿方向。以负梯度方向作为搜索方向称“最速下降法”，但收敛速度较慢，而以牛顿法方向作为搜索方向的算法的算法称为牛顿法，其收敛速度快，但不稳定，需要计算二阶的汉斯矩阵，计算较困难。

依据梯度法和牛顿法改进的算法有共轭梯度法和变尺度法。共轭梯度法具有收敛较快,算法效果较好。变尺度法是一类效率较高的方法,其中 DFP 方法,是最常用的方法。

3. 一维最优化方法

指寻求一元函数在某区间上的最优值点的方法。这类方法不仅有实用价值,而且大量多维无约束最优化算法都依赖于一系列的一维最优化。常用的一维最优化搜索有解析解法和数值解法两大类,具体搜索方法有黄金分割法、切线法、插值法、斐波那契法。

黄金分割法适用于[a,b]区间上的任何单峰函数求极值问题,其基本思想是在搜索区间中通过逐次比较其函数值,按黄金分割比例逐步缩小搜索区间,最终得出近似最优值点。

切线法,也称牛顿法,是针对单峰函数求极值。其基本思想是在一个迭代点附近将目标函数的导函数线性化,用该线性函数的零点作为新的迭代点,逐步迭代去逼近最优点。

插值法,也称多项式逼近法。其基本思想是用一个多项式,通常用二次或三次多项式去拟合目标函数。

(三)非线性优化模型的应用

非线性优化模型在工程设计、交通运输、经济管理、投资组合管理和军事指挥等方面具有广泛的应用,特别是在“最优设计”方面,它提供了数学基础和计算方法,因此有重要的实用价值。

例如,一个企业如何在现有资源(通常认为是人力、物资或资金)的情况下合理安排生产计划,以取得最大的利润。或者是为了设计某种产品,在满足规格及性能要求的前提下,达到最低的成本。非线性优化模型的其他应用还有如何分配一个电力系统中各电站的负荷,在保证一定指标要求的前提下,使总耗费最小。企业如何安排库存储量,既能保证供应,又使储存费用最低。商场如何组织货源,既能满足顾客需要,又使资金周转最快。

二次优化模型是一类特殊的非线性优化模型,它的目标函数是二次函数,约束条件是线性关系。或者它的目标函数是线性函数,约束条件是二次函数关系。求解二次优化模型的方法很多,最简便易行的是依据库恩－塔克条件,并在线性优化的单纯形法的基础上加以修正。

在金融行业,各类投资机构利用非线性优化的二次优化模型来确定投资比例并构造最优资产组合。在现实投资环境中,无论如何构造资产组合,都将面临收益和风险的选择,资产组合管理者希望达到两个主要目标:(1)使投资组合收益的期望达到最大值。(2)使投资组合的风险达到最小值。在实际情况中,这两个目标相互抵触,属于投资者困境问题。也就是说,为了取得投资组合较高的期望收益,需要承担较大的风险值。相反,为了规避风险,投资组合收益的期望值也将会被减少。投资组合管理者需要在收益和风险之间进行权衡。

例 8.1 假设 G 投资管理公司正在构造股票组合,且可供选择的三种股票分别为“新通信”“一般空间系统”以及“数字设备”。G 先生将决定如何在这三种股票中分配资金,可供选择的资金分配方案有:平均分配法;50%,25% 25%分配法;或者通过二次优化算法得出的结果。

假设该投资公司的数据分析师已经收集了关于上述三种股票的历史交易数据，并对这些数据进行了相关统计处理，获得了这些股票收益和风险方面的年度统计量，包括：各证券的期望收益，标准差和相关系数信息，如表 8.8 所示。

表 8.8 G投资管理公司拟投资股票历史期望收益、标准差和相关系数信息

股票名称	期望收益（%）	标准差（%）	相关系数		
			新通信	一般空间	数字设备
新通信	11	4	1	0.16	−0.395
一般空间系统	14	4.69	0.16	1	0.67
数字设备	7	3.16	−0.395	0.67	1

投资获得的未来收益在投资时是一个未知数，在某些年份可能会获得高收益，而在某些年份可能会获得低收益，所以，收益本身是一个随机变量。

根据历史数据和对市场环境的研究，数据分析师能够估计股票的年期望收益率（随机变量的数学期望值）。也能够估计出股票年期望收益率的标准差以及股票之间的相关系数。例如："新通信"收益率的标准差为 4.00%。"新通信"股票与"一般空间系统"股票之间的相关系数为 0.16，"新通信"股票与"数字设备"之间的相关系数为−0.395。

该投资公司从总资金比例 100%开始计算投资于三种股票的具体资金比例。定义下述决策变量：

X_A = 投资于新通信股票的资金比例

X_G = 投资于一般空间系统股票的资金比例

X_D = 投资于数字设备股票的资金比例

由于总资金比例是 100%，这 3 个变量相加等于 100%，即满足下述约束条件：

$$X_A + X_G + X_D = 1$$

设 R_A，R_G 和 R_D 分别表示新通信，一般空间系统和数字设备的年收益率。设 R 表示三个股票组合的收益率，R 可以被表示为：

$$R = X_A \times R_A + X_G \times R_G + X_D \times R_D$$

由于 R_A，R_G 和 R_D 都是随机变量，因此 R 也是一个随机变量。R 是随机变量 R_A，R_G 和 R_D 的线性函数，对上式两边同时求期望并把表 8.8 中的第二列数据代入，R 期望值就等于：

$$E(R) = 11X_A + 14X_G + 7X_D$$

由于 R 的期望值被表示成了投资比例的线性函数，公司的目标是选择最优的投资比例使得使投资组合的年收益率最大化。

将投资组合的年期望收益率 R 的标准差用符号 σ_R 表示。R 的标准差是对投资组合风险大小的一种度量。为了计算 R 标准差，先要计算 R 的方差。

因为 R 的方差就是以 $E(R)$ 为中心的二阶矩，而二阶中心矩的定义就是对随机变量与期望的差的平方求期望。表示为：

$$E((R - E(R))^2)$$

把上述 R 和 $E(R)$ 以及将表 8.8 的相关数据代入后，有：

$$\sigma_R^2 = 16.0X_A^2 + 22.0X_G^2 + 10.0X_D^2 + 6.0X_AX_G + 2.0X_GX_D - 10.0X_AX_D$$

对上式开根号后就获得 R 标准差：

$$\sigma_R = \sqrt{16.0X_A^2 + 22.0X_G^2 + 10.0X_D^2 + 6.0X_AX_G + 2.0X_GX_D - 10.0X_AX_D}$$

假设公司希望在 3 种股票组合的年收益不低于 11%的情况下，即要求：

$$E(R) = 11X_A + 14X_G + 7X_D \geqslant 11\%$$

如何选择投资比例使 3 种股票组合的风险达到最小？为此，构造下述二次优化模型：

$$\min \sqrt{16.0X_A^2 + 22.0X_G^2 + 10.0X_D^2 + 6.0X_AX_G + 2.0X_GX_D - 10.0X_AX_D}$$

$$\text{st}\begin{cases} X_A + X_G + X_D = 1 \\ 11X_A + 14X_G + 7X_D \geqslant 11\% \\ X_A, X_G, X_D \geqslant 0 \end{cases}$$

上述二次优化模型的目标函数就是 3 种股票投资组合的标准差，是一个二次函数。所有约束条件都是线性函数，第一个约束条件是分配到每个股票的比例之和等于 1(确保资金完全分配)。第二个约束条件是 3 种股票投资组合的年期望收益至少是 11%。第三个约束条件是投资比例不可是负数。

利用 EXCEL 的规划求解功能，我们可求解这个二次优化模型，结果参见表 8.9。

表 8.9　既定投资收益目标下风险最小的最优投资组合方案

股票名称	决策变量	投资分配比例
新通信	X_A	38%
一般空间系统	X_G	35%
数字设备	X_D	27%

把表 8.8 和表 8.9 中的数据代入到 3 种股票投资组合的非线性优化模型的目标函数值中，则有：

$$\sigma_R = 2.4\%$$

我们也可以考虑另外一种二次优化模型，假设该投资公司希望在风险可控的情况下，目标函数是最大化 3 种股票投资组合的收益率。如果能够接受的风险是 3.1%，构造二次优化模型如下：

$$\min \quad 11X_A + 14X_G + 7X_D$$

$$\text{st}\begin{cases} X_A + X_G + X_D = 1 \\ \sqrt{16.0X_A^2 + 22.0X_G^2 + 10.0X_D^2 + 6.0X_AX_G + 2.0X_GX_D - 10.0X_AX_D} \leqslant 3.1\% \\ X_A, X_G, X_D \geqslant 0 \end{cases}$$

该模型的约束条件中加了对标准差限制，可以理解为对风险值的容忍度。这里，假设能够容忍的标准差至多是 3.1%。

在这个优化问题中，目标函数是关于决策变量的一个线性函数，但是其中一个约束条件是非线性函数。利用 EXCEL 的规划求解，可求解这个非线性优化模型，结果参见表 8.10。

表 8.10 既定投资风险控制目标下收益最大的投资组合方案

股票名称	决策变量	投资分配比例
新通信	X_A	38%
一般空间系统	X_G	53%
数字设备	X_D	9%

将表 8.10 中的信息代入到这个优化模型的目标函数中，3 种股票投资组合年收益率的期望值为：

$$E(R)=11.0(0.38)+14.0(0.53)+7.0(0.09)=12.250\%$$

第二节 统计推断

统计推断是研究如何利用带有随机性的样本数据，根据条件和假定，以概率形式表述来推断总体特征的统计方法。例如，为了了解一个地区的人口结构特征，不可能对每个人的特征都进行访问调查。又如，为了对产品的质量进行检验，不可能对每个产品都进行测试。

这就需要抽取部分样本(人或产品)进行研究，如何通过这组样本信息，对总体特征进行估计，也就是如何从局部结果推论总体的方法。通常称这种方法为总体参数估计，这也是推断分析要解决的问题。

通过样本统计量来估计总体分布所含未知参数值，也就是通常所说的点估计。当总体的某个性质不清楚时，我们希望利用一个量化数值作为估计值，以帮助了解总体的这个性质。例如，样本平均数是总体未知数学期望的一个估计。点估计的精确程度可以用置信区间表示。常用的点估计方法有矩估计法，顺序统计量法，最小二乘法和最大似然法。

在前面章节中讨论过利用样本矩估计总体的一些基本方法，具体来说，用样本的一阶原点矩(均值)和二阶中心矩(方差)估计总体的理论均值和方差。我们还讨论过通过构造顺序统计量或其函数来估计总体的相关参数。在本节中我们将讨论方差分析，点估计的最小二乘方法以及最大似然方法。

一、方差分析

由于方差分析模型与线性回归模型从数学原理上可以统一到一个一般的模型，即线性模型中，为了便于大家学习，我们首先讨论方差分析的基本概念。

方差分析通过样本数据能够一次性比较两个及两个以上总体均值是否有显著性差异。从定义上看，方差分析是分析数据间均值的差异，称其为“方差分析”是因为关于均值差异的结果是通过分析方差得到的。

先来看一个方差分析的应用场景。假如一个企业产品部门调研用户对其不同定价的三种产品 A、B 和 C 的满意度，评估 3 种产品的满意度差异。随机挑选一部分用户，然后把这些用户分成三组，分别评估 A、B、C 产品。在获取数据之后，分析 3 组用户的满意度水平。哪组平均满意度高，就说明哪个产品定价策略有效。

这样得出的结论是否存在某种偏差？答案是肯定的，出现偏差的来源是每组用户都是随机挑选的，有可能高价值用户都集中出现在某一组中，造成这组的效果更好。为了排除这种结果偏差，就需要使用方差分析去做，最终获得更严谨、更有说服力的结论。

按照自变量的数量，我们可以把方差分析分为单因素方差分析、双因素方差分析及多因素方差分析即多变量方差分析。

（一）单因素方差分析

以单因素方差分析为例介绍方差分析基本原理，首先看方差分析中专用名词的定义情况。

（1）因素。方差分析的研究变量，例如，治疗过程中的药物浓度就是因素。

（2）水平。因素中的内容称为水平，假设药物浓度有低浓度、中浓度和高浓度，都是因素的取值水平。

（3）观测值。在因素的不同水平下得到的具体样本数据为观测值。由于不同水平代表一类总体，不同水平下得到的观测值便可以视作样本，样本观测值的个数可以视作样本容量，不同水平得到的样本观测值的个数可以不同。

（4）控制因素。指影响观测值的因素，控制因素（药物浓度）的不同水平是否对观测变量产生了显著影响。

1. 模型和分布假定

（1）单个因素不同水平分组的样本是随机的。

（2）单个因素不同水平分组的样本是相互独立的，否则可能出现无法解释的结果。

（3）单个因素的不同水平分组的样本分别来自正态分布总体，否则使用非参数分析。方差分析运用的是 F 分布，只有服从正态分布的总体才适用 F 分布进行假设检验，否则，检验结果是没有意义的。

（4）单个因素不同水平分组的方差要求齐性，也就是说不同分组的数据方差相同。

2. 经典的 ANOVA 模型

经典的单因素方差分析模型（ANOVA）能够支持 k 个水平（k 组），且每个水平都具有 n 个样本观察值。

我们首先讨论单因素方差分析模型的基本思想。在这个模型中，我们可以计算三个方差，分别为总方差、组间方差和组内方差，而且总方差等于组间方差加上组内方差。组内方差代表的是偶然因素造成的数据误差，组间方差代表的是因素的不同水平造成的数据差异。

如果因素的不同水平对于数据总体没有影响，那么组间方差与组内方差没有显著性差异，如果因素的不同水平对于数据总体有影响，组间方差和组内方差就会有显著性的差异。

用组间方差除以组内方差，得到 F 统计量的值，其分布服从 F 分布。通过 F 分布计算 F 统计量值对应的显著概率 p 值。当 p 值大于假设检验中给定的显著性水平 α 时，说明组间方差和组内方差没有显著性差异，也就是说因素的不同水平对于数据总体没有影响。反之，当 p 值小于假设检验的显著性水平 α 时，说明因素的不同水平对于数据总体有影响。表述如下：

假设单个因子 A 有 k 个水平，记为：$A_1,A_2,\cdots,A_k$ 。每个水平可看作是一个总体。从每个总体中随机抽取 n 个样本，这样我们可以将样本表示为：x_{ij} ，$i=1,2,\cdots k$，$j=1,2,\cdots,n$ 。假设抽样方法和总体分布满足方差分析的假设条件，建立方差分析的假设如下：

原假设：

$$H_0:\mu_1=\mu_2=\cdots=\mu_k$$

备选假设：

$$H_1:\mu_1\neq\mu_2\neq\cdots\neq\mu_k$$

如果原假设成立，则说明因子 A 的各水平对应的均值无显著差异，否则存在有显著差异。

根据样本数据，计算对应总方差、组间方差和组内方差的偏差平方和。总偏差平方和定义如下：

$$S_T=\sum_{i=1}^{k}\sum_{j=1}^{n}(x_{ij}-\bar{x})^2 \tag{8.4}$$

其中，$\bar{x}$ 为所有样本数据的均值，自由度为 $k\times n-1$ 。

定义组内偏差平方和：

$$S_e=\sum_{i=1}^{k}\sum_{j=1}^{n}(x_{ij}-\bar{x}_i)^2 \tag{8.5}$$

其中，$\bar{x}_i=\frac{1}{n}\sum_{j=1}^{n}x_{ij}$ 为 i 组的组内均值，$\sum_{j=1}^{n}(x_{ij}-\bar{x}_i)^2$ 为 i 组的偏差平方和，自由度为 $k\times n-k$ 。

定义组间偏差平方和：

$$S_A=\sum_{i=1}^{k}n(\bar{x}_i-\bar{x})^2 \tag{8.6}$$

自由度为 $k-1$。

这三种偏差平方和的关系为：

$$S_T=S_e+S_A \tag{8.7}$$

我们把这些定义总结在表 8.11 中，通过这张表，可以非常方便地计算出 F 统计量的值。

表 8.11 方差分析表

	平方和	自由度	均方差	F 统计量
组内偏差	$S_e=\sum_{i=1}^{k}\sum_{j=1}^{n}(x_{ij}-\bar{x}_i)^2$	$k\times n-k$	$\sigma_e^2=\frac{S_e}{k\times n-k}$	—
组间偏差	$S_A=\sum_{i=1}^{k}n(\bar{x}_i-\bar{x})^2$	$k-1$	$\sigma_A^2=\frac{S_A}{k-1}$	—
总偏差	$S_T=\sum_{i=1}^{k}\sum_{j=1}^{n}(x_{ij}-\bar{x})^2$	$k\times n-1$	$\sigma_T^2=\frac{S_T}{k\times n-1}$	$F=\frac{\sigma_A^2}{\sigma_e^2}$

如果各水平间无差异，也就是各水平间只有随机误差，没有分组效应带来的误差，则

组间方差与组内方差比较接近，也就是组间方差与组内方差的比值接近于 1。

如果各水平间有差异，也就是各水平间除了随机误差，还有分组效应带来的误差，这时各水平间的误差大于组内误差，则组间方差与组内方差的比值会大于 1。

那么表中 F 比值达到什么水平，才认为两者之间有显著差异？在给定显著性水平下（一般是 0.05），通过下述 F 分布：

$$F_{1-\alpha}(k-1, k\times m-k)$$

查对应 p 值。如果它小于假设检验的显著性水平 α 时，说明因素的不同水平对于数据总体有影响，也就是拒绝原假设。

（二）单因素方差的应用

以下通过一个例子来说明单因素方差分析的应用。

例 8.6 表 8.12 列出了 5 种常用抗生素注入牛的体内时，抗生素与血浆蛋白质结合的百分比。在 α=0.05 显著性水平下检验结合百分比的均值有无显著差异。设各总体服从正态分布，且方差相同。

表 8.12 抗生素实验数据

水平（抗生素）	样本 1	样本 2	样本 3	样本 4
青霉素	29.6	24.3	28.5	32
四环素	27.3	32.6	30.8	34.8
链霉素	5.8	6.2	11	8.3
红霉素	21.6	17.4	18.3	19
氯霉素	29.2	32.8	25	24.2

解：从表 8.12 中可以看到，抗生素为因素，不同的 5 种抗生素就是这个因素的 5 种水平，假设除抗生素这一因素外，其他的一切条件都相同。检验的指标是抗生素与血浆蛋白质结合的百分比。检验的目的是要考察这些抗生素与血浆蛋白质结合的百分比的均值有无显著性差异。

由于因素 A（抗生素）有 5 个水平 A_1, A_2, A_3, A_4, A_5，分别对应 5 个总体。在每个水平下进行了 4 次试验，得到每个总体的样本值。将各个总体的均值分别记为 $\mu_1, \mu_2, \mu_3, \mu_4, \mu_5$，则检验的假设为：

$$H_0: \mu_1=\mu_2=\mu_3=\mu_4=\mu_5$$

$$H_1: \mu_1, \mu_2, \mu_3, \mu_4, \mu_5 \text{ 不全相等}$$

该检验 $k=5$ 和 $n=4$，显著性水平 α=0.05。首先计算第 i 组的组内均值 $\bar{x}_i$，$i=1,2,\cdots,5$ 及所有样本数据的均值 $\bar{x}$ 。

表 8.13 组内均值和总均值

i	水平	组内均值 $\bar{x}_i$	组内平方和	总均值 $\bar{x}$
1	青霉素	28.6	31.06	—
2	四环素	31.3	30.17	—
3	链霉素	7.8	17.05	—

续表

i	水平	组内均值 $\bar{x}_i$	组内平方和	总均值 $\bar{x}$
4	红霉素	19.1	9.79	—
5	氯霉素	27.8	47.76	—
—	—	—	—	21.32

根据表8.13中的数据，我们分别计算组内偏差平方和及组间偏差平方和：$S_e = 135.8$，$S_A = 1480.8$，所以对应的组内方差及组间方差分别为：

$$\sigma_e^2 = \frac{135.8}{5\times 4-5} = 9.05, \quad \sigma_A^2 = \frac{1480.8}{5-1} = 370.2$$

那么自由度分别为（15,4）的 F 统计量的值为：

$$F = \frac{\sigma_A^2}{\sigma_e^2} = \frac{370.2}{9.04} = 41.1$$

在给定显著性水平0.05下，查表得知：

$$F_{0.05}(15,4) = 3.05$$

由于 $41.1 > 3.05$，所以拒绝原假设。ANOVA的检验结果表明五组平均值不同，组间具有显著差异。

二、线性回归模型

在统计推断中，线性回归是指利用最小二乘方法对一个或多个自变量（用来进行预测的变量）和一个因变量（被预测的变量）之间关系进行线性函数建模的一种分析方法。这种线性回归函数是由一个或多个回归系数作为模型参数的线性组合。在只有一个自变量的情况下，称为一元线性回归，如果大于一个自变量，称为多元线性回归。

线性回归模型通常利用最小二乘方法来拟合，通过最小二乘估计可以方便地求得线性回归模型的所有未知参数，并使得回归模型满足数据的残差的平方和最小。最小二乘估计还可用于曲线拟合，其他一些优化问题也适用最小二乘法。

（一）线性回归模型

在线性回归模型中，因变量总是一个，只有一个自变量的线性回归方程代表一条直线。如果包含两个或以上自变量，则称作多元线性回归。

设自变量个数为 n，以 y 表示因变量，以 $x = (x_1, x_2, \cdots, x_n)$ 表示自变量，则多元线性回归模型的表达式如下：

$$y = \beta_0 + \beta_1 x_1 + \beta_2 x_2 + \cdots + \beta_n x_n \tag{8.8}$$

当 $n = 1$ 时，模型为一元线性回归：

$$y = \alpha + \beta x \tag{8.9}$$

从应用的角度上讲，多元线性回归的实践应用更广泛一些，一个自变量的情况很少。以一元线性回归为例来说明如何根据样本数据并利用最小二乘方法求参数 α，β。最小二乘法是对已知的样本数据进行最优拟合，然后通过拟合出的线性回归方程进行预测分析。

假设有 m 个数据构成的数据集：

$$(x_1, y_1), (x_2, y_2), \cdots, (x_m, y_m)$$

为了度量这 m 样本点落在一元线性回归方程的距离，我们需要定义每个观察点的误差：

$$e_i, \quad i=1,2,\cdots,m$$

如果一个观察点正好落在直线上，那么它的误差就等于零，否则，就存在误差。误差定义为数据点到回归直线的垂直距离：

$$e_i=\hat{y}_i-y_i, \quad i=1,2,\cdots,m \tag{8.10}$$

其中，$\hat{y}_i$ 为回归直线上的点，y_i 为数据点。误差平方和为：

$$\sum_{i=1}^{m} e_i^2=\sum_{i=1}^{m}(\hat{y}_i-y_i)^2 \tag{8.11}$$

将一元线性回归方程代入上式后有：

$$\sum_{i=1}^{m} e_i^2=\sum_{i=1}^{m}(y_i-\alpha-\beta x_i)^2 \tag{8.12}$$

误差平方和越小越好，表示为：

$$\min_{\alpha,\beta}\sum_{i=1}^{m}(y_i-\alpha-\beta x_i)^2$$

误差平方和最小化的问题可以通过二元函数的极值问题来求解，这时将参数 α,β 看成变量，由微积分相关知识，可求得使误差平方和最小的解为：

$$\hat{\beta}=\frac{m\sum_{i=1}^{m}x_iy_i-\sum_{i=1}^{m}x_i\sum_{i=1}^{m}y_i}{m\sum_{i=1}^{m}x_i^2-\left(\sum_{i=1}^{m}x_i\right)^2} \tag{8.13}$$

$$\hat{\alpha}=\frac{\sum_{i=1}^{m}y_i-\hat{\beta}\sum_{i=1}^{m}x_i}{m} \tag{8.14}$$

上述的求解过程也叫作最小二乘法，“二乘”这个关键词源自使用了误差的平方。所以，一元线性回归的原则是以“误差平方和最小”确定直线在二维平面上位置。

参数估计量具有有效性、无偏性和最小方差三个特性。如果估计量是样本数据的线性函数，则称该参数估计量为线性估计量。由于使用不同的样本数据，就会得到不同的参数估计值。评价一个估计量的优劣，不能仅依据一次抽样的计算结果来衡量，而必须用大量抽样的结果来评估。尽管在一次抽样中得到的估计值不一定恰好等于待估参数的真值，但进行大量重复抽样后，所得到的估计值平均起来应与待估参数的真值相等。无偏性是指估计量的数学期望等于未知参数的真值。

估计量有效性是指在无偏的估计量当中，估计量具有最小方差值。因为方差越小，说明与待估参数真实值的离散度越小，估计值越有效。

如果一个估计量是线性估计量，也是无偏估计量，而且是有效的，称其为最佳线性无偏估计量。对于线性回归模型，通过最小二乘方法获得的估计量是具有最小方差的线性无偏估计量。

（二）线性回归模型的假设条件

为保证参数估计量具有良好的性质，例如最佳线性无偏估计量，通常需要对模型提出若干基本假定。线性回归模型引入随机误差项 u_i 后，有：

$$y_i=\beta_0+\beta_1x_1+\beta_2x_2+\cdots+\beta_nx_n+u_i \tag{8.15}$$

对于线性回归模型的基本假定涉及两个方面，一个方面是关于变量和模型的假设，第二个方面是关于随机误差项 u_i 的统计分布的假定。线性回归模型关于其变量和模型的基本假设条件主要有：

1. 回归模型对参数 $(\beta_0, \beta_1, \cdots, \beta_n)$ 而言是线性关系。
2. 自变量 $(x_1, x_2, \cdots, x_n)$ 是确定性变量，非随机变量。
3. 自变量 $(x_1, x_2, \cdots, x_n)$ 要有变异性。
4. 模型中的变量 $(x_1, x_2, \cdots, x_n)$ 没有测量误差。
5. 模型对变量和函数形式的设定是正确的，不存在设定误差。
6. 观测数据 m 必须大于要估计参数的个数，即：$m > n + 1$。

关于随机误差项 u_i 的统计分布的假定有：

1. 零均值假定，要求随机误差项 u_i 的数学期望为零，即 $E(u_t) = 0$。

这个假定使得以下等式成立：

$$E(y) = \beta_0 + \beta_1 x_1 + \beta_2 x_2 + \cdots + \beta_n x_n \tag{8.16}$$

2. 同方差性假定，这个假设要求随机误差项 u_i 的方差与 i 无关，为常数：

$$V(u_i) = \sigma^2$$

这将确保因变量 y_i 与随机误差项 u_i 具有相同的方差：

$$V(y_t) = \sigma^2$$

3. 无自相关性假定，对于不同的误差项两者之间相互独立：$\mathrm{Cov}(u_i, u_j) = 0$，$i \neq j$，这个假定表明，产生干扰的因素是完全随机的，相互独立的。这个条件能够保证因变量也是相互独立，即 $\mathrm{Cov}(y_i, y_j) = 0$。

4. 自变量 x 与随机误差项 u_i 不相关性假定 $\mathrm{Cov}(x_i, u_i) = 0$。这一假定表明自变量与随机误差项相互独立，模型中的自变量和随机误差项对因变量的影响是相互独立的。

5. 正态性假定，假定随机误差项 u_i 服从均值为零，方差为常数的正态分布：

$$u_i \sim N(0, \sigma^2)$$

该假设表示因变量服从下述正态分布：

$$y_i \sim N(\beta_0 + \beta_1 x_1 + \cdots + \beta_n x_n, \sigma^2)$$

以上这些对随机误差项 u_i 分布的假设最早由数学家高斯提出，也称为高斯假定或古典假定。满足以上古典假定的线性回归模型，也称为古典线性回归模型。

（三）线性回归模型参数的假设检验

线性回归的假设检验主要是关于某个回归系数的假设检验，一般用双边或单边 t 检验。为了便于讨论，以一元回归模型为例来进行相关讨论，引入随机误差项 u_i 后，有：

$$y_i = \alpha + \beta x + u_i \tag{8.17}$$

对参数 β 的假设检验，首先设置原假设和双边备选假设如下：

原假设 $H_0: \beta = \beta_0$

备选假设 $H_1: \beta \neq \beta_0$

或者设置原假设和单边备选假设如下：

原假设 $H_0: \beta = \beta_0$

备选假设 $H_1: \beta < \beta_0$

然后构建下述 t 统计量：

$$t=\frac{\hat{\beta}-\beta_0}{\sqrt{\hat{\sigma}_{\hat{\beta}}^2}} \tag{8.18}$$

最后,根据给定显著性水平计算 p 值,判断参数是否显著。

(四)线性回归模型的应用

由于线性回归模型能够清晰地展现因变量和自变量之间的线性关系,例如,对于 n 个变量的模型,当其他 $n-1$ 个变量保持不变时,其中一个变量每增加一个单位,因变量的改变值,所以线性回归模型有着很广泛的应用场景,具体来说有 3 个方面。

首先,线性回归模型可以用于预测。当我们关心的因变量是连续变量,并与它的影响因素之间有线性关系时,可以用线性回归进行建模。例如,为了预测信用卡用户生命周期价值时,可以建立其与用户所在区域的平均收入、年龄、学历、收入之间的线性模型,预测信用卡用户的生命周期价值,然后给用户评级。

其次,线性回归模型用来解释影响因变量的原因。当我们想通过温度,湿度,季节,是否周末,是否节假日,总用户数这些因素预测共享单车租赁量时,可以建立线性回归模型,以上述因素作为自变量作为输入变量,以租赁量作为目标变量进行建模,用来了解这些因素对目标变量的影响。

第三,实验效果评估。当进行 2 组实验时,假定我们有两组无差异的样本数据,在建立线性回归模型后,为一个实验组增加变量,另外一组不增加,通过检验参数的显著性即可得到不同策略的效果。

例 8.7 用线性回归模型预测商品房销售价格。假设商品房的销售价格受到房间面积和房间数因素的影响,数据见表 8.14。

表 8.14 房价数据

序号	面积(平方米)	房间数	房价(万元)
1	137.97	3	145.00
2	104.50	2	110.00
3	100.00	2	93.00
4	124.32	3	116.00
5	79.20	1	65.32
6	99.00	2	104.00
7	124.00	3	118.00
8	114.00	2	91.00
9	106.69	2	62.00
10	138.05	3	133.00
11	53.75	1	51.00
12	46.91	1	45.00
13	68.00	1	78.50
14	63.02	1	69.65
15	81.26	2	75.69
16	86.21	2	95.30

要求建立二元线性回归模型，并用它来预测当房屋面积是140平方米3个房间时的房价。

解：设 y 表示房价，x_1 表示房屋面积，x_2 表示房间数，那么有：

$$y=\beta_0+\beta_1 x_1+\beta_2 x_2$$

设：

$$x=(1,x_1,x_2),\quad \beta=\begin{pmatrix}\beta_0\\ \beta_1\\ \beta_2\end{pmatrix}$$

将上式表示为：

$$y=x\beta$$

进行数据处理，样本数据个数 $n=16$，变量个数 $m=2$，数据矩阵为：

$$\begin{pmatrix}y_1\\ y_2\\ \cdots\\ y_{16}\end{pmatrix}=\begin{pmatrix}1 & x_1^1 & x_2^1\\ 1 & x_1^2 & x_2^2\\ \cdots & \cdots & \cdots\\ 1 & x_1^{16} & x_2^{16}\end{pmatrix}\begin{pmatrix}\beta_0\\ \beta_1\\ \beta_2\end{pmatrix}$$

其中，$y_i(i=1,2,\cdots,16)$，$x_1^i(i=1,2,\cdots,16)$，$x_2^i(i=1,2,\cdots,16)$ 分别对应数据的第 i 行。

利用矩阵运算，我们有：

$$\begin{pmatrix}\beta_0\\ \beta_1\\ \beta_2\end{pmatrix}=\left(\begin{pmatrix}1 & x_1^1 & x_2^1\\ 1 & x_1^2 & x_2^2\\ \cdots & \cdots & \cdots\\ 1 & x_1^{16} & x_2^{16}\end{pmatrix}^T\begin{pmatrix}1 & x_1^1 & x_2^1\\ 1 & x_1^2 & x_2^2\\ \cdots & \cdots & \cdots\\ 1 & x_1^{16} & x_2^{16}\end{pmatrix}\right)^{-1}\begin{pmatrix}1 & x_1^1 & x_2^1\\ 1 & x_1^2 & x_2^2\\ \cdots & \cdots & \cdots\\ 1 & x_1^{16} & x_2^{16}\end{pmatrix}^T\begin{pmatrix}y_1\\ y_2\\ \cdots\\ y_{16}\end{pmatrix}$$

其中，$()^T$ 是矩阵的转置运算，$()^{-1}$ 是矩阵的逆运算。

以上运算可利用 Excel 或 Python，通过运算得到参数的估计值：

$$\begin{pmatrix}\beta_0\\ \beta_1\\ \beta_2\end{pmatrix}=\begin{pmatrix}11.93\\ 0.53\\ 14.29\end{pmatrix}$$

所以，二元线性回归方程为：

$$y=11.93+0.53x_1+14.29x_2$$

预测房价时，将房屋面积是140平方米3个房间的信息代入到上面的线性方程中，有：

$$y=11.93+0.53\times 140+14.29\times 3=128.99$$

所以，预测的房价是128.99万元。

三、最大似然估计

最大似然估计属于点估计的参数估计方法之一，提供了一种用样本数据来估计总体参数(假设总体的分布已知)的方法，即“模型已定，参数未知”情况下，求未知参数的方法。

最大似然估计原理是建立在概率论基础上。考虑下述例子，假设一个箱子中共有

100个球,分为白色和黑色。已知它们两者的比例是1:99。目标是估计箱子中哪种颜色的球是99个。随机抽取一个球,假如是白球,那么大概率箱子中有99个白球。当然也有可能箱子中有99个黑球,只有1个白球,正好被抽到了,但是这种情况的概率非常小。

总结来说,通过一次或多次试验,观察抽样结果,利用试验结果得到某个参数值能够使样本出现的概率为最大,则称为极大似然估计。更加通俗来说,就是利用已知的数据样本信息,反推最大概率导致这些样本结果出现的模型参数值。

最大似然估计是通过构造似然函数来进行参数估计。在构造似然函数时要求概率密度函数形式已知,参数未知,概率密度函数 $p(x)$ 与参数 θ 的依赖关系,用 $p(x \mid \theta)$ 来表示。

设样本数据 $\{x_1, x_2, \cdots, x_N\}$ 是独立地按概率密度 $p(x \mid \theta)$ 抽取的,用样本数据估计未知参数 θ,定义似然函数如下:

$$L(\theta) = p(x_1, x_2, \cdots, x_N \mid \theta) = \prod_{k=1}^{N} p(x_k \mid \theta) \tag{8.19}$$

定义对数似然函数:

$$\ln(L(\theta)) = \sum_{k=1}^{N} \ln(p(x_k \mid \theta)) \tag{8.20}$$

最大似然估计就是求似然函数或对数似然函数达到最大时的 θ 值。由于似然函数通常是非线性形式的,可以用无约束非线性优化方法进行求解。

综上所述,求解最大似然估计的一般步骤如下:

1. 写出似然函数;
2. 如果无法直接求导的话,对似然函数取对数;
3. 求导数;
4. 求解模型中参数 θ 的最优值。

通过下面的例子来说明如何利用最大似然估计来估计总体参数。

例 8.8 假设一个企业准备估计产品的次品率 p,为了方便描述,设:

$$X = \begin{cases} =1, & \text{表示次品} \\ =0, & \text{表示合格品} \end{cases}$$

总体的概率分布为:

$$P\{X=1\} = p, \quad P\{X=0\} = 1-p$$

其中,p 是未知参数,通过10次试验并利用最大似然方法来估计它。

解:假设进行10次独立抽样试验,获得的抽样结果如下:

$$(x_1, x_2, x_3, x_4, x_5, x_6, x_7, x_8, x_9, x_{10}) = (1,0,1,0,0,0,1,0,0,0)$$

最大似然估计首先要求构造一个似然函数,根据这个试验的结果,结合给定的概率分布,有下述似然函数:

$$\begin{aligned} & P(x_1=1, x_2=0, x_3=1, x_4=0, x_5=0, x_6=0, x_7=1, x_8=0, x_9=0, x_{10}=0) \\ & = p^3(1-p)^7 \end{aligned}$$

其次,寻找使上述似然函数达到最大值的 $\hat{p}$ 作为对参数 p 的估计。通过求这个似然函数一阶导数,求解获得:

$$\hat{p} = 0.3$$

所以，使用 0.3 作为产品次品率的估计值。

第三节 机器学习

机器学习是一门多领域交叉学科，涉及概率论、统计学、优化理论、计算机科学等多门学科。机器学习模型专门研究计算机算法怎样模拟或实现人类的学习行为，以获取新的知识或技能，重新组织已有的知识结构使之不断改善自身的性能。机器学习算法是人工智能核心算法，是使计算机具有智能的根本途径。近些年来，机器学习算法在计算机图像识别和语音识别领域获得快速发展。

可以从以下三个方面来理解机器学习。第一，机器学习是一门人工智能的科学，该领域的主要研究对象是人工智能，特别是如何在经验学习中改善具体算法的性能。第二，机器学习是对通过历史数据自动改进的计算机算法的研究。第三，机器学习是用数据或以往的经验，通过计算机程序优化目标获取数据之间的规律。

一、机器学习概念

(一)机器学习定义

那么，如何定义一个机器学习模型？任何一种机器学习模型都应当回答以下 3 个问题。

1. 谁在学习？
2. 学习什么内容？
3. 从哪里学习？

这 3 个问题的答案分别为：

1. 一个计算机程序在学习
2. 感兴趣的领域
3. 从数据源(信息源)中学习

计算机程序可以是 Excel，R，或 Python 编程语言。机器学习需要一个数据环境，通常称为数据集。机器学习算法通过对这些数据进行学习(称为训练)来发现数据中可能存在的规律，进而生成某种模型并在未来用这个模型对新产生的数据进行预测分析。

数据集通常为一些应用的历史数据。在一个数据集中，应当包括数据的特征与目标，即输入与输出，其中目标是事先人为标注或计算出来的。因为只要是历史就有答案。

算法的训练是在数据集上进行的，训练完成后，通常是输出一个学习后的模型，表现为某种函数或是参数形式。利用数据集中的部分或全部数据就可对完成训练模型的检验和评估并验证其有效性和各种误差。当新的数据到来时，可以根据这个训练好的模型进行预测。

机器学习算法作为一种数据分析或数据挖掘工具，机器学习能够做什么，不能够做什么？机器学习算法能够证明数据之间存在的某种关联关系，精准性指标和错误率指标则度量这种关联。但是我们也必须了解，机器学习算法本身对为什么出现这种结果无法解释。

所以说机器学习能够证明数据之间存在的关联关系，但无法解释为什么会有这种因果关系。从以上这种关系来看，机器学习是一种理想的数据挖掘工具，将人类从烦琐和复杂的工作中解放出来。

(二)机器学习分类

目前,机器学习的大类主要分为监督学习和无监督学习。监督学习根据现有的数据集,了解输入和输出结果之间的关系。根据这种已知的关系,训练得到最好的模型。在监督学习中,训练数据既有特征又有标签。通过训练,机器可以找到特征和标签之间的联系,并在面对没有标签的数据时预测标签。

所有的回归算法和分类算法都属于监督学习。回归和分类算法的区别在于输出变量的类型不同。连续变量输出称为回归,或者说是连续变量预测,而离散变量输出称为分类,或者说是离散变量预测。

监督学习中著名算法主要有朴素贝叶斯算法、决策树算法、线性回归算法、逻辑回归算法和神经网络算法。

有些问题,并不知道答案,无监督学习是根据他们的性质自动分为许多小组,每个组的问题都有相似的性质,与监督学习相比,无监督学习更像是自学,在没有标签的条件下,让机器学会自己做事。

无监督学习是和监督学习相对的另一种主流机器学习的方法,无监督学习是没有任何的数据标注,只有数据本身。事先不知道样本的类别,通过某种办法,把相似的样本放在一起归为一类。

主流的无监督学习算法有聚类算法,降维算法和关联规则挖掘算法。聚类算法是根据相似性将数据点分组成簇,K 均值聚类是一种流行的聚类算法。

降维算法降低了数据的维数,使其更容易可视化和处理,主成分分析是一种降维算法,将数据投影到低维空间,可以用来将数据降维到其最重要的特征上。

关联规则挖掘算法用于查找关联、频繁项集和顺序模式,Apriori 算法是第一个关联规则挖掘算法,也是最经典的算法。

二、分类模型

分类模型是一种监督学习算法,通过学习与训练已带有标签的数据集,从而预测新数据所属类别的分类算法,它是属于一种有监督的学习。分类模型与之前讨论过的回归模型有一定的相似之处,两者都可以对数据进行学习,并进行预测。

分类模型与回归模型的不同之处在于回归模型通常用于预测连续型变量,例如,销售额,广告投放额。分类模型用于预测类别型的变量,分类的任务是找到一个函数关系,把观测值匹配到相关的二个或多个类别上,例如在二分类中,必须将数据分配在两个类别中。

分类模型的主要使用场景有信用评分,垃圾邮件预测,医疗诊断和用户行为预测。分类模型的算法是将过去已经分类好的类别数据给到机器,让它学习和训练,从而可以预测新数据的类别。

在本小节中,我们将介绍常用的分类模型:贝叶斯模型,决策树模型和逻辑回归模型。

(一)贝叶斯分类模型

概率论是诸多分类算法的数学基础,而贝叶斯决策理论又属于概率论中的一个重要分支。

什么是贝叶斯分类算法？贝叶斯分类算法是统计学的一种分类方法，它是一类利用概率统计知识进行分类的算法。在许多场合，都可以运用贝叶斯分类算法，该算法能运用到大型数据库中，而且方法简单，分类准确率较高，运行速度快。

接下来，我们讨论贝叶斯分类算法的基本原理。假设我们已知某种二元分类，记为 H_1 和 H_2，二元分类的例子非常多，例如，在一条海产品收集和加工生产线上识别鲈鱼和三文鱼，并将它们分别放置到各自的类别中进行加工。

设 H 为一个分类变量，定义：

$$H = H_1\text{，表示 } H \text{ 属于 } H_1$$

$$H = H_2\text{，表示 } H \text{ 属于 } H_2$$

那么，根据贝叶斯定理，分类变量 H 的先验概率是指根据以往经验和历史数据得到的概率分布，将其分别表示为：

$$P(H_1) \text{ 和 } P(H_2)$$

且有：

$$P(H_2) + P(H_2) = 1$$

在猜错成本为零的假设条件下，这时仅仅依据先验概率的贝叶斯分类决策为：

如果 $P(H_1) > P(H_2)$，那么选择类别为 H_1

如果 $P(H_1) < P(H_2)$，那么选择类别为 H_2

我们如何评价这个分类模型？如果 $P(H_1) = 0.65$，$P(H_2) = 0.35$，其结果是我们总是选择类别 H_1。如果 $P(H_1) = P(H_2) = 0.5$，那这个分类是非常不好的，因为在这种情况下我们可以随机选择类别。出现这些情况，是因为没有更多信息，无法做出更好的分类决策。

在上述关于两种鱼的分类中，分类特征或观察变量可以是鱼的长度，重量，或表面光亮程度，这些特征都是可以通过具体观察获得并且可以量化。

数据集的特征空间是指所有特征或观察值的集合，可以用向量来表示，定义 n 维特征，如果 $X \in R^m$，那么 X 就是一个 m 维空间的特征向量，表示为：

$$X = (x_1, x_1, \cdots, x_m)$$

特征向量 X 代表一个样本的量化结果。由于一个样本只能属于一个类别，即一个特征向量 X 和一个具体的类别 H 具有一定关系。而这种关系，可以用条件概率来描述，所以，根据类别变量，可以定义以类别为条件下单个特征的条件概率：

$$P(x \mid H_k), \quad k = 1, 2$$

它描述了对于一个给定的类别的条件下，特征 x 的密度函数。

在先验概率的基础上，再加上类别的条件概率，能否改进分类决策？为此，我们需要定义后验概率，它是对于给定的特征 x，类别状态 H 的条件概率，也就是当已知特征 x 出现后，该样本属于类别 H 的条件概率：

$$P(H_k \mid x), \quad k = 1, 2$$

后验概率与先验概率的区别在于，先验概率 $P(H_k)$，$k = 1, 2$ 不依赖特征 x，而后验概率依赖特征 x。

所以，利用后验概率我们可以直接进行分类，给定一个特征 x 的样本（也就是观察了这个样本的某个特征，例如鱼的光洁度），属于类别 H_k，$k=1,2$ 的条件概率值可以作为分类的依据。

$$P(H_k \mid x)=\frac{P(x \mid H_k)P(H_k)}{P(x)}, \quad k=1,2 \tag{8.21}$$

由于样本属于哪个类别的概率与 $P(x)$ 无关，所以上式就等价于：

$$P(H_k \mid x)=P(x \mid H_k)P(H_k), \quad k=1,2 \tag{8.22}$$

不难看出，我们要计算后验概率，需要先从样本数据集中学习到以下两个概率：

1. $P(x \mid H_k), \quad k=1,2$

2. $P(H_k), \quad k=1,2$

相对于仅仅依赖先验概率的分类决策，基于后验概率的分类决策可以通过条件概率来改进分类决策过程。下面我们讨论贝叶斯分类的两个特例：

1. 如果 $P(x \mid H_1)=P(x \mid H_2)$，即两个类别的条件概率相等，则分类仅仅依赖于先验概率。

2. 如果先验概率服从均匀分布，则分类仅仅依赖于类别的条件概率。

所以，贝叶斯分类算法依赖先验概率和类别的条件概率，贝叶斯公式将两者结合，最终优化了贝叶斯分类算法。

对于 m 维特征变量 $X=(x_1,x_1,\cdots,x_m)$ 的贝叶斯公式为：

$$P(H_k \mid X)=\frac{P(X \mid H_k)P(H_k)}{P(X)}, \quad k=1,2 \tag{8.23}$$

但是条件概率 $P((x_1,x_2,\cdots,x_m) \mid H_k)$，$k=1,2$ 的计算较复杂。一个简化的版本是假设对于给定的类别标签 H，特征变量之间相互独立，那么就有：

$$P((x_1,x_2,\cdots,x_m) \mid H_k)=\prod_{i=1}^{m}P(x_i \mid H_k), \quad k=1,2 \tag{8.24}$$

我们称这种简化后版本为朴素贝叶斯分类算法。接下来，我们将介绍利用朴素贝叶斯分类算法进行分类的例子。

例 8.9 表 8.15 提供的一个简单关于天气与是否进行户外活动的数据集，它共有 14 条记录、4 个特征变量和 2 个类别。

表 8.15 天气与是否进行户外活动数据

日照	温度	湿度	风	户外活动
晴	炎热	高	无风	否
晴	炎热	高	有风	否
多云	炎热	高	无风	是
雨	温和	高	无风	是
雨	冷	正常	无风	是
雨	冷	正常	有风	否
多云	冷	正常	无风	是
晴	炎热	高	有风	否
晴	炎热	高	有风	否

续表

日照	温度	湿度	风	户外活动
雨	温和	正常	无风	是
晴	温和	正常	有风	是
多云	温和	高	有风	是
多云	炎热	正常	无风	是
雨	温和	高	有风	否

假设明天的天气预报为：晴天，冷，湿度高，有风，利用朴素贝叶斯分类算法进行是否进行活动的预测。

解：由于表 8.15 中 4 个特征变量和 2 个分类变量的取值都是中文字符，我们需要将他们转换为数值型的，所以，令：

$X_1=\{1,2,3\}$ 分别对应｛晴，多云，雨｝

$X_2=\{1,2,3\}$ 分别对应｛炎热，温和，冷｝

$X_3=\{1,2\}$ 分别对应｛高，正常｝

$X_4=\{1,2\}$ 分别对应｛无风，有风｝

$H=\{0,1\}$ 分别对应｛否，是｝

那么，我们就获得一张新的表见表 8.16。

表 8.16　天气与是否进行户外活动重新编码后数据

X_1	X_2	X_3	X_4	H
1	1	1	1	0
1	1	1	2	0
2	1	1	1	1
3	2	1	1	1
3	3	2	1	1
3	3	2	2	0
2	3	2	1	1
1	1	1	2	0
1	1	1	2	0
3	2	2	1	1
1	2	2	2	1
2	2	1	2	1
2	1	2	1	1
3	2	1	2	0

根据表 8.16 计算贝叶斯模型需要的先验概率和类别条件的概率。训练样本数据总数为 $N=14$。满足 $H=0$ 的记录为 $N_0=6$，满足 $H=1$ 的记录为 $N_1=8$，所以先验概率的计算过程如下：

$$P\{H=0\}=\frac{N_0}{N}=\frac{6}{14}$$

$$P\{H=0\}=\frac{N_1}{N}=\frac{8}{14}$$

特征变量 X_1 的条件概率为：

	$X_1=1$	$X_1=2$	$X_1=3$
$H=0$	$\frac{4}{6}$	$\frac{0}{6}$	$\frac{2}{6}$
$H=1$	$\frac{1}{8}$	$\frac{4}{8}$	$\frac{3}{8}$

特征变量 X_2 的条件概率为：

	$X_2=1$	$X_2=2$	$X_2=3$
$H=0$	$\frac{4}{6}$	$\frac{1}{6}$	$\frac{1}{6}$
$H=1$	$\frac{2}{8}$	$\frac{4}{8}$	$\frac{2}{8}$

特征变量 X_3 的条件概率为：

	$X_3=1$	$X_3=2$
$H=0$	$\frac{5}{6}$	$\frac{1}{6}$
$H=1$	$\frac{3}{8}$	$\frac{5}{8}$

特征变量 X_4 的条件概率为：

	$X_4=1$	$X_4=2$
$H=0$	$\frac{1}{6}$	$\frac{5}{6}$
$H=1$	$\frac{6}{8}$	$\frac{2}{8}$

假设明天的天气预报为：日照＝“晴(1)”，温度＝“冷(3)”，湿度＝“高(1)”，风＝“有风(2)”，或 $(X_1,X_2,X_3,X_4)=(1,3,1,2)$ 那么利用上述先验概率和类别条件概率来预测是否进行户外活动。根据贝叶斯公式，分别有：

$$P(X_1=1|H=1)P(X_2=3|H=1)P(X_3=1|H=1)P(X_4=2|H=1)P(H=1)$$
$$=\frac{1}{8}\times\frac{2}{8}\times\frac{3}{8}\times\frac{2}{8}\times\frac{8}{14}=0.0017$$

$$P(X_1=0|H=0)P(X_2=3|H=0)P(X_3=1|H=0)P(X_4=2|H=0)P(H=0)$$
$$=\frac{4}{6}\times\frac{1}{6}\times\frac{5}{6}\times\frac{5}{6}\times\frac{6}{14}=0.030$$

根据上述对比，由于 0.030 大于 0.0017，所以选择不外出。

（二）决策树分类模型

决策树是一种基本的分类方法。决策树呈树形结构，在分类问题中，表示基于特征对样本进行分类的过程。它是定义在特征空间与类空间上的条件概率分布。其主要优点是模型具有可读性，分类速度快。所以，决策树分类算法在诸多分类算法中占有非常重要的地位。

利用训练数据学习时，根据损失函数最小化的原则建立决策树模型。对新的数据预测分类时，可利用训练好的决策树模型直接进行分类。决策树学习通常包括 3 个步骤，第一是特征选择，第二决策树的生成，第三决策树的枝剪。

我们首先讨论决策树中的一些基本概念。决策树看上去类似于流程图形式，由节点和有向边构成。共有三种节点，分别为：

1. 根节点。它是一棵树中所有节点的祖先，是决策树的起始点。
2. 中间节点。它具有一条到达边，和两条或以上的始发边。
3. 叶子节点。它只有一条到达边，没有任何始发边。

下面图 8.4 中的三个图分别说明了在一棵树中，三个节点的状态。一个决策树的构造就是通过这 3 类节点组成，首先，第一个选择点就是根节点，非叶子节点与分支就用中间节点，最终的决策结果用叶子节点。

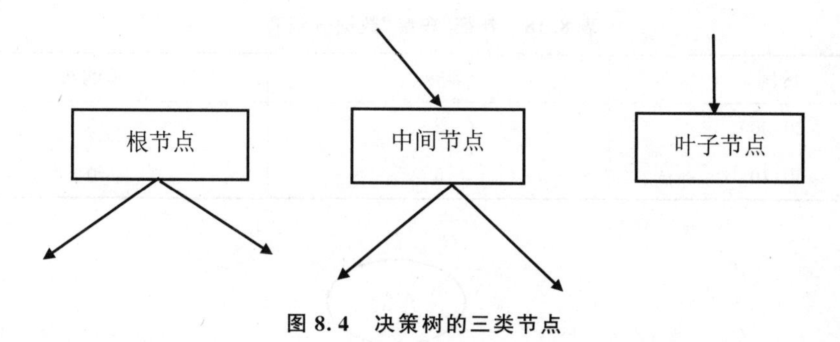

图 8.4 决策树的三类节点

决策树与数据集之间的关系是在一个决策树中，叶子节点被赋予数据的类别标签。而在中间节点和根节点中则包含数据的特征变量（检验条件），用于划分数据集中的记录。

例 8.10 表 8.17 是一个关于二手车交易的数据集。共有两个特征变量，分别为车龄和款式。类别标签共有两类，分别为：购买（用“是”表示）、不购买（用“否”表示）。根据表中的两个特征，综合利用这些特征去判断用户的购买意向？

表 8.17 二手车数据集

车龄	款式	购买决策
20	小货车	是
30	货车	是
25	卡车	否
30	跑车	是

续表

车龄	款式	购买决策
40	跑车	是
20	卡车	否
30	货车	是
25	货车	是
40	货车	是
20	跑车	否

解:决策树的做法是每次选择一个特征进行判断,如果不能得出结论,继续选择其他特征进行判断,直到能够确定地判断出用户的购车意向或者是上述特征都已经使用完毕。我们可以选择了一个划分的特征的区间,对数据集中的记录进行划分。利用特征划分数据一般性的做法是对数据按照该特征值进行排序,再将它们分成若干区间,如[0,10),[10,20),[20,30)…,如果数据的特征值落入某一区间则该数据就属于其对应的节点。

我们选择特征"车龄"作为根节点来划分数据,这里将数据分成两个区间,分别是车龄在[20,30)之间和车龄在[30,40]之间,则每一个区间的划分结果如下:

表 8.18　特征"车龄"数据分割表

区间	购买	不购买
[20,30)	2	3
[30,40]	5	0

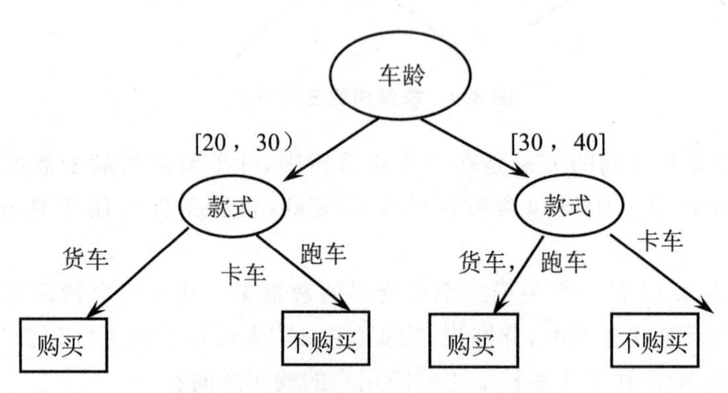

图 8.5　购车意向分析决策树示意图

用"车龄"作为根节点的检验条件为"车龄"是否大于等于 30 年? 根据表 8.18,可以用两个区间作为判断条件,区间[20,30)代表"车龄"小于 30 年,区间[30,40]表示"车龄"大于等于 30 年。由于检验结果都有"购买"则获得二个中间节点。对于每个中间节点再用特征"款式" 作为检验条件。那么,"款式"检验的条件有货车,卡车,还是跑车。

对于区间[20,30)划分出的中间节点(图 8.5 的左边那个节点),我们用"款式"进行划分,获得了"购买"或"不购买"叶子节点,同样用区间[30,40]划分中间节点(图 8.5 的右边那个节点)，也获得"购买"或"不购买"叶子节点。

那么决策树采用贪婪思想进行分裂，那么怎样才算是最优的分裂结果？最理想的情况当然是能找到一个属性刚好能够将不同类别分开，但是大多数情况下分裂很难一步到位，我们希望每一次分裂之后孩子节点的数据尽量"纯"，选择分裂属性是要找出能够使所有孩子节点数据最纯的属性，决策树使用信息增益或者信息增益率作为选择属性的依据。

决策树采用亨特算法，其特点是根据特征检验来优化某种准则达到划分记录目的，是一种贪婪策略，即选择可以得到最优划分结果的特征进行数据划分。自上而下来生成决策树。选择一个特征从根节点开始划分训练集数据，在中间节点上递归计算。

如何选择一个合适的特征的合适的值作为阈值在一个节点上进行数据分割？在表 8.18 中，我们选择的区间[20,30)和区间[30,40]的"车龄"就是阈值。当特征非常多时，我们需要一个定量的方法来对不同的特征进行评估。具体来说，我们需要计算当前节点上每一个特征的不纯度值。目标是使得我们找到在该节点上所有特征中具有最小不纯度值的那个特征。

在决策树算法中，为了确定决策树根结点的特征，要对不同特征进行不纯度计算。常用的不纯度函数主要有以下两类：

1. 信息熵函数：$-\sum_{i=1}^{k} p_i \log(p_i)$

2. 基尼函数：$1-\sum_{i=1}^{k} p_i^2$

其中，$p_i(i=1,2,\cdots,k)$ 表示类别概率。

例 8.11 表 8.19 给出一个简单的数据集。该数据集有两个特征变量，都是取离散值 1 或 2，和一个二元分类标签。我们将通过这个简单例子来说明如何利用不纯度函数来计算节点上特征的不纯度值。我们将选择熵函数对具有两个类别的决策树算法进行讨论。由于信息熵是对信息不确定度的衡量。当不确定性越大时，信息所包含的信息量也就越大，信息熵也就越高。所以，信息熵越高，纯度越低，不纯度越高。

表 8.19 决策树分类演示数据

特征		类别:0 和 1
X_1	X_2	
1	1	1
1	2	1
1	2	1
1	2	1
1	2	1
1	1	0
2	1	0
2	1	0
2	2	0
2	2	0

假设 p 和 $1-p$ 分别表示二分类的类别概率，这时的熵函数被表示为：

$$\varphi(p)=-p\log(p)-(1-p)\log(1-p)$$

在根节点上，选择哪一个特征来划分数据集，或者说我们是选择特征 X_1 还是选择特征 X_2 为根节点的判断变量。

解：一般来说，我们将在所有根节点和中间节点上计算信息熵，然后根据信息熵判断哪个特征变量的划分效果最好。

在这个例子中，由于只有 2 个特征，所以只有在根节点上，我们有下面的两种选择。如果选择了特征 X_1，则有：

表 8.20　选特征 X_1 的数据分割表

取值	类别＝1	类别＝0
$X_1=1$	5	1
$X_1=2$	0	4

我们同时获得 2 个以特征 X_1 为父节点的子节点，从表 8.20 中，我们可以分别计算出对应这 2 个子节点的类别概率值，参见图 8.6 的上半部分。

另一方面，如果选择了特征 X_2，则有：

表 8.21　特征 X_2 数据分割表

取值	类别＝1	类别＝0
$X_2=1$	1	3
$X_2=2$	4	2

我们同时获得 2 个以特征 X_2 为父节点子节点，从表 8.21 中，我们可以分别计算出对应这 2 个子节点的类别概率值，参见图 8.6 的下半部分。

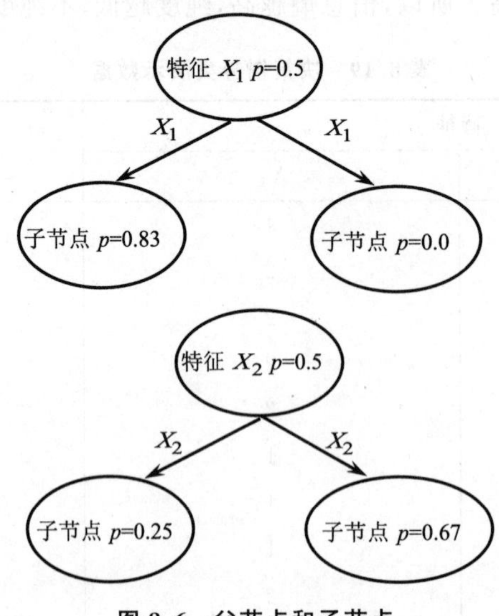

图 8.6　父节点和子节点

由于在这个例子中，原始数据的类别概率是 $p=0.5, 1-p=0.5$。计算以 X_1 为根节点的信息增益，先计算在以 X_1 为根节点的信息熵：

$$\varphi(0.5)=-0.5\log(0.5)-0.5\log(0.5)=1$$

再分别计算以 X_1 为根节点的子节点的信息熵：

$$\varphi(0.83)=-0.83\log(0.83)-0.17\log(0.17)=0.66$$

$$\varphi(0.0)=-0.0\log(0.0)-1\log(1)=0.0$$

以 X_1 为根节点的信息增益：

$$\mathrm{G}(X_1)=1-0.66-0.0=0.44$$

接下来，我们计算以 X_2 为根节点的信息增益，先计算在以 X_2 为根节点的信息熵：

$$\varphi(0.5)=-0.5\log(0.5)-0.5\log(0.5)=1$$

再分别计算以 X_2 为根节点的子节点的信息熵：

$$\varphi(0.25)=-0.25\log(0.25)-0.75\log(0.75)=0.81$$

$$\varphi(0.67)=-0.67\log(0.67)-0.33\log(0.33)=0.92$$

以 X_2 为根节点的信息增益：

$$G(X_2)=1-0.81-0.92=-0.73$$

最后，我们比较这 2 个节点的信息增益，由于 $G(X_1)>G(X_2)$，所以我们首先选择以特征 X_1 进行数据集划分。

（三）逻辑回归模型

逻辑回归虽然名字里带“回归”，但是它实际上是一种分类算法，主要用于两分类问题。对于一个二元分类变量：

$$Y=\begin{cases}=0\\=1\end{cases}$$

其中，$y=0$ 和 $y=1$ 分别对应两个类别。

逻辑回归是解决分类问题的，属于分类算法。其进行分类的思想就是计算样本属于类别 1（或类别 0）的概率（即 $Y=1$）。设 X 为一特征变量，逻辑回归的基本思路是通过对条件概率进行建模。对于以特征 X 为条件的条件概率：

$$p(x)=P(Y=1 \mid X=x) \tag{8.25}$$

我们可以将特征 X 的每个取值 x 都作为自变量，所以上述条件概率可以看成是 x 的函数。由于概率函数是一个非线性函数，函数值位于 0 和 1 之间。我们希望用一个线性函数作为判别式来进行分类。

定义上述条件概率的概率函数如下：

$$\frac{p(x)}{1-p(x)}=\frac{P(Y=1 \mid X=x)}{1-P(Y=1 \mid X=x)} \tag{8.26}$$

对上式引入自然对数后：

$$f(x)=\log\frac{p(x)}{1-p(x)} \tag{8.27}$$

因为概率函数取值总是为正数，这样一来 $f(x)$ 的取值范围就是从负无穷到正无穷，参见表 8.22。

表 8.22 事件概率与对数概率对照表

$p(x)$	0.01	0.1	0.3	0.5	0.8	0.9	0.99
$f(x)$	−4.6	−2.2	−0.85	0	1.39	2.2	4.6

特别是，当 $p(x)=0.5$ 时，$f(x)=0$。

所以对 $f(x)$ 建立一个一元线性回归模型：

$$\log\frac{p(x)}{1-p(x)}=\alpha+\beta x \tag{8.28}$$

对上式中 $p(x)$ 进行求解后，我们将有：

$$p(x)=\frac{1}{1+e^{\alpha+\beta x}} \tag{8.29}$$

那么

$$1-p(x)=\frac{e^{\alpha+\beta x}}{1+e^{\alpha+\beta x}} \tag{8.30}$$

我们需要说明具有下述形式的函数：

$$f(x)=\frac{1}{1+e^{x}} \tag{8.31}$$

通常被称为 S 型函数，自变量 x 能够接受正负区间的任意实数，而函数 $f(x)$ 的输出为[0,1]区间。这种 S 型函数又被称为逻辑函数，是统计学家为了描述生态学中人口增长特性而提出的一种函数。

由于 S 型函数的值域范围限制在[0,1]之间，我们知道[0,1]与概率值的范围是相对应的，这样 S 型函数就能与一个概率分布建立关系。

对应 S 型函数，当 $x=0$ 时，$f(x)=0.5$，所以它是一个非常良好的阈值函数。由于我们用样本属于某个类别的概率值 p 的大小来对样本进行分类，一般来说，如果样本属于某个类别的概率 p 大于 0.5 就属于类别 1，而小于 0.5 就属于类别 0。根据特征 X 的条件概率进行的分类就是比较下述条件概率：

$$\max\{P(Y=1\mid X),P(Y=0\mid X)\}$$

根据上述关系，如果一个样本是属于类别 $Y=0$，那么它就需满足下式：

$$\frac{P(Y=0\mid X)}{P(Y=1\mid X)}>1$$

或：

$$\frac{1-p(x)}{p(x)}>1$$

再将 $p(x)$ 和 $1-p(x)$ 分别代入上式后，有：$e^{\alpha+\beta x}>1$；

对上式两端取对数有：$\alpha+\beta x>0$。

总结可得：

$$Y=0:\quad \alpha+\beta x>0$$
$$Y=1:\quad \alpha+\beta x\leqslant 0$$

这完全等价于用线性函数对样本进行分类。所以，我们不难看出逻辑回归实际上是一个线性判别的分类。线性判别式大于 0 等价于条件概率大于 0.5，如果用条件概率表示，我们也有：

$$Y=\begin{cases}0, & P(Y=0 \mid X)>0.5 \\ 1, & P(Y=1 \mid X)>0.5\end{cases}$$

上述两组条件就是线性判别分类与条件概率分类之间的对应关系。接下来我们探讨如何估计逻辑回归的参数，具体来说，对于下述模型

$$p(x)=\frac{1}{1+e^{\alpha+\beta x}}$$

我们希望估计参数 α, β 。为了估计逻辑回归的参数，可以采用最大似然估计方法。由于数学推导较复杂，在这里我们就不展开讨论。我们通过一个例子来说明逻辑回归的应用。

例 8.12 下面的表 8.23 给出了学生的学习时间与考试结果的信息。利用逻辑回归模型进行预测，假设一个学生学习时间为 3 小时，那么通过考试的概率是多少？

表 8.23 逻辑回归的应用数据

学生	学习时间	考试 0 未通过，1 通过
1	0.50	0
2	0.75	0
3	1.00	0
4	1.25	0
5	1.50	0
6	1.75	0
7	1.75	1
8	2.00	0
9	2.25	1
10	2.50	0
11	2.75	1
12	3.00	0
13	3.25	1
14	3.50	0
15	4.00	1
16	4.25	1
17	4.50	1
18	4.75	1
19	5.00	1
20	0.50	1

利用 Excel 或 Python 的逻辑回归算法对表 8.23 中的数据进行训练后，使用模型可

以进行预测。这里我们输入学生的特征学习时间 3 小时，模型返回结果标签是 1，就代表预测该学生通过考试。学习时间 3 小时通过的概率为 61.8%，概率大于 0.5，因此预测该学生通过考试，模型应返回结果标签 1。

三、聚类模型

聚类与分类的不同在于，聚类所要求划分的类别是未知的。聚类是将数据分类到不同的类的一个过程，所以同一个类中的数据记录有较大的相似性，而不同类间的数据记录有较大的相异性。

从机器学习的角度讲，这时的类别相当于隐藏模式。聚类算法就是搜索类别的无监督学习过程。与分类算法不同，无监督学习不依赖预先定义的带类标签的训练数据，需要由聚类学习算法自动确定标签，而分类学习的数据具有类别标签。

聚类分析是一种探索性的分析，在分类的过程中，不必事先给出一个分类的标准，聚类分析能够从样本数据出发，自动进行分类。不同的聚类算法，常常会得到不同的结论。

相对分类算法，聚类算法不需要知道要将数据集划分成几个类别。由于数据集中的记录都没有标签，聚类算法不存在训练过程，聚类算法的结果是将数据集划分成若干个不相交的子集。在子集内部，数据记录的相似度较大，而在子集之间，数据记录的相似度较小。

从实际应用的角度看，聚类分析是数据挖掘的主要任务之一。而且聚类作为一个独立的工具能够获得数据的分布状况，观察每一个类别数据的特征，集中对特定的聚类集合做进一步地分析。聚类分析还可以作为其他算法，例如，分类算法的预处理步骤。

接下来，我们来讨论一个最常用的聚类算法，K 均值聚类算法。K 均值聚类是最著名的划分聚类算法，由于简洁和效率使得他成为所有聚类算法中最广泛使用的。给定一个数据集和需要的聚类数目 k，该算法根据某个距离函数反复把数据分入 k 个类别中。

K 均值聚类是通过判断数据之间的相似度来进行的，而相似度完全可以用空间中数据点之间的距离来表示。常用的距离有欧氏距离，曼哈顿距离，切比雪夫距离。

在接下来的讨论中，我们将使用欧氏距离作为 K 均值聚类的相似度。我们先讨论一个距离函数的定义。

对于 m 维空间中任意两个数据 x 和 y，一个距离的度量函数 $d(x,y)$，应当满足下述条件：

1. $d(x,y) > 0$
2. $d(x,y) = 0$ 充分必要条件 $x = y$
3. $d(x,y) = d(y,x)$
4. $d(x,y) < d(x,z) + d(z,y)$

欧氏距离被定义为：

$$d(x,y)=\sqrt{\sum_{i=1}^{m}(x_i-y_i)^2} \tag{8.32}$$

为了方便讨论，我们首先进入下述数学记号。定义数据集：$X=\{x_t\}_{t=1}^{N}$，其中 N 为数据集的样本总数，x_t 为 m 维向量样本数据。定义参考向量如下：

$$r_j, \quad j=1,2,\cdots,k$$

其中,k 为通过聚类得到的 k 个类别,属于预先确定的参数。假设目前我们已有参考向量,后续再讨论如何获得参考向量。

那么对于数据集中的任何一个数据 x_t 都可通过参考向量进行归类:

$$\| x_t - r_i \| = \min_{j=1,2,\cdots,k} \| x_t - r_j \| \tag{8.33}$$

也就是说,在 k 个参考向量中,x_t 与其中的向量 r_t 距离最短,我们可以将参考向量理解为密码本,上述过程也可被理解为加密和解密过程。

利用密码本 $r_j, j=1,2,\cdots,k$,数据 x_t 被映射到第 i 个参考向量,这就是加密过程。而在接收端,确定了 x_t 与 r_t 距离最近,这就是一个解密过程。

那么如何计算参考向量 $r_j, j=1,2,\cdots,k$? 当数据 x_t 被 r_j 归类表示后,存在一个由距离函数表示的误差:

$$\| x_t - r_j \|$$

对于整个数据集,我们定义下述总重建误差:

$$E(\{r_j\}_{j=1}^{k} \mid X) = \sum_t \sum_i \beta_{ti} \| x_t - r_i \|^2 \tag{8.34}$$

其中,

$$\beta_{ti} = \begin{cases} 1, \| x_t - r_i \| = \min\limits_{j=1,2,\cdots,k} \| x_t - r_j \| \\ 0,其他 \end{cases} \tag{8.35}$$

由于我们的目标是不断最优参考向量,就是最小化总重建误差。而上面的 2 个公式中,我们又发现总重建误差与 β_{ti} 互相依赖,所以我们无法获得上述问题的解析解。

由于上述原因,K 均值聚类算法就是一个迭代算法。首先,我们从某个初始值开始,第一次迭代可随机选择一组参考向量。然后在每次迭代过程中,再对于所有 x_t 都来计算 β_{ti} ,这个过程通常被称为估计聚类的类别标签。

如果计算得出 $\beta_{ti}=1$,我们就认定样本数据 x_t 属于以第 i 个参考向量 r_i 为中心的类别。当我们计算所有 β_{ti} 后,就可对总重建误差求最小值,利用微积分方法对总重建误差求导再令导数方程等于 0,那么我们就获得:

$$r_i = \frac{\sum_t \beta_{ti} x_t}{\sum_t \beta_{ti}} \tag{8.36}$$

所以,参考向量 r_i 正好是第 i 类别数据的均值。我们给出 K 均值聚类算法的迭代步骤。

第一步:初始化参考向量 $r_j, j=1,2,\cdots,k$,最简单方法就是从数据集中随机选择 k 个样本数据。

第二步:迭代,对数据集中所有数据进行计算:

$$\beta_{ti} = \begin{cases} 1, \| x_t - r_i \| = \min\limits_{j=1,2,\cdots,k} \| x_t - r_j \| \\ 0, 其他 \end{cases}$$

第三步:更新参考向量:

$$r_j \leftarrow \frac{\sum_t \beta_{tj} x_t}{\sum_t \beta_{tj}}, \quad j=1,2,\cdots,k$$

然后,回到第二步,直到 $r_j, j=1,2,\cdots,k$ 收敛。

K 均值聚类算法的最终结果是将数据分成 k 个类别,并且每个类别都有一个中心,表示一个类别中所有数据的中心。初始中心可以通过产生随机数的方法来选择中心,迭代后的中心就是类别中所有数据到中心距离的平均值。我们来看 K 均值聚类算法的具体应用。

例 8.13 考虑下述由二维向量构成具有 6 个样本的数据集:

$X=\{x_t\}_{t=1}^{6}=\{\begin{pmatrix}0\\0\end{pmatrix},\begin{pmatrix}1\\2\end{pmatrix},\begin{pmatrix}3\\1\end{pmatrix},\begin{pmatrix}8\\7\end{pmatrix},\begin{pmatrix}1\\9\end{pmatrix},\begin{pmatrix}10\\8\end{pmatrix}\}$,请对数据进行聚类。

解:假设 $k=2$,我们随机选取 2 个参考向量:

$$m_1=\begin{pmatrix}1\\2\end{pmatrix},\quad m_2=\begin{pmatrix}3\\1\end{pmatrix}$$

第一次迭代:

先计算数据集中 6 个数据与参考向量的欧氏距离:

	x_1	x_2	x_3	x_4	x_5	x_6
m_1	$\sqrt{5}$	0	$\sqrt{5}$	$\sqrt{74}$	$\sqrt{71}$	$\sqrt{117}$
m_2	$\sqrt{10}$	$\sqrt{5}$	0	$\sqrt{71}$	$\sqrt{61}$	$\sqrt{98}$

再计算 β_{ti}:

$$\begin{matrix}1 & 1 & 0 & 0 & 0 & 0\\ 0 & 0 & 1 & 1 & 1 & 1\end{matrix}$$

更新参考向量:

$$m_1=\frac{\beta_1^1x^1+\beta_1^2x^2+\beta_1^3x^3+\beta_1^4x^4+\beta_1^5x^5+\beta_1^6x^6}{\beta_1^1+\beta_1^2+\beta_1^3+\beta_1^4+\beta_1^5+\beta_1^6}=\begin{pmatrix}\frac{1}{2}\\ \frac{2}{2}\end{pmatrix}$$

$$m_2=\frac{\beta_2^1x^1+\beta_2^2x^2+\beta_2^3x^3+\beta_2^4x^4+\beta_2^5x^5+\beta_2^6x^6}{\beta_2^1+\beta_2^2+\beta_2^3+\beta_2^4+\beta_2^5+\beta_2^6}=\begin{pmatrix}\frac{22}{4}\\ \frac{25}{4}\end{pmatrix}$$

第二次迭代:

更新数据集中 6 个数据与更新后参考向量的欧氏距离:

	x_1	x_2	x_3	x_4	x_5	x_6
m_1	1.1	1.1	2.5	9.6	8.0	11.8
m_2	8.3	6.2	5.8	2.6	5.3	4.8

计算更新后的 β_{ti}:

$$\begin{matrix}1 & 1 & 1 & 0 & 0 & 0\\ 0 & 0 & 0 & 1 & 1 & 1\end{matrix}$$

更新参考向量:

$$m_1=\frac{\beta_1^1x^1+\beta_1^2x^2+\beta_1^3x^3+\beta_1^4x^4+\beta_1^5x^5+\beta_1^6x^6}{\beta_1^1+\beta_1^2+\beta_1^3+\beta_1^4+\beta_1^5+\beta_1^6}=\begin{pmatrix}\frac{4}{3}\\ \frac{3}{3}\end{pmatrix}$$

$$m_2=\frac{\beta_2^1x^1+\beta_2^2x^2+\beta_2^3x^3+\beta_2^4x^4+\beta_2^5x^5+\beta_2^6x^6}{\beta_2^1+\beta_2^2+\beta_2^3+\beta_2^4+\beta_2^5+\beta_2^6}-\begin{pmatrix}\frac{19}{3}\\ \frac{24}{3}\end{pmatrix}$$

如果再重复迭代一次,参考向量将不发生变化,也就是收敛了。而上述参考向量就是二个类别中所有点到中心距离的平均值。

K 均值聚类算法存在一定的局限性。因为 K 均值聚类的迭代算法是属于局部最优化方法,其迭代结果高度依赖于初始值。可以尝试利用不同的方法来选择初始参考向量:

(1)从数据集中随机选择 k 个数据。

(2)先计算数据集的均值,再加上小的随机数来构成 k 个数据。

(3)计算数据集的主成分并将其分成 k 个相等的区间,再将数据分成 k 组,然后计算各组的均值作为初始参考向量。

由于不同的初始参考向量将产生不同的聚类效果,从而可以选择我们满意的聚类效果。k 值是事先给定的,在开始处理数据前,k 值是未知的,不同的 k 值导致不同的聚类结果。

第四节 思考与练习

一、单选题

1. 下面关于非线性规划与线性规划的描述,不正确的是( )。

   A. 目标函数和约束条件不同,线性规划的目标函数和约束条件都是线性函数,而非线性规划的目标函数和约束条件可以有非线性函数。

   B. 最优解范围不同,线性规划的最优解只能在可行域的边界上找到,而非线性规划的最优解可能存在于可行域的任意一点。

   C. 线性规划存在统一的求解方法,而非线性规划问题没有一种适合于所有问题的求解方法。

   D. 非线性规划问题易于解决,而线性规划问题求解要困难得多;

   答案:D

2. 在工程优化设计问题中,大多是下列哪一类优化模型( )。

   A. 多变量无约束的非线性模型　　B. 多变量无约束的线性模型

   C. 多变量有约束的非线性模型　　D. 多变量有约束的线性模型

   答案:C

3. 负梯度方向是函数具有( )的方向。

   A. 最速下降　　B. 最速上升

C. 最小变化　　D. 最大变化率

答案:A

4. 在决策树模型中,下述用作分裂节点的说法,不正确的是(　　)

A. 决策树的贪婪思想导致较大不纯度　　B. 信息增益可以使用熵得到

C. 信息增益可以作为选择节点的标准　　D. 用基尼系数可以计算信息增益

答案:A

5. 下列选项中,关于逻辑回归的说法不正确是:(　　)

A. 逻辑回归是分类算法

B. 逻辑回归利用了回归的思想

C. 逻辑回归用线性函数对样本进行分类

D. 逻辑回归使用S函数作为激活函数对回归的结果做了映射

答案:C

6. 关于线性规划问题的图解法最优解的说法,下面的叙述不正确的是(　　)。

A. 可行域为空时一定没有最优解

B. 可行解区有界时不一定有最优解

C. 如果在两个点上达到最优解,则一定有无穷多个最优解

D. 最优解只能在可行域顶点达到

答案:B

7. 黄金分割法是一种(　　)缩短区间的直接搜索方法。

A. 等和　　B. 等差

C. 等比　　D. 等积

答案:C

8. 在对于单因素多水平设计,在选择方差分析方法进行分析时,以下哪个条件不需考虑(　　)?

A. 各组均值是否相等　　B. 各组方差是否相等

C. 各组是否服从正态分布　　D. 各组样本是否独立

答案:A

9. 搜索引擎每天收集非常多的新闻,并运用下述(　　)方法再将这些新闻分组,组成若干类有关联的新闻。

A. 回归　　B. 分类

C. 聚类　　D. 关联规则

答案: C

10. 下面有关机器学习工程师的观点,正确的是(　　)。

A. 不需要了解一定的相关业务知识

B. 不需要熟悉数据的提取和预处理

C. 需要一定的数据分析实际项目训练

D. 培训后就能胜任实际数据分析

答案: C

12. 下面关于决策树什么时候停止划分数据集,说法不正确的是(　　)

A. 当前结点包含的样本属于同一类别

B. 当前属性集为空，或是所有样本在所有属性上取值相同，无法划分

C. 当前结点包含的样本集合为空，不能划分

D. 以上都不对

答案：D

13. 对于逻辑回归算法，以下描述不正确的是()

A. 逻辑回归是一种有监督学习算法

B. 逻辑回归仅能解决二分类问题

C. 逻辑回归的算法是线性优化问题

D. 逻辑回归算法采用梯度下降法

答案：C

14. 朴素贝叶斯算法的优点不包括下面哪项(　　)?

A. 算法逻辑简单，易于实现

B. 分类过程中时空开销小

C. 算法稳定，对于不同的数据特点其分类性能差别不大

D. 算法复杂，开销大

答案：D

15. 方差分析的主要目的是判断(　　)。

A. 各总体是否存在不同方差

B. 用于样本数据之间是否有显著差异

C. 用于两个及两个以上样本均值差别的显著性检验

D. 分类型因变量对数值型因变量的影响是否显著

答案：C

16. 在方差分析中，下面关于F检验的计算公式的描述，正确的是(　　)。

A. 组间方差和除以组内方差

B. 组内方差和除以组间平方和

C. 关注于均值间的比较

D. 组内平方和除以总平方和

答案：A

17. 下列关于线性回归分析中的误差的说法，正确的是(　　)。

A. 误差均值总是为零

B. 误差均值总是小于零

C. 误差均值总是大于零

D. 以上说法都不对

答案：A

18. 在多元元线性回归方程 $y=\beta_0+\beta_1x_1+\beta_2x_2+\beta_3x_3$ 中预测源是(　　)。

A. β_0

B. β_1,β_2,β_3

C. x_1,x_2,x_3

D. y

答案：C

19. 一个移动运营商需要对客户是否流失进行预测，可以使用下面哪种机器学习方法比较合适(　　)。

A. 一元线性回归算法
B. 关联方法
C. 聚类算法
D. 逻辑回归算法

答案:D

20. 下述关于机器学习的定义,哪一个是合理的(　　)?

A. 机器学习是计算机编程的科学
B. 机器学习从标记的数据中学习
C. 机器学习是允许机器人智能行动的领域
D. 机器学习能使计算机程序能够在没有明确编程的情况下学习

答案:D

21. 以下对K均值聚类算法解释正确的是(　　)。

A. 不能自动识别类的个数,随机挑选初始点为中心点计算
B. 能自动识别类的个数,随机挑选初始点为中心点计算
C. 能自动识别类的个数,不是随机挑选初始点为中心点计算
D. 不能自动识别类的个数,不是随机挑选初始点为中心点计算

答案:A

二、多选题

1. 下面属于一维优化搜索的数值解法是(　　)。

A. 试探法　B. 插值法　C. 迭代法　D. 计算法　E. 分割法

答案:AB

2. 关于朴素贝叶斯算法,下列说法正确的是(　　)

A. 通过先验概率的结果,对后验概率不断地做调整
B. 有着坚实的数学理论基础,分类效果比其他分类器好
C. 假设样本各属性之间是相互独立的
D. 所需要估计的参数比较少
E. 对异常值不敏感。所以在进行数据处理时,我们可以不去除异常值,

答案:ACDE

3. 以下关于逻辑回归说法正确的是(　　)。

A. 逻辑回归中参数可以由最大似然估计确定。
B. 逻辑回归可以转化为线性回归。
C. 逻辑回归主要用于分类问题。
D. 逻辑回归采用的分类是线性分类。
E. 逻辑回归的自变量是定性变量

答案:ABCDE

4. 单纯形法作为一种常用的通用解法,适合于求解线性规划(　　)。

A. 多变量模型
B. 两变量模型
C. 最大化模型
D. 最小化模型
E. 任意模型

答案:ABCD

5. 常见数学优化模型的分类包括(　　)。

A. 线性规划　　B. 非线性规划

C. 混合整数规划　　D. 多任务规划

E. 0—1 规划

答案:ABCE

6. 下述哪些算法应属于分类算法(　　)?

A. 朴素贝叶斯算法　　B. 决策树算法

C. 随机森林算法

D. 逻辑回归算法　　E. 线性回归算法

答案:ABCD

7. 下面关于优化模型的最佳方案主要在于求得一个合理运用下述哪些资源(　　)。

A. 人力　　B. 物力　　C. 财力　　D. 需求　　E. 环境

答案:ABC

8. 下列哪些假设是我们推导线性回归参数估计量时需要遵循的(　　)?

A. 自变量 X 与因变量 Y 有线性关系

B. 模型误差在统计学上是独立的

C. 随机误差项一般服从 0 均值和固定标准差的正态分布

D. 自变量 X 是非随机且测量没有误差的

E. 自变量 X 与随机误差具有不相关性

答案:ABCDE

9. 下面关于最大似然估计的说法,正确的是(　　)?

A. 最大似然估计可能并不存在

B. 最大似然估计总是存在

C. 如果最大似然估计存在,那么它的解可能不是唯一的

D. 如果最大似然估计存在,那么它的解一定是唯一的

E. 最大似然估计总是不存在唯一解

答案:AC

10. 下面关于 K 均值聚类算法的特点的描述,正确的是(　　)。

A. 数据集中包含符号属性时,直接应用 K 均值聚类算法是有问题的

B. 用户事先需要制定 K 的个数

C. 对噪声和孤立点数据比较敏感

D. 少量的敏感数据能够对聚类均值起到很大的影响

E. 聚类的相似性用距离表示

答案:ABCDE

第二部分　相关法律、伦理与职业道德

第九章
我国大数据法律知识概论

本章学习目标

了解我国大数据发展战略及相关文件，理解大数据面临的风险。了解与大数据相关的主要法律法规有哪些。熟悉数据分析师相关的主要法律法规。

本章思维导图

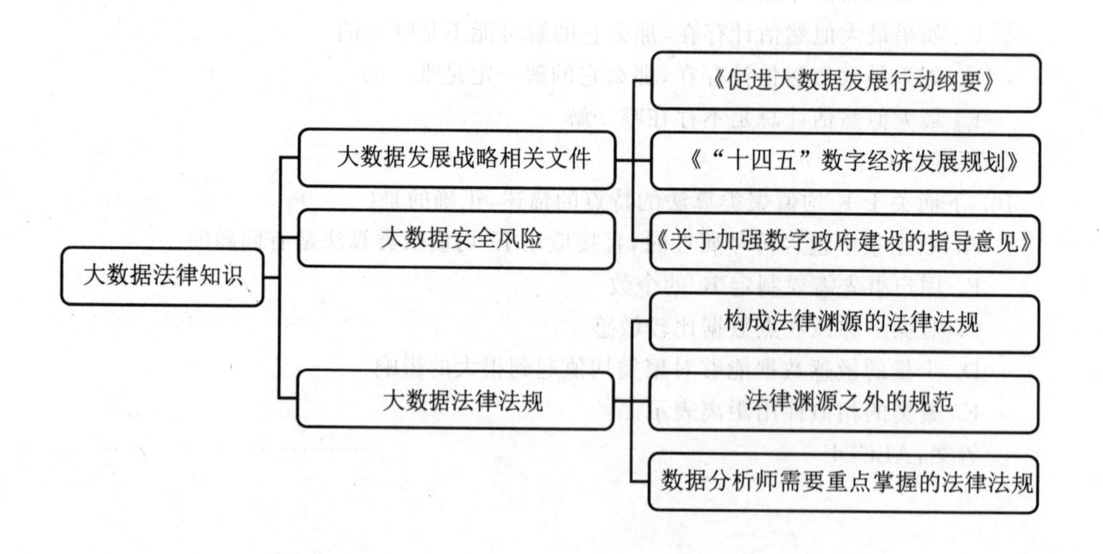

本章对我国大数据发展战略纲领性文件进行简单介绍。讨论法制建设对保障国家、个人数据安全,引导和促进大数据相关产业健康发展的必要性。指出我国从事信息、网络、数据相关经营的企业,从事大数据相关工作的个人应遵循哪些法律。

在数字经济不断发展和法治建设进程不断加快的背景下,我国个人信息保护、数据安全、网络安全等数据法律制度逐步建立并不断完善。法治是国家治理的基本方式,大数据行业的发展也要在法治的轨道下进行。大数据平台、大数据从业者应当熟悉大数据相关的法律法规体系,自觉遵守法律法规,确保大数据从业行为的合规性,避免潜在的法律风险。

第一节 我国数字经济与大数据发展战略

党的十八大以来,党中央高度重视发展数字经济,将其上升为国家战略。党的十八届五中全会提出,实施网络强国战略和国家大数据战略,拓展网络经济空间,促进互联网和经济社会融合发展,支持基于互联网的各类创新。党的十九大提出,推动互联网、大数据、人工智能和实体经济深度融合,建设数字中国、智慧社会。党的十九届五中全会提出,发展数字经济,推进数字产业化和产业数字化,推动数字经济和实体经济深度融合,打造具有国际竞争力的数字产业集群。党中央制定了《网络强国战略实施纲要》《数字经济发展战略纲要》,从国家层面部署推动数字经济发展。

2015 年,国务院制定《促进大数据发展行动纲要》,明确指出"坚持创新驱动发展,加快大数据部署,深化大数据应用,已成为稳增长、促改革、调结构、惠民生和推动政府治理能力现代化的内在需要和必然选择",强调要"推动大数据发展和应用,在未来 5 至 10 年打造精准治理、多方协作的社会治理新模式,建立运行平稳、安全高效的经济运行新机制,构建以人为本、惠及全民的民生服务新体系,开启大众创业、万众创新的创新驱动新格局,培育高端智能、新兴繁荣的产业发展新生态"。

2021 年,国务院制定《"十四五"数字经济发展规划》,提出"坚持以数字化发展为导向,充分发挥我国海量数据、广阔市场空间和丰富应用场景优势,充分释放数据要素价值,激活数据要素潜能,以数据流促进生产、分配、流通、消费各个环节高效贯通,推动数据技术产品、应用范式、商业模式和体制机制协同创新"。同时提出,到 2025 年,"数字经济迈向全面扩展期,数字经济核心产业增加值占 GDP 比重达到 10%,数字化创新引领发展能力大幅提升,智能化水平明显增强,数字技术与实体经济融合取得显著成效,数字经济治理体系更加完善,我国数字经济竞争力和影响力稳步提升"。

2022 年 6 月,国务院制定《关于加强数字政府建设的指导意见》,提出"加强数字政府建设是适应新一轮科技革命和产业变革趋势、引领驱动数字经济发展和数字社会建设、营造良好数字生态、加快数字化发展的必然要求,是建设网络强国、数字中国的基础性和先导性工程,是创新政府治理理念和方式、形成数字治理新格局、推进国家治理体系和治理能力现代化的重要举措,对加快转变政府职能,建设法治政府、廉洁政府和服务型政府意义重大"。

除此之外,国务院各部委还制定了不同行业、不同领域的大数据发展政策。

第二节　大数据安全风险

大数据正在成为信息时代的核心战略资源,对国家治理能力、经济运行机制、社会生活方式产生深刻影响。与此同时,不能忽略的是各项技术应用背后的数据安全风险也日益凸显,诸如数据泄露、数据窃听、数据滥用等安全事件。开展数据安全治理,提升全社会的“安全感”,已成为普遍关注的问题。因此,我们应当正视这一问题,即大数据是把“双刃剑”,大数据技术可以推动经济社会发展,给人们带来便利,但是若不对其进行规范,放任不管,则会遭受数据风险的反噬。我们在享受数据红利的同时,数据安全保护这根弦须臾不能放松。

数据的搜集与使用具有高度隐蔽性,结合强大的数据分析能力,便让众多用户无形中成为“被监控”的对象。数据提供便利的同时,不当的数据处理将对消费者隐私安全,甚至是国家安全构成威胁。以我们经常坐的网约车为例,一些网约车企业在长期的业务开展中,积累了海量的出行数据与地图信息。汽车在使用过程中联动的摄像头、传感器等,都涉及众多数据安全问题,消费者的个人隐私、企业的商业机密乃至国家安全,都有可能受到损害。

数据保护是在进行数字化转型的大背景下,对流动和使用状态中的数据进行保护。不同于以前防火墙式的静态保护,数据安全治理更倾向于动态保护。一方面,在技术设施领域,要持续提升数据安全的产业基础能力,构筑技术领先、自主创新的数据基座,确保数据基础设施安全可靠。同时,不断强化数据安全领域关键基础技术的研究与应用,在芯片、操作系统、人工智能等方面,加强密码技术基础研究,推进密码技术的成果转化,确保基础软件自主可控。另一方面,要健全数据安全法律法规,不断强化法律法规在数据安全主权方面的支撑保障作用。

第三节　现行法律体系下的大数据法律法规

法律是由立法机关行使国家立法权,依照法定程序制定、修改并颁布,并由国家强制力保证实施的基本法律和普通法律总称。

中国的法律规范体系可以划分为两部分:一是构成法律渊源的法规。主要有宪法、法律、行政法规、地方性法规、自治条例和单行条例;二是不属于法律渊源的规范,主要有行政规范性文件、司法解释。宪法是国家的根本法,法律则是国家法的重要组成部分。

一、构成法律渊源的法律法规

(一)宪法

宪法是国家的根本法,是治国安邦的总章程。宪法以法律的形式确认了中国各族人民奋斗的成果,规定了国家的根本制度和根本任务,是国家的根本法,具有最高的法律效力。全国各族人民、一切国家机关和武装力量、各政党和各社会团体、各企业事业组织,都必须以宪法为根本的活动准则,并且负有维护宪法尊严、保证宪法实施的职责。一切法律、行政法规和地方性法规都不得同宪法相抵触。一切国家机关和武装力量、各政党和各社会团体、各企业事业组织都必须遵守宪法和法律。一切违反宪法和法律的行为，必须予以追究。任何组织或者个人都不得有超越宪法和法律的特权。因此，宪法在我国法律体系中具有最高法律效力。宪法具有如下特征。

一是宪法内容与法律不同。宪法规定了国家的根本制度和根本任务，诸如人民代表大会制度、民族区域自治制度、基层群众自治制度以及中国共产党领导的多党合作和政治协商制度等内容；规范国家机构的职权和行使程序，为国家权力的运行提供法定界限；规定公民的基本权利。二是宪法地位和效力与法律不同。宪法在我国法律体系中居于最高位置，具有最高法律效力，其他法律规范都不得同宪法相抵触。宪法是“母法”，其他法律是“子法”。宪法是立法机关制定其他法律的根本依据。三是宪法制定和修改程序比普通法律更为严格。全国人民代表大会作为最高国家权力机关，是唯一有权修改宪法的机关。为保持宪法的最高权威性和稳定性，宪法的修改程序比修改普通法律更加严格。宪法的修改由全国人民代表大会常务委员会或五分之一以上的全国人民代表大会代表提议，并由全国人民代表大会以全体代表的三分之二以上的多数通过。

宪法中有关公民人格尊严、通信自由和通信秘密的规定，构成公民享有大数据权利的宪法基础。而宪法中规定国家立法、行政、监察、审判、检察则履行保障公民基本权利的义务。

（二）法律

广义上的法律与法同义，此处所指的法律是狭义上的法律。根据宪法规定，法律可以区分为基本法律和基本法律以外的法律。全国人民代表大会制定基本法律，全国人大常委会有权在全国人大闭会期间修改基本法律、解释基本法律。但基本法律的修改、解释不能突破该法的基本原则。我国的基本法律有民事基本法、国家组织基本法律、行政基本法、刑事基本法以及司法制度等。基本法律以外的法律由全国人大常委会制定和修改。全国人民代表大会常务委员会制定和修改除应当由全国人民代表大会制定的法律以外的其他法律。

目前，我国制定的大数据领域的法律有：《个人信息保护法》《数据安全法》《网络安全法》《统计法》《全国人民代表大会常务委员会关于加强网络信息保护的决定》《全国人民代表大会常务委员会关于维护互联网安全的决定》等专门性法律。此外，《民法典》《刑法》《国家安全法》《消费者权益保护法》《电子商务法》《电子签名法》《保守国家秘密法》等法律也对大数据从业中的权利义务等内容做出规定。

（三）行政法规

根据宪法和立法法的规定，国务院根据宪法和法律，制定行政法规。行政法规可以就下列事项做出规定：一是为执行法律的规定需要制定行政法规的事项；二是宪法规定的国务院行政管理职权的事项。此外，应当由全国人民代表大会及其常务委员会制定法律的事项，国务院根据全国人民代表大会及其常务委员会的授权决定先制定的行政法规，经过实践检验，制定法律的条件成熟时，国务院应当及时提请全国人民代表大会及其常务委员会制定法律。

在我国，行政法规的数量远超过法律数量。已经制定法律时，国务院可制定行政法规对法律做出更具有操作性、实施性的规定；未制定法律时，不属于法律保留范围，且属于国务院职权范围时，国务院可以先制定行政法规，为全国人大和全国人大常委会在时机成熟时制定法律提供经验。

目前，国务院制定的大数据领域的行政法规主要有：《关键信息基础设施安全保护条例》《信息网络传播权保护条例》《互联网上网服务营业场所管理条例》《征信业管理条例》《计算机信息系统安全保护条例》《互联网信息服务管理办法》《计算机信息网络国际联网安全保护管理办法》等。

此外，国务院还会发布一些规范性文件，来指导各部门、各地方政府推动大数据行业发展，规范行政执法。例如，《国务院办公厅关于运用大数据加强对市场主体服务和监管的若干意见》（国办发〔2015〕51 号）、《国务院关于印发促进大数据发展行动纲要的通知》（国发〔2015〕50 号）、《国务院办公厅关于促进和规范健康医疗大数据应用发展的指导意见》（国办发〔2016〕47 号）

（四）地方性法规

省级（省、自治区、直辖市）人民代表大会及其常务委员会根据本行政区域的具体情况和实际需要，在不同宪法、法律、行政法规相抵触的前提下，可以制定地方性法规。设区的市的人民代表大会及其常务委员会根据本市的具体情况和实际需要，在不同宪法、法律、行政法规和本省、自治区的地方性法规相抵触的前提下，可以对城乡建设与管理、环境保护、历史文化保护等方面的事项制定地方性法规，法律对设区的市制定地方性法规的事项另有规定的，从其规定。设区的市的地方性法规须报省、自治区的人大常务委员会批准后施行。此外，经济特区所在地的省、市的人大及其常委会根据全国人大的授权批准。

目前，有关大数据的地方性法规有：《贵州省大数据发展应用促进条例》《贵阳市大数据安全管理条例》《天津市促进大数据发展应用条例》《海南省大数据开发应用条例》《上海市数据条例》《福建省大数据发展条例》《山西省政务数据管理与应用办法》《山东省大数据发展促进条例》等。

（五）规章

根据《立法法》的规定，为执行法律、行政法规和地方性法规，国务院所属部门和地方政府制定规章。规章区分为部门规章和地方政府规章。国务院各部、委员会、中央人民银行、审计署和具有行政管理职能的直属机构，可以根据法律和国务院的行政法规、决定、命令，在本部门的权限范围内，制定部门规章。部门规章规定的事项应当属于执行法律或者国务院的行政法规、决定、命令的事项。地方政府规章是省、自治区、直辖市和设区的市、自治州的人民政府，根据法律、行政法规和本省、自治区、直辖市的地方性法规，制定规章。地方政府规章规定的事项应当属于为执行法律、法规需要而制定规章的事项和属于本行政区域的具体行政管理事项。设区的市、自治州的政府规章通常限于城乡建设与管理、环境保护、历史文化保护等方面的事项。

目前，有关大数据的部门规章主要有：《互联网用户账号信息管理规定》《互联网信息服务算法推荐管理规定》《网络安全审查办法》《汽车数据安全管理若干规定（试行）》《电信和互联网用户个人信息保护规定》《网络信息内容生态治理规定》《儿童个人信息网络保护规定》《规范互联网信息服务市场秩序若干规定》《网络交易监督管理办法》《区块链信息服务管理规定》《互联网信息内容管理行政执法程序规定》等。

二、法律渊源之外的规范

根据《宪法》《立法法》等规定，行政机关制定的规范性文件、最高人民法院和最高人民检察院制定的司法解释，都不属于正式的法律渊源。但它们在实践中发挥着重要作用，其中行政规范性文件成为行政机关执法的直接依据，司法解释成为法院审理案件的重要依据。

（一）行政规范性文件

国家行政机关还可以制定行政规范性文件。行政规范性文件数量多，涉及面广，是行政管理权和行政强制力的体现，直接关系到公共利益、社会秩序和公民的切身利益，因而日益受到公众的关注。

目前，有关大数据的行政规范性文件数量最多，主要由国家网信办、工业和信息化部、科技部等部门制定。其中较为重要的大数据行政规范性文件有：《网络安全标准实践指南——网络数据分类分级指引》《常见类型移动互联网应用程序必要个人信息范围规定》《互联网用户公众账号信息服务管理规定》《App违法违规收集使用个人信息行为认定方法》《即时通信工具公众信息服务发展管理暂行规定》《互联网信息搜索服务管理规定》《移动互联网应用程序信息服务管理规定》《互联网直播服务管理规定》《个人信用信息基础数据库管理暂行办法》《银行保险机构信息科技外包风险监管办法》《微博客信息服务管理规定》《海关大数据使用管理办法》《国家健康医疗大数据标准、安全和服务管理办法(试行)》《互联网跟帖评论服务管理规定》等。

（二）司法解释

最高人民法院、最高人民检察院为实施法律，指导各级人民法院、人民检察院办理具体案件，可以制定司法解释。司法解释对各级法院审理案件具有拘束力。

目前，有关大数据的司法解释主要有：《最高人民法院关于审理使用人脸识别技术处理个人信息相关民事案件适用法律若干问题的规定》《最高人民法院关于审理利用信息网络侵害人身权益民事纠纷案件适用法律若干问题的规定》《最高人民法院、最高人民检察院关于办理侵犯公民个人信息刑事案件适用法律若干问题的解释》《最高人民法院、最高人民检察院关于办理非法利用信息网络、帮助信息网络犯罪活动等刑事案件适用法律若干问题的解释》。

三、数据分析师需要重点掌握的法律法规

《民法典》《个人信息保护法》《数据安全法》《网络安全法》《统计法》等法律是大数据行业的基础性法律。行政法规、地方性法规、规章和规范性文件是对法律中若干制度的具体化。因此，大数据从业人员必须熟练掌握这些法律法规和规范性文件规定的公民权利、大数据公司及从业者的义务、基本的法律制度等。

数据分析师需要掌握不同法律的制定背景、创设的基本制度等内容。具体包括：1. 为保障公民隐私，促进个人信息利用，《民法典》区分了隐私和个人信息，实行不同的法律保护。2.《个人信息保护法》是保护公民个人信息的专门性法律，这部法律构建以“告知一同意”为核心的个人信息处理一系列规则，以保障个人的知情权和决定权。3. 为适应数字经济发展，《数据安全法》规定，国家应当采取不同措施推动数字经济发展，建立完

善的数据保护制度和数据安全审查制度等。4. 为维护网络空间秩序，防范和制止违法行为，《网络安全法》规定网络产品和服务提供者应当采取措施维护网络安全，规范网络空间。5. 为了保守统计秘密和个人信息，《统计法》规范了统计行为，确保统计资料科学真实。

这些法律推动我国数据开发与应用全面进入法治化轨道，构成了从事信息、网络、数据相关经营的企业，从事大数据相关工作的个人应遵循的法律框架体系。这些法律秉持的共同原则是，对数据的收集与使用要在法律允许的范围内进行。

第四节　思考与练习

一、单选题

1. 法作为一种特殊的社会规范，与道德、章程等社会规范相比较，其特殊性体现在(　　)。

A. 体现国家意志　　B. 依靠舆论谴责实施

C. 依靠党规党纪实施　　D. 体现特定群体意志

答案：A

2. 以下属于法的政治职能的是(　　)。

A. 维护人类社会基本生活条件

B. 维护生产和分配的经济秩序

C. 确立与国家性质相适应的国家机构体系

D. 确立设备、技术规程以及产品质量标准

答案：C

3. 以下不属于大数据法律关系客体的是(　　)。

A. 个人信息　　B. 数据　　C. 关键信息基础设施　　D. 自然人

答案：D

4. 法律责任的功能主要有报应功能和(　　)。

A. 引导功能　　B. 归责功能　　C. 惩戒功能　　D. 预防功能

答案：D

5. 法律关系作为一定社会关系的特殊形式，正在于它体现(　　)。

A. 社会道德性　　B. 团体意志性

C. 国家意志性　　D. 社会意志性

答案 C

6. 在我国法律体系中，法律效力最高的是(　　)。

A. 基本法律　　B. 行政法规

C. 宪法　　D. 全国人大通过的决定

答案；C

7. 根据法律规范层级，下列何种规范的法律效力最高(　　)。

A.《个人信息保护法》　　B.《上海市数据条例》

C.《征信业管理条例》　　D.《网络安全审查办法》

答案:A

8. 我国法律体系中,由国务院制定的法律规范,称之为(　　)。

A. 法律　　B. 行政法规

C. 宪法　　D. 地方性

答案:B

9. 以下属于行政法规的是(　　)。

A.《贵州省大数据发展应用促进条例》

B.《天津市促进大数据发展应用条例》

C.《海南省大数据开发应用条例》

D.《关键信息基础设施安全保护条例》

答案:D

二、多选题

1. 以下关于法的定义表述正确的有(　　)。

A. 法是由国家制定、认可

B. 法依靠国家强制力保证实施

C. 法反映统治阶级的意志

D. 法以权利义务为内容

E. 法确认、保护和发展统治阶级所期望的社会关系和社会秩序为目的

答案:ABCDE

2. 法的规范作用包括(　　)。

A. 指引　B. 评价　C. 教育　D. 预测　E. 强制

答案:ABCDE

3. 以下有关大数据的观点正确的有(　　)

A. 在大数据法律关系中,数据是客体;

B. 个人信息、数据具有较强的人身依附性,需要进行匿名化处理

C. 数据可以成为交易的对象

D. 数据权利人死亡会引起数据法律关系的改变

E. 数据收集和使用不受法律规制

答案:ABCD

4. 法律责任的构成要件有(　　)。

A. 责任主体　B. 违反法律义务的行为　C. 损害后果

D. 因果关系　E. 过错

答案:ABCDE

5. 以下属于大数据法律关系主体的有(　　)。

A. 中国公民　B. 外国公民　C. 大数据公司

D. 数据交易中介　E. 数据

答案:ABCD

6. 规章是我国体系的重要组成部分，下列属于规章的有（　　）。

A.《网络安全审查办法》

B.《电信和互联网用户个人信息保护规定》

C.《儿童个人信息网络保护规定》

D.《规范互联网信息服务市场秩序若干规定》

E.《网络交易监督管理办法》

答案：ABCDE

7. 以下能够引起数据相关法律关系变更或者消灭的是（　　）。

A. 自然人死亡　　B. 公司被注销　　C. 不可抗力事件

D. 个人意愿　　E. 社会舆论

答案：ABC

8. 以下与大数据相关的司法解释有（　　）。

A.《最高人民法院关于审理使用人脸识别技术处理个人信息相关民事案件适用法律若干问题的规定》

B.《最高人民法院关于审理利用信息网络侵害人身权益民事纠纷案件适用法律若干问题的规定》

C.《最高人民法院、最高人民检察院关于办理侵犯公民个人信息刑事案件适用法律若干问题的解释》

D.《最高人民法院、最高人民检察院关于办理非法利用信息网络、帮助信息网络犯罪活动等刑事案件适用法律若干问题的解释》

E.《最高人民法院关于审理人身损害赔偿案件适用法律若干问题的解释》

答案：ABCD

9. 地方性法规是我国体系的重要组成部分，下列属于地方性法规的有（　　）。

A.《贵州省大数据发展应用促进条例》

B.《天津市促进大数据发展应用条例》

C.《海南省大数据开发应用条例》

D.《上海市数据条例》

E.《山东省大数据发展促进条例》

答案：ABCDE

三、填空题

1. 与法院的判决、行政机关的行政决定相比较，法是针对不特定对象的反复使用的规范。因此，法具有（　　）拘束力。

答案：普遍的

2. 法的政治职能与法的社会职能不能对立看待，而应当（　　）看待。

答案：辩证

3. 数据权利人与数据处理者之间签署协议，前者同意后者处理其数据或者信息，这就使数据权利人与数据处理者之间（　　）法律关系。

答案：产生

4.(　　)是一种独立的责任形式,不同于政治责任、道义责任等,它是指违反法律义务或者基于特定法律关系,有责主体应当受到谴责而承担的法律上不利后果。

答案:法律责任

5.(　　)是根据法律规范产生的、以主体之间的权利和义务关系为主要内容表现出来的特殊社会关系。

答案:法律关系

6. 最高人民法院、最高人民检察院为实施法律,指导各级人民法院、人民检察院办理具体案件,可以制定(　　　)。

答案:司法解释

第十章
个人信息保护的法律制度

本章学习目标

了解《民法典》隐私权和个人信息保护的主要内容。掌握《民法典》对于隐私的界定范围。

了解《个人信息保护法》的立法背景、了解该法对个人信息的界定。熟悉个人信息处理的基本原则。了解个人信息跨境流动要求。理解收集使用个人信息的两个"最小"原则。

本章思维导图

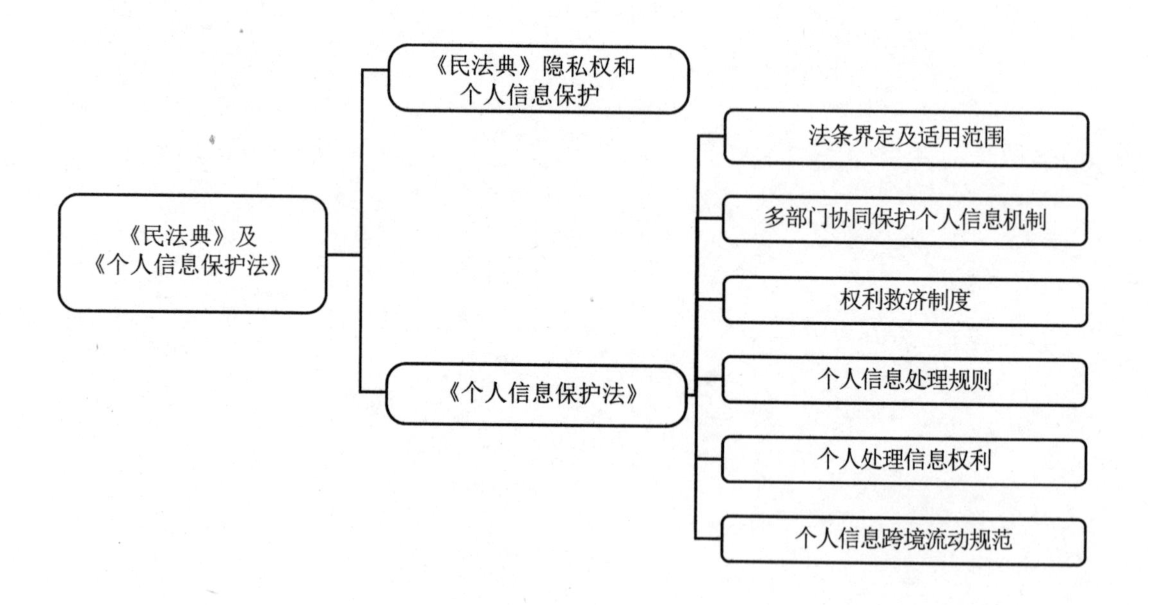

《民法典》在现行有关法律规定的基础上，强化对隐私权和个人信息的保护。本章梳理《民法典》中侵害公民隐私权行为的相关内容，比较个人信息和隐私的区别，总结个人信息处理应当遵循的基本原则和条件。

第一节 《民法典》"隐私权和个人信息保护"简述

一、《民法典》"隐私权和个人信息保护"立法背景

随着信息化和大数据时代的到来，人民群众在民主、法治、公平、正义、安全、环境等方面的要求日益增长，希望对权利的保护更加充分、更加有效。为适应大数据时代加强公民权利保护的迫切需要，形成更加完备的民事权利体系，更好地维护人民权益，不断增加人民群众获得感、幸福感和安全感，促进人的全面发展。《民法典》第四编第六章在现行有关法律规定的基础上，进一步强化对隐私权和个人信息的保护。例如，在立法过程中，立法机关认为，隐私是自然人不愿为他人知晓的私密空间、私密活动和私密信息等，维护私人生活安宁、排除他人非法侵扰是隐私权的一项重要内容，因此明确了隐私的定义。

2020 年 5 月 28 日，全国人大通过《民法典》，第四编第六章对"隐私权和个人信息保护"进行了规定。

二、《民法典》"隐私权和个人信息保护"主要内容

《民法典》区分了隐私和个人信息，隐私权与个人信息既有联系，又有区分。

(一)隐私权及侵犯隐私权的方式

隐私是指自然人的私人生活安宁和不愿为他人知晓的私密空间、私密活动、私密信息。《民法典》规定，自然人享有隐私权。任何组织或者个人不得以刺探、侵扰、泄露、公开等方式侵害他人的隐私权。隐私权属于人身权。

侵害公民隐私权的行为主要有：1. 以电话、短信、即时通信工具、电子邮件、传单等方式侵扰他人的私人生活安宁；2. 进入、拍摄、窥视他人的住宅、宾馆房间等私密空间；3. 拍摄、窥视、窃听、公开他人的私密活动；4. 拍摄、窥视他人身体的私密部位；5. 处理他人的私密信息；6. 以其他方式侵害他人的隐私权。

(二)个人信息及个人信息处理的条件

个人信息是指以电子或者其他方式记录的能够单独或者与其他信息结合识别特定自然人的各种信息，包括自然人的姓名、出生日期、身份证件号码、生物识别信息、住址、电话号码、电子邮箱、健康信息、行踪信息等。《民法典》规定，自然人的个人信息受法律保护。个人信息中的私密信息，适用有关隐私权的规定；没有规定的，适用有关个人信息保护的规定。

个人信息的处理包括个人信息的收集、存储、使用、加工、传输、提供、公开等。个人信息处理应当遵循的基本原则和条件是：处理个人信息的，应当遵循合法、正当、必要原则，不得过度处理。应当具备的条件有：1. 征得该自然人或者其监护人同意，但是法律、行政法规另有规定的除外；2. 公开处理信息的规则；3. 明示处理信息的目的、方式和范

围;4. 不违反法律、行政法规的规定和双方的约定。

(三)隐私和个人信息的区别

对于两者之间的关系,可以从如下角度进行区分①。

首先,两者在性质上存在差异。隐私权是一种人格权,属于绝对权和支配权,具有对世效力。任何组织和个人都必须尊重隐私权,不得对其进行侵害或者施加妨碍。但是,《民法典》并未将个人信息权益作为绝对权和支配权,对个人信息的保护必须协调自然人权益的保护与信息自由与合理使用之间的关系。因此,隐私权并未如同个人信息可以被合理使用。《民法典》规定侵害个人信息的免责事由,实际上承认了个人信息可以被合理使用。当然,为保障公共利益,也可以限制隐私权,或者限缩隐私权的保障范围。但是隐私权不存在被合理使用的问题。

其次,侵权行为的类型不同。《民法典》规定没有经过权利人明确同意而处理私密信息的行为只是侵害隐私权的行为中的一类。侵害隐私权的主体可以是自然人、法人或者非法人组织,侵害隐私权的行为是自动化处理和非自动化处理,侵害隐私权的场域有商业活动和政府公务活动,都可以适用该条款。但是,个人信息权益的保护主要适用在个人信息处理活动,规范的是个人信息处理者从事个人信息的收集、储存、使用、加工、传输、提供、公开等活动。而纯粹私人或者家庭活动中对个人信息的提供,不适用个人信息保护的规定。

再次,许可使用不同。隐私权人可以自行处分权利,但是隐私本身不能许可他人使用或者商业化使用。这是因为,隐私权的首要功能是防御,也就是说,防止他人对私人生活安宁、私密信息在内的隐私的侵害,保护的是自然人对隐私不受他人侵害的利益。而对个人信息,自然人可以许可他人使用,促进网络信息产业和数字经济的发展。《民法典》规定,只要遵循合法、正当、必要原则,不得过度处理个人信息,符合相应的条件就可以对个人信息进行使用。

最后,私密信息和非私密信息的处理规则不同。对私密信息的处理,首先适用《民法典》中隐私权的规定,然后才可以适用个人信息保护的规定。也就是说,处理他人的私密信息,需要取得隐私权人的明确同意,或者依据法律规定。而非私密信息,处理者须取得权利自然人或者监护人的同意。所谓明确同意,意味着自然人在被告知私密信息将对处理的前提下做出的明确的、清楚的允许处理的意思表示。而同意则并非单独地同意、也不要求仅对被处理的特定个人信息做出同意,可以是概括性地同意。

(四)个人信息处理者的义务、权利以及免责情形

1. 基本义务

信息处理者不得泄露或者篡改其收集、存储的个人信息;未经自然人同意,不得向他人非法提供其个人信息,但是经过加工无法识别特定个人且不能复原的除外。

信息处理者应当采取技术措施和其他必要措施,确保其收集、存储的个人信息安全,防止信息泄露、篡改、丢失;发生或者可能发生个人信息泄露、篡改、丢失的,应当及时采取补救措施,按照规定告知自然人并向有关主管部门报告。

国家机关、承担行政职能的法定机构及其工作人员对于履行职责过程中知悉的自然

① 参见程啸:《个人信息保护法理解与适用》,中国法制出版社 2021 年版,第 40—42 页。

人的隐私和个人信息,应当予以保密,不得泄露或者向他人非法提供。

2. 自然人查询、复制、要求更正及删除的权利

自然人可以依法向信息处理者查阅或者复制其个人信息;发现信息有错误的,有权提出异议并请求及时采取更正等必要措施。

自然人发现信息处理者违反法律、行政法规的规定或者双方的约定处理其个人信息的,有权请求信息处理者及时删除。

3. 免责情形

根据《民法典》的规定,处理个人信息,有下列情形之一的,行为人不承担民事责任:(1)在该自然人或者其监护人同意的范围内合理实施的行为;(2)合理处理该自然人自行公开的或者其他已经合法公开的信息,但是该自然人明确拒绝或者处理该信息侵害其重大利益的除外;(3)为维护公共利益或者该自然人合法权益,合理实施的其他行为。

三、案例分析

(一)基本案情:王某与某市D公司个人信息保护纠纷案[①]

王某与某市某互联网企业(以下简称D公司)因个人信息保护产生纠纷。王某使用微信账号登录D公司运营的某App,该App在未告知也未获得授权的情况下,以"强制授权"的方式收集和使用王某的微信个人信息和全部微信好友信息。王某认为,D公司侵害了用户的选择权、隐私权及个人信息权益,诉请判令D公司停止侵权并赔偿维权合理支出1万元。二审期间,D公司更新App版本,用户选择微信账号登录该App时不再收集相关信息。该App后台数据也未保留王某的微信好友关系。区法院判决驳回王某全部诉讼请求。王某不服,提起上诉。市中院判决D公司向王某支付参与诉讼的合理支出1万元,驳回王某的其他诉讼请求。

(二)案例分析

1. 区别隐私与个人信息

什么是隐私呢?《民法典》规定,隐私是指自然人的私人生活安宁和不愿为他人知晓的私密空间、私密活动、私密信息。自然人享有隐私权。与具备可收集、可使用、可流转的个人信息不同,《民法典》规定任何组织或者个人不得以刺探、侵扰、泄露、公开等方式侵害他人的隐私权。可见,属于隐私的个人信息重在其"不愿为他人知晓"的"私密性",强调主观意愿,该主观意愿不完全取决于隐私诉求者的个体意志,客观上应符合社会一般合理认知。

对于个人信息,《个人信息保护法》第4条规定,个人信息是以电子或者其他方式记录的与已识别或者可识别的自然人有关的各种信息,不包括匿名化处理后的信息。因此,受法律保护的个人信息核心要件在于"可识别性",即"能够单独或者与其他信息结合识别特定自然人",关键在于是否在客观上可识别特定自然人的身份判断与自然人相关的信息是否具有个人信息意义上的"识别性"。但是"可识别性"并不能提供直接、明确的

---

① 本案为2021年度广东省法院十大涉互联网案例之一:http://www.gdcourts.gov.cn/index.php?v=show&id=56445。另参考知产力对本案的报告和解读:https://www.secrss.com/articles/38580。

答案，还需要综合考量识别场景、识别主体、识别效果、识别作用四个要素，来判断是否具备“可识别性”。

那么，该案中王某的微信好友关系、地区、性别信息等究竟是属于隐私，还是属于个人信息呢？

按照一般常识，王某主张的上述信息已在其微信朋友圈公布且从未在微信设置中要求取消，王某主观上对其不具有隐私期待。据此，可以认定前述真实的微信地区、性别信息及微信好友关系属于受法律保护的个人信息，但不属于隐私。

2. D公司运营收集、使用个人信息应当符合“告知－同意”规则

D公司通过相关协议、该App的功能界面告知了原告“地区、性别”信息的收集、使用情况，因此王某已知晓其个人微信填写的上述信息已授权该App使用，一定程度上满足了平台向用户披露信息收集、处理的目的和范围的义务，没有违反用户个人对其信息被平台收集和处理的知情权。该App和微信平台已通过《微信软件许可及服务协议》《微信隐私保护指引》向用户披露信息收集、处理的目的和范围。因此，D公司运营收集、使用个人信息的行为符合《个人信息保护法》确立的“告知－同意”原则。

3. D公司运营收集、使用个人信息应当遵循合法、正当、必要和诚信原则

《民法典》《个人信息保护法》确立个人信息处理应遵循的原则，强调处理个人信息应当遵循合法、正当、必要和诚信原则。具有明确、合理的目的，限于实现处理目的的最小范围，公开处理规则，保证信息准确，采取安全保护措施等。这些原则贯穿于个人信息处理的全过程、各环节，构成个人信息处理的基本遵循。

所谓合法原则，与场景高度相关，不同场景下用户数据的收集和使用的方式和程度取决于特定场景下的用户偏好或期望，即用户数据的收集和使用是否合理（表现为得到用户的信任）取决于相应场景下数据行为的可接受性，或者说是否为用户的“合理预期”。

所谓正当原则，要求不仅目的正当，还应遵循使用（包括共享和转让等）形式和程序的正当性，除应当在个人同意的范围内合理收集，同时也应保证用户对个人信息使用和收集的知情权以保证用户充分理解平台对个人信息的收集和使用方式和范围符合其“合理期待”。

所谓必要原则，需要遵守“禁止过度损害和保障不足”，保障个人信息处理不得超出正当目的、损害最小以及信息处理的内在利益均衡。

根据上述标准，我们再来检视以下D公司是否遵守上述收集、使用个人信息时的基本原则。

D公司在卸载该App重新使用同一账号登录并未勾选同意授权的情况下，王某作为用户有合理理由相信其已经不再授权该App使用微信好友关系，该App后台仍然将“通知推送”界面中“好友加入…”默认为开启状态，在后台对已储存的微信好友关系继续使用。D公司的这种做法不符合王某对其授权行为意思后果的“合理预判”，没有尊重王某拒绝授权的表示。因此，D公司在王某二次下载该App未予授权的情况下继续使用其微信好友关系的行为并未获得有效的用户知情同意，不符合合法、正当、必要和诚信原则的要求。

第二节 《个人信息保护法》简述

本章对《个人信息保护法》的立法背景进行了回顾，对法条中涉及的核心概念进行梳理，总结《个人信息保护法》的适用范围。本章介绍《个人信息保护法》对个人信息处理的规则要求，对于个人信息跨境流动要求，个人及企业信息处理者的法定义务。本章同时介绍了个人处理自身信息的权利以及权利救济制度。

一、《个人信息保护法》立法背景

随着信息化与经济社会持续深度融合，网络已成为生产生活的新空间、经济发展的新引擎、交流合作的新纽带。截至2020年12月，我国互联网用户已达9.89亿，互联网网站超过440万个、应用程序数量超过340万个，个人信息的收集、使用更为广泛。在现实生活中，一些企业、机构甚至个人，从商业利益等出发，随意收集、违法获取、过度使用、非法买卖个人信息，利用个人信息侵扰人民群众生活安宁、危害人民群众生命健康和财产安全等问题仍十分突出。个人信息利用和保护之间的矛盾越发突出。

在信息化时代，个人信息保护已成为广大人民群众最关心、最直接、最现实的利益问题之一。为及时回应广大人民群众的呼声和期待，落实党中央部署要求，全国人大常委会积极推进个人信息保护立法工作。2021年8月20日，第十三届全国人大常委会第三十次会议通过《个人信息保护法》，自2021年11月1日起施行。

《个人信息保护法》的实施，从法治层面促进了对个人信息的保护和使用。

第一，加强个人信息保护法制保障。为适应信息化快速发展的现实情况和人民日益增长的美好生活需要。在现行法律基础上制定的《个人信息保护法》，作为一部专门性法律，能够增强法律规范的系统性、针对性和可操作性，形成更加完备的制度，提供更加有力的法律保障。

第二，维护网络空间良好生态。网络空间是亿万民众共同的家园，必须在法治轨道上运行。违法收集、使用个人信息等行为不仅损害人民群众的切身利益，而且危害交易安全，扰乱市场竞争，破坏网络空间秩序。《个人信息保护法》以严密的制度、严格的标准、严厉的责任，规范个人信息处理活动，落实企业、机构等个人信息处理者的法律义务和责任，维护网络空间良好生态。

第三，促进数字经济健康发展。以数据为新生产要素的数字经济蓬勃发展，数据的竞争已成为国际竞争的重要领域，而个人信息数据是大数据的核心和基础。《个人信息保护法》统筹个人信息保护与利用，建立权责明确、保护有效、利用规范的制度规则，在保障个人信息权益的基础上，促进信息数据依法合理有效利用，推动数字经济持续健康发展。

二、《个人信息保护法》主要内容

(一)法条界定与《个人信息保护法》适用范围

1. 个人信息的界定

《个人信息保护法》规定，个人信息是以电子或者其他方式记录的，与已识别或者可识别的自然人有关的各种信息，不包括匿名化处理后的信息。实际上，这是在立法层面上确立“相关说”；而《民法典》规定，能够单独或者与其他信息结合识别特定自然人作为该信息是否属于个人信息的标准，即“识别说”。

个人信息的界定，须从四个方面展开：

(1)自然人。自然人是指活着的自然人，已经死亡的自然人的个人信息由近亲属行使相关权利。

(2)已识别或者可识别的自然人。无论个人信息如何界定，个人信息的核心特征是“可识别性”，能够单独或者与其他信息相结合识别特定的自然人。所谓已识别是指，特定自然人已经被识别出来；而可识别是特定自然人被识别出的可能性。

(3)有关的各种信息。个人信息的范围非常广泛，不限于敏感的个人信息，还包括其他信息。

(4)匿名化处理的信息不属于个人信息。通过匿名化手段，信息与个人之间的关联性被取消。

《个人信息保护法》规定严格保护敏感个人信息。敏感信息的泄漏或被非法使用不仅极容易导致自然人的人格尊严受到侵害，甚至其人身安全、财产安全受到危害。只有在特定目的以及充分必要的情况下，才可以处理敏感个人信息，且处理者要采取严格保护措施，进行事前影响性评估，告知个人处理敏感信息的必要性。

2.《个人信息保护法》适用范围

《个人信息保护法》确立以属地管辖为主要原则，辅以必要的保护性管辖。

首先，明确在我国境内处理个人信息的活动适用《个人信息保护法》，确立属地管辖原则。其次，借鉴有关国家和地区的做法，赋予《个人信息保护法》必要的域外适用效力，以充分保护我国境内个人的信息权益。

《个人信息保护法》确立了保护性管辖原则。《个人信息保护法》规定，以向境内自然人提供产品或者服务为目的，或者为分析、评估境内自然人的行为等发生在我国境外的个人信息处理活动，也适用该法；并要求境外的个人信息处理者在中国境内设立专门机构或者指定代表，负责个人信息保护相关事务。

(二)确立个人信息处理规则

个人信息的处理包括个人信息的收集、存储、使用、加工、传输、提供、公开、删除等活动。这些个人信息处理活动都必须遵守《个人信息保护法》确立的规则。

第一，确立个人信息处理应遵循的原则，强调处理个人信息应当遵循合法、正当、必要和诚信原则，具有明确、合理的目的，限于实现处理目的的最小范围，公开处理规则，保证信息准确，采取安全保护措施等。这些原则贯穿于个人信息处理的全过程、各环节，构成个人信息处理的基本遵循。

第二，构建以“告知－同意”为核心的个人信息处理一系列规则。“告知－同意”是法律确立的个人信息保护核心规则，旨在保障个人对信息的知情权和决定权，使个人信息处理始终处在个人的控制之下。《个人信息保护法》规定，处理个人信息应当在事先充分告知的前提下取得个人同意，并且个人有权撤回同意；重要事项发生变更的应当重新取得个人同意；不得以个人不同意为由拒绝提供产品或者服务。在数字经济时代，个人信息处理也存在着不同的情况，为适应多样性、复杂性的社会现实需要，《个人信息保护法》

还规定了6种例外情况。

第三，规范个人信息共同处理和委托处理问题。《个人信息保护法》明确规定，两个以上的个人信息处理者共同决定处理目的和方式的属于共同处理。对于共同处理，个人可以向其中任何一个共同处理者要求行使法律规定的权利。共同处理造成个人权益损害的，承担连带责任。对于委托处理，个人信息处理者应当与受托人明确约定委托处理个人信息的相关事项，监督受托人的处理活动。受托人不得超出约定事项处理个人信息，不得在委托处理活动结束后保留个人信息，不得未经同意而转委托他人处理个人信息。

第四，规范自动化决策。实践中，企业利用大数据，分析、评估消费者个人特征，用于商业营销。这固然有利于为消费者提供更具针对性的服务，提升消费体验，但是也使企业根据消费者的偏好进行歧视性的差别待遇，进行"大数据杀熟"。对此，《个人信息保护法》规定个人信息处理者利用个人信息进行自动化决策，应当保证决策的透明度和结果公平、公正，不得对个人在交易条件上实行不合理的差别待遇。经营者应当遵循公平、公正、公开的原则设定算法模型，应当保障消费者的知情权和选择权，向个人进行信息推送、商业营销时，应当同时提供不针对其个人特征的选项，或者向个人提供便捷的拒绝方式。

第五，规范国家机关处理个人信息的活动。国家机关为履行维护国家安全、打击犯罪、管理社会经济实务等职责，也要处理大量个人信息。国家机关同样负有保护个人信息权益、保障个人信息安全的义务和职责。实践中，有些国家机关未能履行保护个人信息权益义务，造成个人信息泄漏等问题。为此，《个人信息保护法》规定国家机关处理个人信息时，也应当使用本法确立的原则和规则，以取得个人同意为原则，遵循正当、必要、合目的性等原则。在应对新冠肺炎疫情中，为发挥大数据的精准防控作用，《个人信息保护法》将应对突发公共卫生事件，或者紧急情况下保护自然人的生命健康，作为处理个人信息的合法情形之一。

（三）规范个人信息跨境流动

经济全球化、数字化要求个人信息进行跨境流转，但个人信息跨境后将会面临着更大的、不可控的风险。为此，《个人信息保护法》建立了个人信息跨境流转规则，提出以下要求。

第一，以向境内自然人提供产品或者服务为目的，分析、评估境内自然人行为等，在我国境外处理境内自然人个人信息的活动适用《个人信息保护法》。且上述境外个人信息处理者应在我国境内设立专门机构或者指定代表处理个人信息保护相关事务。

第二，明确关键信息基础设施运营者和处理个人信息达到国家网信部门规定数量的处理者，确需向境外提供个人信息的，应当通过国家网信部门组织的安全评估；对于其他需要跨境提供个人信息的，规定了经专业机构认证等途径。

第三，个人信息处理者应当采取必要措施确保境外接收方的处理活动达到《个人信息保护法》规定的个人信息保护标准。

第四，跨境提供个人信息的"告知－同意"更加严格，以保障个人的知情权和决定权。

第五，为维护国家主权、安全和发展利益，规定了跨境个人信息的安全评估、向境外司法或者执法机构提供个人信息、限制跨境提供个人信息的措施、对外国歧视性措施的反制等。

(四)赋予个人充分的处理自身信息权利

与《民法典》的有关规定相衔接,《个人信息保护法》明确在个人信息处理活动中个人的各项权利,包括知情权、决定权、查询权、复制权、更正权、删除权等,并要求个人信息处理者建立个人行使权利的申请受理和处理机制。个人有权限制他人对个人信息的处理。同时,为满足跨平台转移个人信息的需求,《个人信息保护法》规定了个人信息可携带权,在符合国家网信部门规定条件的情形下,个人信息处理者应当为个人提供转移其个人信息的途径。

为保障死者个人信息,《个人信息保护法》规定在尊重死者生前安排的前提下,近亲属为自身合法、正当权益,可以对死者的相关个人信息行使查阅、复制、更正、删除等权利。

(五)强化个人信息处理者的法定义务,大型网络平台负有特别保护义务

为实现个人信息的保护与利用之间平衡,必须强化个人信息处理者的义务,《个人信息保护法》规定个人信息处理者作为个人信息保护的第一责任人,应当对其个人信息处理活动负责,并采取必要措施保障所处理的个人信息的安全。明确个人信息处理者的合规管理和保障个人信息安全等义务,要求其按照规定制定内部管理制度和操作规程,采取相应的安全技术措施,并指定负责人对其个人信息处理活动进行监督;定期对其个人信息活动进行合规审计;对处理敏感个人信息、利用个人信息进行自动化决策、向境外提供个人信息等高风险处理活动,事前进行风险评估;履行个人信息泄露通知和补救义务等。

其中,大型互联网平台对个人信息负有特别保护义务。因为互联网平台服务是数字经济区别于传统经济的显著特征,互联网平台为商品和服务提供技术支持、交易场所、信息发布和交易中介等服务。互联网平台为平台内经营者处理个人信息提供基础技术服务、设定基本处理规则,是个人信息保护的关键环节。而且,互联网平台凭借其强大的个人信息收集、处理能力和规模庞大的用户群,使其在个人信息处理活动中具有强大的控制力和支配力。故而,互联网平台应当、也必须承担与其体量、影响力相匹配的法律义务。《个人信息保护法》规定大型互联网平台应当建立合规制度体系、建立独立的个人信息监管机构、完善平台信息处理规则,对违法违规处理个人信息的经营者进行惩戒等,从而形成公开透明的监管机制,与政府、社会等主体进行协作监管。

(六)完善个人信息保护工作机制,实现部门协同监管

个人信息保护涉及各个领域和多个部门的职责。《个人信息保护法》根据个人信息保护工作实际,明确国家网信部门负责个人信息保护工作的统筹协调,发挥其统筹协调作用;国家网信部门和国务院有关部门在各自职责范围内负责个人信息保护和监督管理工作。监管部门通过开展个人信息保护宣传教育、指导监督个人信息处理者开展个人信息保护工作、接受处理相关投诉,对应用程序等进行测评,调查处理违法个人信息处理活动等。

(七)权利救济制度

《个人信息保护法》对违反该法规定的行为设立了行政处罚及侵害个人信息权益的民事赔偿等制度。根据个人信息处理的不同情况,设置不同梯次的行政处罚,包括责令

改正、警告、没收违法所得、罚款、从业禁止、责令暂停服务等。在民事责任方面，个人信息处理者在发生侵权损害行为时，若不能证明自己没有过错，应当承担损害赔偿等侵权责任，并确立了过错推定责任原则。《个人信息保护法》还规定了民事公益诉讼制度。

三、《个人信息保护法》解读：保护个人信息安全，规范个人信息利用

《个人信息保护法》是保护公民个人信息的专门性、基础性法律。在信息化时代，个人信息被广泛收集、储存和使用，这些个人信息与公民隐私权、人身权和财产权密切相关。

（一）收集使用个人信息时应做到两个“最小”

个人信息保护的原则是收集、使用个人信息的基本遵循，是构建个人信息保护具体规则的制度基础。《个人信息保护法》强调处理个人信息应当遵循合法、正当、必要和诚信原则，具有明确、合理的目的并与处理目的直接相关，采取对个人权益影响最小的方式，限于实现处理目的的最小范围，公开处理规则，保证信息质量，采取安全保护措施等。

因此，大数据平台、企业在收集和使用个人信息时要做到权益影响最小化、涉及范围最小化，即两个“最小化”。大数据平台、企业不能无限度、大规模收集使用个人信息，不能超越处理目的而不当收集使用个人信息。简而言之，大数据平台、企业应做到能不收集使用个人信息，就尽量不收集使用；能尽可能少的收集使用个人信息，就尽量少收集使用。

（二）遵循“告知－同意”为核心的个人信息处理规则

大数据平台、企业在收集使用个人信息时，应当尊重个人的信息决定权、知情权，要明示个人信息的收集使用规则，在收集使用个人信息前应当取得个人的同意。如果个人信息处理的重要事项发生重大变化，则要重新向个人告知并取得同意。“告知－同意”规则是个人信息处理中的核心规则，旨在确保个人信息脱离个人控制，但不会失去控制，始终确保公民对个人信息掌握决定权、控制权。《个人信息保护法》规定个人在个人信息处理活动中的各种权利，包括知悉个人信息处理规则和处理事项、同意和撤回同意，进行个人信息的查询、复制、更正、删除等，以及跨平台转移个人信息的“个人信息可携带权”。

因此，大数据平台、企业在收集使用个人信息时不能进行“一揽子授权”、不能强制同意、不能先使用再获得同意。具体来说，大数据平台、企业不能以个人不同意收集使用信息而拒绝提供产品或者服务，这属于变相的强制同意；在涉及敏感个人信息、个人信息的公开及转移等环节时，要取得个人的单独同意；当个人撤回同意后，大数据平台、企业应当停止处理或者及时删除其个人信息；当个人要求进行跨平台转移个人信息时，应提供相应的途径。

（三）不得使用大数据杀熟及价格歧视

大数据平台、企业会利用大数据分析、评估消费者的消费习惯、价格成熟能力等个人特征，以进行用户画像和精准推销。一方面，这利于大数据平台、企业实现商业价值最大化，为个人提供更具有精准化的服务；另一方面，有些大数据平台、企业通过用户画像和自动化决策，实行歧视性的差别待遇，误导、欺骗消费者，进行“大数据杀熟”。“大数据杀熟”违反了诚实信用原则，侵犯了消费者获得公平交易条件的权利，加剧了商品营销者与消费者之间的不对等状态，是大数据技术的滥用。因此，《个人信息保护法》要求大数据

平台、企业在利用个人信息进行自动化决策时，应当确保决策的透明度和结果公平、公正，不得实施不合理的差别对待。

(四)对敏感个人信息、特殊群体信息提供更严格保护

敏感的个人信息与个人的人身权、财产权的关联度更高，一旦泄漏或者被非法使用，会给自然人的人格尊严、人身权、财产权等造成损害。因此，敏感个人信息受到更为严格的保护。《个人信息保护法》规定，生物识别、宗教信仰、特定身份、医疗健康、金融账户、行踪轨迹等信息均为敏感个人信息。只有在具有特定的目的和充分的必要性，并采取严格保护措施的情形下，方可处理敏感个人信息。同时，大数据平台、企业在收集使用敏感个人信息时，应当事前进行影响评估，并向个人告知处理的必要性以及对个人权益的影响。

此外，《个人信息保护法》将未满十四周岁未成年人的个人信息确定为敏感个人信息。要求处理不满十四周岁未成年人个人信息应当取得未成年人的父母或者其他监护人的同意，并应当对此制定专门的个人信息处理规则。死者的个人信息也获得保障，《个人信息保护法》规定，在尊重死者生前安排的前提下，其近亲属为自身合法、正当利益，可以对死者个人信息行使查阅、复制、更正、删除等权利。

(五)国家机关应当保护个人信息权益

为履行维护国家安全、惩治犯罪、管理经济社会事务等职责，国家机关需要收集、使用大量个人信息。例如，在疫情防控中，各地通过推行"健康码""行程码"，收集个人的行动轨迹、身份证、身份证号、脸部信息、核酸检测、疫苗接种等敏感信息，极大提高了疫情防控的精确性、及时性。对于这些敏感个人信息，国家机关应当履行保障义务。然而，实践中也存在部分地方政府、部分国家机关违规收集使用个人信息、未能妥善管理个人信息，造成个人信息的泄漏、滥用等问题。为此，《个人信息保护法》要求，国家机关处理个人信息应当依照法律、行政法规规定的权限和程序进行，不得超出履行法定职责所必需的范围和限度。国家机关委托大数据平台、企业处理个人信息，进行程序研发、个人信息分析时，应当履行监管责任，确保大数据平台、企业合规使用个人信息。

(六)信息处理者要严格履行个人信息保护义务

大数据平台、企业等个人信息处理者是个人信息保护的第一责任人，应当采取必要措施确保个人信息安全。《个人信息保护法》规定，大数据平台、企业应当按照法律规定制定内部管理制度和操作规程，采取相应的安全技术措施，指定负责人对其个人信息处理活动进行监督，定期对其个人信息活动进行合规审计，对处理敏感个人信息、利用个人进行自动化决策、对外提供或公开个人信息等高风险处理活动进行事前影响评估，履行个人信息泄露通知和补救义务等。

在数字经济模式下，为商品和服务的交易提供技术支持、交易场所、信息发布和交易撮合等服务的互联网平台是个人信息保护的关键环节。因为，提供重要平台服务、用户数量巨大、业务类型复杂的大数据平台、企业对平台内的交易和个人信息处理活动具有强大的控制力和支配力，要受到更为严格的监管。例如京东、苏宁易购、天猫等大型电商平台，滴滴出行、货拉拉、美团、饿了么等大型服务平台，收集使用个人信息更为广泛。这些大数据平台、企业应当按照国家规定建立健全个人信息保护合规制度体系，成立主要由外部成员组成的独立机构对个人信息保护情况进行监督；遵循公开、公平、公正的原则，制定平台规则；对严重违法处理个人信息的平台内产品或者服务提供者，停止提供服

务;定期发布个人信息保护社会责任报告,提高透明度,接受社会监督。

(七)个人信息跨境流动应当符合法律规定

个人信息具有较大的市场价值,经济全球化和数字化的不断发展,要求个人信息进行跨境流转。但个人信息跨境流转后,也会面临法律制度、保护水平等方面的国际差异,使得个人信息保护面临的风险较多,且难以控制。为此,《个人信息保护法》在个人信息保护和跨境流动之间寻求平衡,并确立了严格的个人信息跨境流转规则,包括境外个人信息处理者在我国境内设立专门机构或者指定代表,个人信息跨境应当经过安全评估、专业机构认证和订立标准合同,确保境外接受方的处理活动达到我国规定的保护标准,保障个人的知情权、决定权等措施。

四、案例分析

(一)App违规收集用户个人信息

生活中,移动App种类越来越多,应用越来越广。这些移动App给我们的生活、学习和工作带来了很多便利,然而在使用中不可避免要搜集使用我们的个人信息。有些移动App还存在着未获得使用者授权,未告知使用者收集信息范围和目的。当我们选择拒绝App搜集信息时,则会被拒绝使用该App,这又给我们的生活带来了很多不便。我们貌似有拒绝移动App收集信息的自由和权利,但是这种权利往往伴随着隐形的负担。为规范移动App收集信息使用行为,《网络安全法》《个人信息保护法》以及《App违法违规收集使用个人信息行为认定方法》《常见类型移动互联网应用程序必要个人信息范围规定》等法律法规和规范性文件规定,移动App收集信息时,必须合规合法,不得因用户拒绝收集信息而不能使用该App。

与此同时,国家网信办加大了对违法违规收集使用个人信息的监管。2021年6月,国家网息办发布关于129款App违法违规收集使用个人信息情况的通报①。针对人民群众反映强烈的App非法获取、超范围收集、过度索权等侵害个人信息的现象,国家网信办依据《网络安全法》《App违法违规收集使用个人信息行为认定方法》《常见类型移动互联网应用程序必要个人信息范围规定》等法律和有关规定,组织对运动健身、新闻资讯、网络直播、应用商店、女性健康等常见类型公众大量使用的部分App的个人信息收集使用情况进行了检测。经过检测,共发现129款App存在违法违规收集个人信息情况。国家网信办要求相关App运营者应当于通报发布之日起15个工作日内完成整改,并将整改报告加盖公章发至指定电子邮箱。各地网信办指导督促本地区App运营者按要求限期进行整改。逾期未完成整改的将依法予以处置。

(二)杜某网络窃取公民个人信息案分析

杜某通过植入木马程序的方式,非法侵入某省2016年普通高等学校招生考试信息平台网站,取得该网站管理权,非法获取2016年该省高考考生个人信息64万余条,并向陈某出售上述信息10万余条,非法获利14100元,陈某利用从杜某处购得的上述信息,组织多人实施电信诈骗犯罪,拨打诈骗电话共计1万余次,骗取他人钱款20余万元,并

① 信息来自国家网信办:http://www.cac.gov.cn/2021-06/11/c_1624994586637626.htm,2022年7月25日访问。

造成高考考生徐某死亡[1]。

杜某被公安机关抓捕后，法院经审理认为，杜某违反国家有关规定，非法获取公民个人信息64万余条，出售公民个人信息10万余条，其行为已构成侵犯公民个人信息罪。杜某作为从事信息技术的专业人员，应当知道维护信息网络安全和保护公民个人信息的重要性，但却利用技术专长，非法侵入高等学校招生考试信息平台的网站，窃取考生个人信息并出卖牟利，严重危害网络安全，对他人的人身财产安全造成重大隐患。据此，以侵犯公民个人信息罪判处杜某有期徒刑六年，并处罚金人民币六万元。

侵犯公民个人信息犯罪被称为网络犯罪的“百罪之源”，由此滋生了电信网络诈骗、敲诈勒索、绑架等一系列犯罪，社会危害十分严重。本案中，杜某窃取并出售公民个人信息的行为，为陈某精准实施诈骗犯罪得以骗取他人钱财提供了便利条件，应当对其出售公民个人信息行为所造成的恶劣社会影响承担相应的法律责任。法院适用《刑法》以及“两高”发布的《关于办理侵犯公民个人信息刑事案件适用法律若干问题的解释》，给予犯罪分子以应有的惩戒，维护社会公正正义，向社会传达了保护公民个人信息的司法理念。

（三）郭某与××公司服务合同纠纷[2]

1. 事件脉络

2019年4月27日，郭某与妻子向××公司购买双人年卡，并留存相关个人身份信息、拍摄照片及录入指纹。后××公司向包括郭某在内的年卡消费者群发短信，表示将入园方式由指纹识别变更为人脸识别，要求客户进行人脸激活，遂引发纠纷。2020年11月20日，区法院做出一审判决，判令××公司赔偿郭某合同利益损失及交通费共计1038元；删除郭某办理指纹年卡时提交的包括照片在内的面部特征信息；驳回郭某要求确认店堂告示、短信通知中相关内容无效等其他诉讼请求。郭某与××公司均表示不服，分别向市中院提起上诉。2020年12月11日，市中院立案受理该案，并于同年12月29日公开开庭审理。市中院经审理认为生物识别信息作为敏感的个人信息，深度体现自然人的生理和行为特征，具备较强的人格属性，一旦被泄露或者非法使用，可能导致个人受到歧视或者人身、财产安全受到不测危害，更应谨慎处理和严格保护。

××公司欲利用收集的照片扩大信息处理范围，超出事前收集目的，表明其存在侵害郭某面部特征信息之人格利益的可能与危险，应当删除郭某办卡时提交的照片在内的面部特征信息。鉴于××公司停止使用指纹识别闸机，致使原约定的入园服务方式无法实现，××公司应当删除郭某办理指纹年卡时提交的指纹识别信息。

2. 案例解读

（1）收集个人信息应当遵守“告知－同意”规则

个人作为信息权利人，有权控制其信息。《个人信息保护法》规定，个人享有知情权、决定权，有权限制或者拒绝他人对其个人信息进行处理，除非法律、法规另有规定。因此，《个人信息保护法》确立的“告知－同意”规则正是为了尊重和保护个人对其信息的控制权而产生的规则。

---

① 电信网络诈骗犯罪典型案例，最高人民法院：https://www.court.gov.cn/zixun－xiangqing－200671.html，2022年7月20日。

② 最高人民法院、中央广播电视总台联合发布新时代推动法治进程2021年度十大案件之七。

《最高人民法院关于审理使用人脸识别技术处理个人信息相关民事案件适用法律若干问题的规定》第2条第3项规定，基于个人同意处理人脸信息的，未征得自然人或者其监护人的单独同意，或者未按照法律、行政法规的规定征得自然人或者其监护人的书面同意的，应认定属于侵害自然人人格权益的行为。《民法典》第1035条第1款第1项规定，处理个人信息必须取得该自然人或者其监护人的同意，但是法律、行政法规另有规定的除外。

(2)敏感个人信息应当实行更加严格的保护

敏感个人信息与自然人的人格尊严、重要人身财产权利的关联程度更高。这些信息若不当使用，将会给自然人的财产权利和人身权利造成重大损害。《个人信息保护法》规定，敏感个人信息是指，一旦泄露或者非法使用，容易导致自然人的人格尊严受到侵害或者人身、财产安全受到危害的个人信息，包括生物识别、宗教信仰、特定身份、医疗健康、金融账户、行踪轨迹等信息，以及不满十四周岁未成年人的个人信息。人脸信息属于敏感个人信息中的生物识别信息，是生物识别信息中社交属性最强、最易采集的个人信息，具有唯一性和不可更改性，一旦泄露将对个人的人身和财产安全造成极大危害，受到法律的严格保护。

《个人信息保护法》规定，只有在具有特定的目的和充分的必要性，并采取严格保护措施的情形下，个人信息处理者方可处理敏感个人信息。处理敏感个人信息应当取得个人的单独同意。个人信息处理者处理敏感个人信息的，还应当向个人告知处理敏感个人信息的必要性以及对个人权益的影响。

第三节　思考与练习

一、单选题

1. 根据《民法典》的规定，以下不属于个人信息的是（　　）。

A. 自然人的姓名　B. 出生日期　C. 身份证件号码　D. 自然人工作单位

答案：D

2. 根据《民法典》的规定，自然人可以依法向信息处理者查阅或者（　　）其个人信息；发现信息有错误的，有权提出异议并请求及时采取更正等必要措施。

A. 复制　B. 删除　C. 修改　D. 利用

答案：A

3. （　　）是指自然人的私人生活安宁和不愿为他人知晓的私密空间、私密活动、私密信息。

A. 名誉　B. 财产　C. 自由　D. 隐私

答案：D

4.《个人信息保护法》的通过时间（　　）。

A. 2019　B. 2020　C. 2021　D. 2022

答案：C

5.《个人信息保护法》根据个人信息保护工作实际，明确（　　）负责个人信息保护工作的统筹协调。

A. 国家网信部门　B. 国家安全部门　C. 市场监管部门　D. 各级政府

答案：A

二、多选题

1. 根据《民法典》的规定，侵害公民隐私权的行为主要有（　　）

A. 以电话、短信、即时通信工具、电子邮件、传单等方式侵扰他人的私人生活安宁；

B. 进入、拍摄、窥视他人的住宅、宾馆房间等私密空间；

C. 拍摄、窥视、窃听、公开他人的私密活动；

D. 拍摄、窥视他人身体的私密部位；

E. 处理他人的私密信息；

答案：ABCDE

2. 制定《个人信息保护法》的首要作用有（　　）。

A. 加强个人信息保护法制保障　B. 维护网络空间良好生态

C. 促进数字经济健康发展　D. 维护统治阶级利益

E. 扩大对外开放

答案：ABC

3.《个人信息保护法》确立的个人信息处理规则有（　　）。

A. 处理个人信息应当遵循合法、正当、必要和诚信原则

B. 以"告知－同意"为核心的权利保障机制

C. 自动化决策应当保证决策透明和结果公平、公正

D. 国家机关处理个人信息的活动不适用《个人信息保护法》

E. 个人信息共同处理者造成个人权益损害的，承担连带责任

答案：ABCE

4.《个人信息保护法》明确在个人信息处理活动中个人的各项权利，包括（　　）。

A. 知情权　B. 决定权　C. 查询权　D. 更正权　E. 删除权

答案：ABCDE

三、填空题

1.《个人信息保护法》作为一部保护个人信息的（　　）法律，能够增强法律规范的系统性、针对性和可操作性，形成更加完备的个人信息保护制度。

答案：专门性

2.《个人信息保护法》规定，个人信息是以电子或者其他方式记录的与已识别或者可识别的自然人有关的各种信息，不包括（　　）的信息。

答案：匿名化处理

3.《个人信息保护法》将（　　）作为个人信息保护的第一责任人，要求他们应当对其个人信息处理活动负责。

答案：个人信息处理者

第十一章
数据安全治理的法律制度

本章学习目标

了解《数据安全法》的立法背景及适用范围。了解数据安全管理制度要求。理解《数据安全法》对于安全与发展的要求，了解该法对数据、数据处理的界定。

本章思维导图

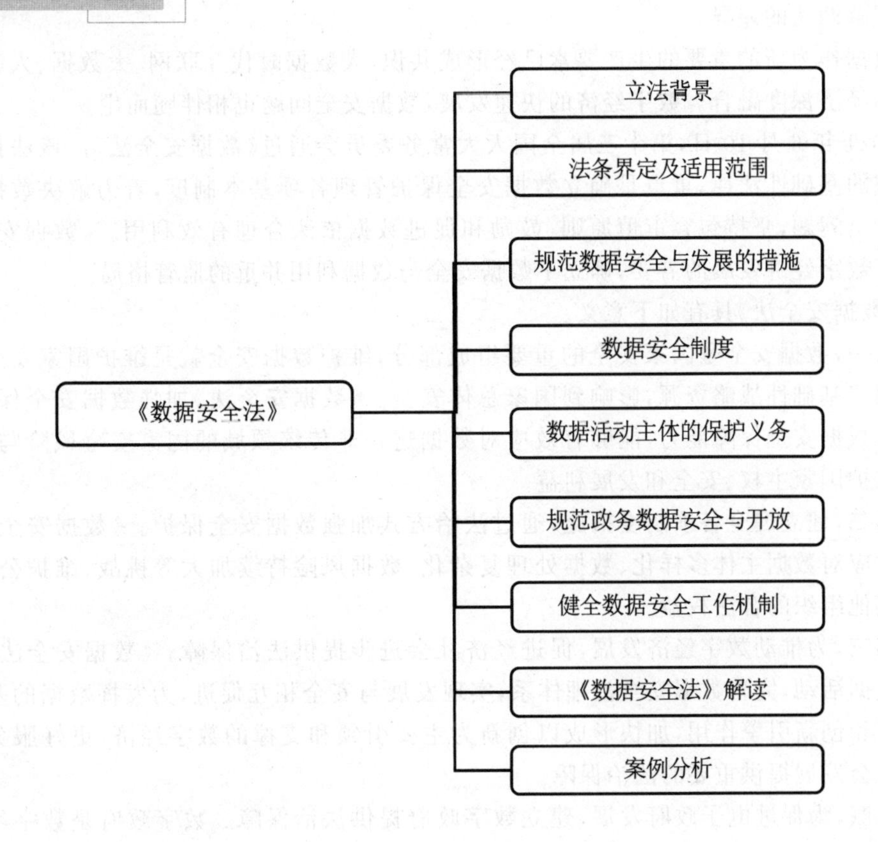

本章对《数据安全法》的立法背景进行了回顾,《数据安全法》适用于电子数据和纸质数据,该法适用于在我国境内开展的数据活动的组织和个人,同时具有域外适用效力。本章介绍《数据安全法》对于数据安全、发展的核心思想,对于保障数据安全的制度、机制,对于数据活动主体应该承担的法律义务,以及对于政务数据的安全与开放要求。

第一节 《数据安全法》立法背景

《数据安全法》通过的时间略早于《个人信息保护法》,两者侧重点各有不同。具体来说,《个人信息保护法》更倾向于个体主观性权利的保障,强调在个人信息利用中,要加强个人信息的保护,保障个人信息权益,维护个人对其个人信息的知情权和决定权。而《数据安全法》更倾向于公共客观性秩序的保障,强调在数据开发、流转中要确保数据安全,防止数据滥用对公共秩序、国家主权造成的侵害。因此,《个人信息保护法》与《民法典》均赋权个人,使其能够决定个人信息的收集、流转,遭受侵害后,可以通过私法方式获得救济。而《数据安全法》则赋责国家机关,使其通过行使国家权力(主要是行政权),建立数据安全制度、督促企业进行合规运行、维护数据主权,通过公法方式实现立法目的。

掌握上述区别,我们再认真学习《数据安全法》的制定背景和主要内容,就能够更加容易理解两法的差异。

数据作为新的重要的生产要素已经形成共识,大数据时代互联网、大数据、人工智能和实体经济深度融合。数字经济的快速发展,数据安全问题也相伴随而生。

2021 年 6 月 10 日,第十三届全国人大常务委员会通过《数据安全法》。该法作为数据领域的基础性法律,重点是确立数据安全保护管理各项基本制度,着力解决数据安全领域突出问题,坚持包容审慎原则,鼓励和促进数据依法合理有效利用。《数据安全法》适应了数字经济发展的需要,确立了数据安全与数据利用并重的监管格局。

《数据安全法》具有如下意义。

第一,数据安全是国家安全的重要组成部分,维护数据安全就是维护国家安全。数据是国家基础性战略资源,影响到国家总体安全。《数据安全法》加强数据安全保护,提升国家数据安全保障能力,能够有效应对数据这一非传统领域的国家安全风险与挑战,切实维护国家主权、安全和发展利益。

第二,建立健全各项制度措施,通过法治方式加强数据安全保护。《数据安全法》能够有效应对数据主体多样化、数据处理复杂化、数据风险持续加大等挑战,维护公民、法人和其他组织的合法权益。

第三,为推动数字经济发展,促进经济社会进步提供法治保障。《数据安全法》通过规范数据活动,完善数据安全治理体系,实现发展与安全相互促进,为发挥数据的基础资源作用和创新引擎作用,加快形成以创新为主要引领和支撑的数字经济,更好服务我国经济社会发展提供重要的法治保障。

第四,为促进电子政府发展,建立数字政府提供法治保障。数字政府是数字经济发展模式下而产生的新的行政管理形态。《数据安全法》有利于推动电子政务发展,提升政府决策、管理和服务的科学性、效率性,持续推动政府管理模式的创新,健全政务数据安全管理制度和开放利用规则,推进政务数据资源开放和开发利用。

第二节 《数据安全法》主要内容

一、数据的界定与《数据安全法》适用范围

1. 数据、数据处理与数据安全的概念

大数据时代，形形色色的数据不断涌现，然而《数据安全法》在确定规范数据领域相关行为时，需要首先回答首要问题是：什么是“数据”“数据处理”以及“数据安全”？根据《数据安全法》第三条规定，数据，是指任何以电子或者其他方式对信息的记录。此处对“数据”的界定采取“载体”模式，即信息载体作为判断是否属于数据的范畴。

《数据安全法》并非将数据载体限定在电子数据，也包括传统的纸质文件等数据形式，还为将新型数据纳入调整范围预留了空间。相比之下，《网络安全法》第七十六条规定，网络数据是指通过网络收集、存储、传输处理和产生的各种电子数据。可见，《数据安全法》调整的数据范围更加广泛，《网络安全法》与《数据安全法》在数据处理规则上具有较多的“共通性”，且存在着特别法与一般法之间的关系，在网络安全领域优先适用《网络安全法》，规范不足之处可以援用《数据安全法》的相关规定。

对比《数据安全法》和《个人信息保护法》，两者在规范对象上也有重叠性，《数据安全法》明确数据是信息的载体，使得数据的外延比信息要大。《数据安全法》规定数据处理，包括数据的收集、存储、使用、加工、传输、提供、公开等。这也就是将数据全生命周期的活动都纳入调整范围，即从数据收集、适用、流转、删除等都属于该法规制范围，而不限于人们关注较多的收集行为。

数据安全，是指通过采取必要措施，确保数据处于有效保护和合法利用的状态，以及具备保障持续安全状态的能力。《数据安全法》对数据安全的界定是从两个层面展开，即行为要求（采取必要措施）＋效果要求（数据处于有效保护和合法利用的状态，具备保障持续安全状态的能力）。

2.《数据安全法》的适用范围

在经济全球化、数字化的时代，数据跨境流动成为一种常态，这就使得《数据安全法》要突破传统的管辖模式，加入保护管辖模式，以加强监管部门的执法能力，加强数据安全的跨境保护。为此，《数据安全法》确立了属地管辖原则，并辅之以必要的保护管辖原则。《数据安全法》明确在我国境内开展的数据活动适用该法。同时，《数据安全法》赋予该法必要的域外适用效力，中国境外的组织、个人开展数据活动，损害中国国家安全、公共利益或者公民、组织合法权益的，依法追究法律责任。

二、规范数据安全与发展的措施

《数据安全法》坚持安全与发展并重，规定了支持促进数据安全与发展的措施。保护个人、组织与数据有关的权益，提升数据安全治理和数据开发利用水平，促进以数据为关键要素的数字经济发展。包括：实施大数据战略，制定数字经济发展规划；支持数据相关技术研发和商业创新；推进数据相关标准体系建设，促进数据安全检测评估、认证等服务的发展；培育数据交易市场；支持采取多种方式培养专业人才等。

《数据安全法》规定的促进措施需要通过行政法规、部门规章等方式进行细化，尤其是建立数据标准机制，为大数据行业的发展提供根本遵循。同时，国家也需要完善各项制度，促进数字经济发展、培育数据交易市场等。这些举措将有助于规范大数据行业的发展，克服目前存在的数据收集、使用乱象。

三、建立数据安全制度

《数据安全法》更加强调国家在维护数据安全方面的责任，这就需要国家采取各种措施、建立各种制度，提供制度供给等，强化监管能力和监管实效。从而有效应对境内外数据安全风险，建立健全国家数据安全管理制度，完善国家数据安全治理体系。

基于上述要求，《数据安全法》主要做了以下规定：

一是建立数据分级分类管理制度，确定重要数据保护目录，对列入目录的数据进行重点保护。

二是建立集中统一、高效权威的数据安全风险评估、报告、信息共享、监测预警机制，加强数据安全风险信息的获取、分析、研判、预警工作。

三是建立数据安全应急处置机制，有效应对和处置数据安全事件。

四是与相关法律相衔接，确立数据安全审查制度和出口管制制度。

五是针对一些国家对我国的相关投资和贸易采取歧视性等不合理措施的做法，明确我国可以根据实际情况采取相应的措施。

四、明确数据活动主体的保护义务

开展数据活动的组织、个人是保障数据安全的第一责任人，要从源头治理数据安全问题，必须强化数据活动组织和个人的保护义务。对此，《数据安全法》主要做了以下规定：

一是开展数据活动必须遵守法律法规，尊重社会公德和伦理，有利于促进经济社会发展，增进人民福祉，不得违法收集、使用数据，不得危害国家安全、公共利益，不得损害公民、组织的合法权益。

二是开展数据活动应当按照规定建立健全全流程数据安全管理制度，组织开展数据安全教育培训，采取相应的技术措施和其他必要措施，保障数据安全。

三是开展数据活动应当加强数据安全风险监测、定期开展风险评估，及时处置数据安全事件，并履行相应的报告义务。

四是规范数据交易中介服务和在线数据处理服务。

五是对公安机关和国家安全机关因依法履行职责需要调取数据以及境外执法机构调取境内数据时，有关组织和个人应遵守的相关义务做了规定。

五、规范政务数据安全与开放

为适应电子政务发展需要，建设数字政府，提升政府监管效能。与《个人信息保护法》相同，《数据安全法》也规定了加强数字政府建设的各项举措，在保障政务数据安全的前提下，推动政务数据开放利用。《数据安全法》主要做了以下规定：

一是对推进电子政务建设，提升运用数据服务经济社会发展的能力提出要求。

二是规定国家机关收集、使用数据应当在其履行法定职责的范围内依照法律、行政法规规定的条件和程序进行，并落实数据安全保护责任，保障政务数据安全。

三是对国家机关委托他人存储、加工或者向他人提供政务数据的审批要求和监督义务做出规定。

四是要求国家机关按照规定及时准确公开政务数据，制定政务数据开放目录，构建政务数据开放平台，推动政务数据开放利用。

国家机关在履行职权的过程中，会大量收集、储存数据，也存在着数据泄漏的风险。实践中，国家机关基于各种原因，不愿意公开政务数据，国家机关之间也不能很好的共享数据，产生很多的“信息孤岛”，造成数据资源的浪费。为此，《数据安全法》要求国家机关应当依法依规收集和使用数据，保障政务数据安全。在此基础上，国家机关掌握的政务数据经过处理后，可以向社会开放，以提升数据利用率，服务于各企业的生产、经营活动，推动数字经济的发展。

六、健全数据安全工作机制

与《个人信息保护法》确立的监管机制不同，《数据安全法》对数据安全问题给予更高层级的保护。考虑到数据安全涉及各行业各领域，涉及多个部门的职责，《数据安全法》明确中央国家安全领导机构对数据安全工作的决策和统筹协调等职责，加强对数据安全工作的组织领导；同时对有关行业部门和有关主管部门的数据安全监管职责做了规定。

此外，《数据安全法》第六章对违反《数据安全法》的法律责任等做了规定。

第三节 《数据安全法》解读：确保数字经济时代数据安全

《数据安全法》是数据领域的基础性法律，也是国家安全领域的一部重要法律。为我国数据安全治理、加强数据安全监管提供了法律依据。按照总体国家安全观的要求，《数据安全法》坚持数据安全与数据利用并重的原则。一方面，《数据安全法》明确了数据安全主管机构的监管职责，建立健全数据安全协同治理体系，提高数据安全保障能力。保护个人、组织的合法权益，维护国家主权、安全和发展利益。另一方面，《数据安全法》旨在促进数据自由流动和数据出境安全，促进数据开发利用，推动数字化经济的安全健康发展。

一、健全数据安全体制，维护国家安全

数据是国家基础性战略资源，没有数据安全就没有国家安全。《数据安全法》贯彻落实总体国家安全观，聚焦数据安全领域的风险隐患，加强国家数据安全工作的统筹协调，确立了数据分类分级管理，数据安全审查，数据安全风险评估、监测预警和应急处置等基本制度。建立健全各项制度措施，提升国家数据安全保障能力，有效应对数据这一非传统领域的国家安全风险与挑战，切实维护国家主权。

二、促进数据自由流动，推动数字经济发展

近年来，我国不断推进网络强国、数字中国、智慧社会建设，以数据为新生产要素的

数字经济蓬勃发展，数据的竞争已成为国际竞争的重要领域。《数据安全法》坚持安全与发展并重，在规范数据活动的同时，对支持促进数据安全与发展的措施、推进政务数据开放利用等做出相应规定，通过促进数据依法合理有效利用，充分发挥数据的基础资源作用和创新引擎作用，加快形成以创新为主要引领和支撑的数字经济，更好服务我国经济社会发展。

三、加强数据安全监管，增进人民群众的幸福感、安全感

数字经济为人民群众生产生活提供了很多便利，同时各类数据的拥有主体更加多样，处理活动更加复杂，一些企业、机构忽视数据安全保护、利用数据侵害人民群众合法权益的问题也十分突出，社会反映强烈。《数据安全法》明确了数据管理者和运营者的数据保护责任，建立健全数据安全管理制度，加强风险监测和及时处置数据安全事件等义务和责任，通过严格规范数据处理活动，切实加强数据安全保护，让广大人民群众在数字化发展中获得更多幸福感、安全感。

四、数据分类分级保护制度，实现数据全生命周期的安全监管

数据规模庞大，数据类型多样，使得国家难以对全部数据进行无差别的监管。况且，过于严格的数据监管制度也会妨碍数据自由流动，不利于数据的开发、利用，无法满足数字经济发展的需要。因此，《数据安全法》确立数据分类分级保护制度，根据数据在经济社会发展中的重要程度，以及一旦数据被非法使用造成的危害程度，区分国家核心数据、重要数据，制定数据具体目录，进行区分保护。该制度使得数据安全监管能够有的放矢，将执法力量、监管资源集中到更为重要的数据上。

沉默的数据无法发挥数据的价值。数据的价值在于数据的开发、使用。而数据的开发、使用必然会出现数据的自由流动。因此，数据治理便不能只是静态的治理，而应当是动态的治理，即确保数据流动全过程、全周期都处在监管的状态之下。因此，《数据安全法》提出对数据全生命周期各环节的安全保护义务，加强风险监测与身份核验，结合业务需求，从数据分级分类到风险评估、身份鉴别到访问控制、行为预测到追踪溯源、应急响应到事件处置，全面建设有效防护机制，保障数字产业蓬勃健康发展。

五、促进政务数据开放共享，完善数据安全监管机制

数据作为新型生产要素，是数字化、网络化、智能化的基础，深刻改变着生产方式、生活方式和社会治理方式。只有用起来的数据，才能发挥数据的价值。我国各级政府在履职过程中会收集、储存大量的数据，涉及范围广泛、体量巨大。但是，这些数据的价值还没有得到有效的发挥。政府部门之间、政府部门与市场主体之间还没有建立完善的政务数据开放共享制度，形成“数据孤岛”。同时，我们也要看到，政务数据共享也面临着分散性风险、合规性风险以及新业态风险等挑战。因此，政务数据共享与安全也要同步推动。《数据安全法》规定，要加强数据开放共享的安全保障措施，建立统一规范、互联互通、安全可控的机制，利用数据安全运营，提升数据服务对经济社会稳定发展的效果。

第四节 案例分析

一、CC公司违反数据安全相关法律案分析

1. 事件脉络

2021年,我国启动对国内某企业(以下简称“CC公司”)进行网络安全审查,[①]。2021年7月1日(北京时间),CC公司在纽交所上市后的第二天,网络安全审查办公室宣布,为防范国家数据安全风险,维护国家安全,保障公共利益,依法对CC公司实施网络安全审查,审查期间CC公司停止新用户注册。2021年7月4日,国家网信发布通报称CC公司App存在严重违法违规收集使用个人信息问题。2021年7月9日,国家网信办发布关于下架25款App的通报,称25款App存在严重违法违规收集使用个人信息问题。2021年7月16日,国家网信办会同公安部、国家安全部、自然资源部、交通运输部、税务总局、市场监管总局等部门联合进驻CC公司,开展网络安全审查。2021年12月3日,CC公司宣布即日起启动在纽交所退市以及同时准备在香港上市的工作。

经过一年多的审查,2022年7月21日,国家网信办对CC公司依法做出网络安全审查相关行政处罚的决定,认为CC公司的违法违规行为事实清楚,证据确凿,情节严重。依据《网络安全法》《数据安全法》《个人信息保护法》《行政处罚法》等法律法规,对CC公司处人民币80.26亿元罚款,对CC公司董事长、总裁各处人民币100万元罚款。

2. 案例解读

国家网信办此次对CC公司的网络安全审查相关行政处罚与一般的行政处罚不同,具有特殊性。CC公司的行为违反了我国制定的《网络安全法》《数据安全法》和《个人信息保护法》《行政处罚法》等法律法规,结合网络安全审查情况,国家网信办给予从严从重处罚。具体分析如下:

(1)未依法履行数据安全保护义务

首先,CC公司未能主动申报网络安全审查。由国家网信办牵头制定的《网络安全审查办法》第7条规定"掌握超过100万用户个人信息的网络平台运营者赴国外上市,必须向网络安全审查办公室申报网络安全审查"。2021年6月,CC公司曾向美国提交上市申请,但却未能主动申报网络安全审查。

其次,CC公司作为关键信息基础设施的运营者,未能履行安全保护义务。根据《网络安全法》和《数据安全法》的规定,关键信息基础设施的运营者在中国境内运营中收集和产生的个人信息和重要数据应当在境内存储。因业务需要,确需向境外提供的,应当按照国家网信部门会同国务院有关部门制定的办法进行安全评估。CC公司恶意逃避监管,未能履行数据安全保护义务,其违规运营给国家关键信息基础设施安全和数据安全带来严重安全风险隐患。

(2)违法违规收集使用个人信息

---

① 来自国家网信办:http://www.cac.gov.cn/2022-07/21/c_1660021534364976.htm。2022年7月25日访问。

从违法行为的危害看，CC公司通过违法手段收集用户剪切板信息、相册中的截图信息、亲情关系信息等个人信息，严重侵犯用户隐私，严重侵害用户个人信息权益。从违法处理个人信息的数量看，CC公司违法处理个人信息达647.09亿条，数量巨大，其中包括人脸识别信息、精准位置信息、身份证号等多类敏感个人信息。从违法处理个人信息的情形看，CC公司违法行为涉及多个App，涵盖过度收集个人信息、强制收集敏感个人信息、App频繁索权、未尽个人信息处理告知义务、未尽网络安全数据安全保护义务等多种情形。

(3)违法行为的持续时间长

CC公司相关违法行为最早开始于2015年6月，持续至今，时间长达7年，持续违反2017年6月实施的《网络安全法》、2021年9月实施的《数据安全法》和2021年11月实施的《个人信息保护法》。且在监管部门责令改正情况下，仍未进行全面深入整改，性质极为恶劣。

二、三起危害重要数据安全的案件

数据安全关乎国家安全和公共利益，是非传统安全的重要方面。人们应当不断提高数据安全意识，切实防范数据安全风险。《数据安全法》公布后，国家安全机关公布三起危害重要数据安全的案件，旨在进一步提高全社会对非传统安全的重视，共同维护国家安全[①]。

(一)某航空公司数据被境外间谍情报机关网络攻击窃取案

2020年1月，某航空公司向国家安全机关报告，该公司信息系统出现异常，怀疑遭到网络攻击。国家安全机关立即进行技术检查，确认相关信息系统遭到网络武器攻击，多台重要服务器和网络设备被植入特种木马程序，部分乘客出行记录等数据被窃取。

国家安全机关经过进一步排查发现，另有多家航空公司信息系统遭到同一类型的网络攻击和数据窃取。经深入调查，确认相关攻击活动是由某境外间谍情报机关精心谋划、秘密实施，攻击中利用了多个技术漏洞，并利用多个网络设备进行跳转，以隐匿踪迹。国家安全机关及时协助有关航空公司全面清除被植入的特种木马程序，调整技术安全防范策略、强化防范措施，制止了危害的进一步扩大。

(二)某境外咨询调查公司秘密搜集窃取航运数据案

2021年5月，国家安全机关工作发现，某境外咨询调查公司通过网络、电话等方式，频繁联系我大型航运企业、代理服务公司的管理人员，以高额报酬聘请行业咨询专家之名，与我境内数十名人员建立"合作"，指使其广泛搜集提供我航运基础数据、特定船只载物信息等。办案人员进一步调查掌握，相关境外咨询调查公司与所在国家间谍情报机关关系密切，承接了大量情报搜集和分析业务，通过我境内人员所获的航运数据，都提供给该国间谍情报机关。

为防范相关危害持续发生，国家安全机关及时对有关境内人员进行警示教育，并责令所在公司加强内部人员管理和数据安全保护措施。同时，依法对该境外咨询调查公司有关活动进行了查处。

① 《公布三起危害重要数据安全案例》,《人民日报》2021年11月01日12版。

(三)李某等人私自架设气象观测设备,采集并向境外传送敏感气象数据案

2021 年 3 月,国家安全机关工作发现,国家某重要军事基地周边建有一可疑气象观测设备,具备采集精确位置信息和多类型气象数据的功能,所采集数据直接传送至境外。

国家安全机关调查掌握,有关气象观测设备由李某网上购买并私自架设,类似设备已向全国多地售出 100 余套,部分被架设在我重要区域周边,有关设备所采集数据被传送到境外某气象观测组织的网站。该境外气象观测组织实际上由某国政府部门以科研之名发起成立,而该部门的一项重要任务就是搜集分析全球气象数据信息,为其军方提供服务。国家安全机关会同有关部门联合开展执法,责令有关人员立即拆除设备,消除了风险隐患。

以上三个案件因发现及时,并未造成损害。但是这提醒数据从业者,要时刻紧绷数据安全这根神经。在数据收集、传输、使用等环节,保护数据安全,防止重要数据外泄危害国家安全。

第五节 思考与练习

一、单选题

1.《数据安全法》的通过时间为( )。

A. 2022　　B. 2021　　C. 2020　　D. 2018

答案:B

2. 在经济全球化、数字化的时代,数据跨境流动成为一种常态,这就使得《数据安全法》确立的法律管辖模式是( )。

A. 属地管辖　　B. 属人管辖

C. 属地管辖+保护管辖　　D. 属人管辖+保护管辖

答案:C

3.《数据安全法》明确( )对数据安全工作的决策和统筹协调等职责,加强对数据安全工作的组织领导。

A. 中央国家安全领导机构　　B. 公安部

C. 工信部　　D. 市场监管总局

答案:A

4.《数据安全法》确立的数据安全制度不包含( )。

A. 建立数据分级分类管理制度

B. 建立集中统一的数据安全风险评估、报告、信息共享、监测预警机制

C. 建立数据安全应急处置机制

D. 确立告知—同意原则

答案:D

5. 下列四部法律中,专门规范数据领域的法律是( )。

A.《个人信息保护法》　　B.《网络安全法》

C.《数据安全法》　　D.《民法典》

答案:C

二、多选题

1. 要从源头治理数据安全问题,必须强化数据活动组织和个人的保护义务。《数据安全法》规定的数据安全保护责任有( )。

A. 开展数据活动必须遵守法律法规,尊重社会公德和伦理,不得违法收集、使用数据

B. 开展数据活动应当按照规定建立健全全流程数据安全管理制度,保障数据安全

C. 开展数据活动应当加强数据安全风险监测、定期开展风险评估

D. 数据交易中介服务和在线数据处理服务应当遵守法律规定

E. 加强监管部门协作,实现协同监管,优化监管机制

答案:ABCD

2. 为加强数字政府建设,在保障政务数据安全的前提下,推动政务数据开放利用,《数据安全法》主要做了以下哪些规定( )。

A. 推进电子政务建设,提升运用数据服务经济社会发展的能力

B. 国家机关收集、使用数据应当在其履行法定职责的范围内依照法律、行政法规规定的条件和程序进行

C. 落实数据安全保护责任,保障政务数据安全

D. 国家机关委托他人存储、加工或者向他人提供政务数据应进行审批和监督

E. 国家机关按照规定及时准确公开政务数据,制定政务数据开放目录,构建政务数据开放平台,推动政务数据开放利用。

答案:ABCDE

三、填空题

1.《数据安全法》作为数据领域的基础性法律,着力解决数据安全领域突出问题,坚持( )原则,鼓励和促进数据依法合理有效利用。

答案:包容审慎

2. 根据《数据安全法》第三条规定,数据,是指任何以电子或者其他方式对信息的( )。

答案:记录

3.《数据安全法》规定了加强数字政府建设的各项举措,在保障政务数据安全的前提下,推动政务数据( )。

答案:开放利用

第十二章
网络安全监管的法律制度

本章学习目标

了解《网络安全法》的立法背景和主要内容。了解该法对网络产品和服务的要求，对网络信息及数据的安全要求，对保护个人信息及网络实名制要求。

本章思维导图

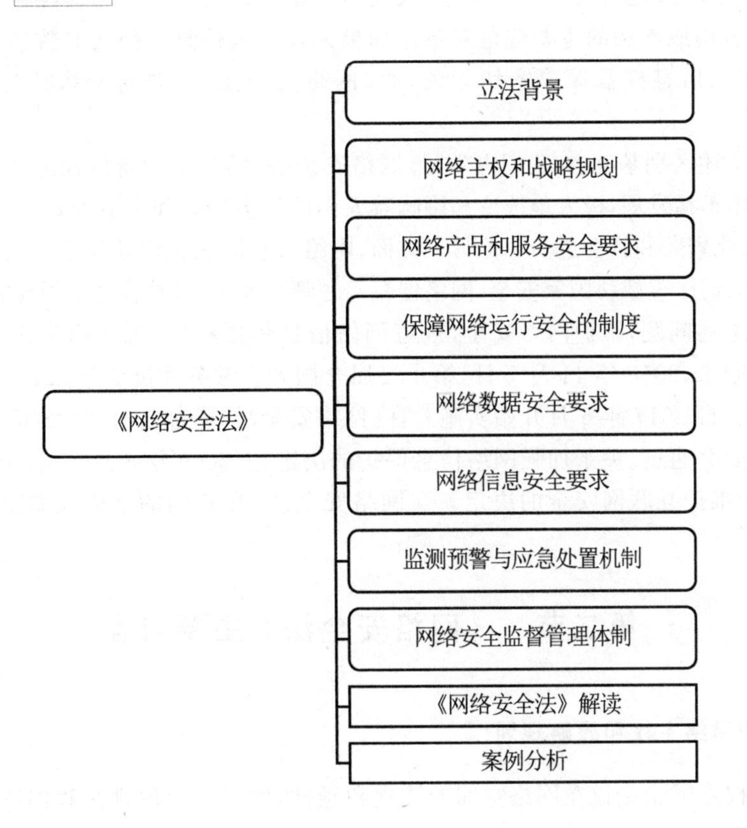

本章对《网络安全法》的立法背景进行了回顾，该法将维护网络空间主权和国家安全作为立法宗旨。本章总结《网络安全法》对于网络安全、数据安全、网络产品和服务安全的要求。介绍该法对网络运行、监督、预警的相关机制及制度要求。

第一节 《网络安全法》立法背景

习近平总书记说："网络空间同现实社会一样，既要提倡自由，也要保持秩序。自由是秩序的目的，秩序是自由的保障。我们既要尊重网民交流思想、表达意愿的权利，也要依法构建良好网络秩序，这有利于保障广大网民合法权益。网络空间不是'法外之地'。网络空间是虚拟的，但运用网络空间的主体是现实的，大家都应该遵守法律，明确各方权利义务。要坚持依法治网、依法办网、依法上网，让互联网在法治轨道上健康运行。同时，要加强网络伦理、网络文明建设，发挥道德教化引导作用，用人类文明优秀成果滋养网络空间、修复网络生态。"[①]

《网络安全法》旨在维护网络空间的主权和安全，与《个人信息保护法》和《数据安全法》相比较，《网络安全法》体现出较强的公法色彩，即国家采取行政监管等措施，维护网络空间秩序，防范和制止违法行为。《网络安全法》中也会涉及公民个人信息保护、数据安全等内容，这些规定可以相互支援，构成较为严密的法规体系。网络经营者、网络服务和产品提供者构成本法的主要规范对象。如果说，《个人信息保护法》《数据安全法》与公民隐私权、个人信息权益保障密切相关，而《网络安全法》则要对网络行为施加必要的规制。

在了解上述区别基础上，我们再学习《网络安全法》的制定背景以及意义。一方面，网络和信息技术迅猛发展，极大地改变和影响着人们的社会活动和生活方式，促进技术创新、经济发展、文化繁荣和社会进步。但另一方面，网络安全问题也伴随而生。网络入侵、网络攻击等非法活动严重威胁国家安全，网络侵权问题频繁发生，极端言论亟须规制。

为解决上述问题，维护网络安全，规范网络信息传播秩序，惩治网络违法犯罪，使网络空间清朗起来，2016 年 11 月 7 日，第十二届全国人大常务委员会第二十四次会议通过《网络安全法》自 2017 年 6 月开始实施。在《网络安全法》通过之前，2012 年 12 月 28 日，全国人大常委会通过《关于加强网络信息保护的决定》。2009 年 8 月 27 日全国人大常委会通过《关于维护互联网安全的决定》。《网络安全法》在它们的基础上做出更为全面细致的规定。

第二节 《网络安全法》主要内容

一、维护网络主权和战略规划

网络主权是国家主权在网络空间的体现和延伸，网络主权原则是我国维护国家安全

① 习近平：《建立多边、民主、透明的全球互联网治理体系》，习近平在第二届世界互联网大会开幕式上的讲话。

和利益、参与网络国际治理与合作所坚持的重要原则。为此,《网络安全法》将"维护网络空间主权和国家安全"作为立法宗旨,在中国境内建设、运营、维护和使用网络,以及网络安全的监督管理,适用该法。同时,按照安全与发展并重的原则,对国家网络安全战略和重要领域网络安全规划、促进网络安全的支持措施做了规定。

二、明确网络产品和服务安全的要求

维护网络安全,首先要保障网络产品和服务的安全。《网络安全法》主要做了以下规定:一是明确网络产品和服务提供者的安全义务,诸如不得设置恶意程序,及时向用户告知安全缺陷、漏洞等风险,持续提供安全维护服务等;二是总结实践经验,将网络关键设备和网络安全专用产品的安全认证和安全检测制度上升为法律;三是建立关键信息基础设施运营者采购网络产品、服务的安全审查制度,规定关键信息基础设施的运营者采购网络产品或者服务,可能影响国家安全的,应当通过国家网信部门会同国务院有关部门组织的安全审查。

三、建立保障网络运行安全的制度

保障网络运行安全,必须落实网络运营者第一责任人的责任。据此,《网络安全法》将现行的网络安全等级保护制度上升为法律,要求网络运营者按照网络安全等级保护制度的要求,采取相应的管理措施和技术防范等措施,履行相应的网络安全保护义务。

为了保障关键信息基础设施安全,维护国家安全、经济安全和保障民生,《网络安全法》对关键信息基础设施的运行安全做了规定,实行重点保护。范围包括基础信息网络、重要行业和领域的重要信息系统、军事网络、重要政务网络、用户数量众多的商业网络等。同时,对关键信息基础设施安全保护办法的制定、负责安全保护工作的部门、运营者的安全保护义务、有关部门的监督和支持等做了规定。

四、网络数据安全的要求

随着云计算、大数据等技术的发展和应用,网络数据安全对维护国家安全、经济安全,保护公民合法权益,促进数据利用至为重要。为此,《网络安全法》作了以下规定:一是要求网络运营者采取数据分类、重要数据备份和加密等措施,防止网络数据被窃取或者篡改;二是加强对公民个人信息的保护,防止公民个人信息数据被非法获取、泄露或者非法使用;三是要求关键信息基础设施的运营者在境内存储公民个人信息等重要数据;确需在境外存储或者向境外提供的,应当按照规定进行安全评估。

五、网络信息安全保障的要求

《网络安全法》坚持加强网络信息保护的决定确立的原则,进一步完善了相关管理制度。一是确立网络身份管理制度即网络实名制,以保障网络信息的可追溯。二是明确网络运营者处置违法信息的义务,规定网络运营者发现法律、行政法规禁止发布或者传输的信息的,应当立即停止传输,采取消除等处置措施,防止信息扩散,保存有关记录,并向有关主管部门报告。三是规定发送电子信息、提供应用软件不得含有法律、行政法规禁止发布或者传输的信息。四是规定为维护国家安全和侦查犯罪的需要,侦查机关依照法

律规定，可以要求网络运营者提供必要的支持与协助。五是赋予有关主管部门处置违法信息、阻断违法信息传播的权力。

六、健全监测预警与应急处置机制

为了加强国家网络安全监测预警和应急处置制度建设，提高网络安全保障能力，《网络安全法》规定：一是国务院有关部门建立健全网络安全监测预警和信息通报制度，加强网络安全信息收集、分析和情况通报工作；二是建立网络安全风险评估和应急工作机制，制定应急预案；三是规定预警信息的发布及网络安全事件应急处置措施；四是为维护国家安全和社会公共秩序，处置重大突发社会安全事件，规定了网络管制制度。

七、建立网络安全监督管理体制

为加强网络安全工作，《网络安全法》规定：国家网信部门负责统筹协调网络安全工作和相关监督管理工作，承担协调和管理职能；同时规定，工业和信息化部、公安等部门按照各自职责负责网络安全保护和监督管理相关工作。

第三节　《网络安全法》解读：网络领域的信息安全保障

《网络安全法》是保障网络安全，维护网络空间主权和国家安全、社会公共利益，保护公民、法人和其他组织的合法权益，促进经济社会信息化健康发展的基础性法律。

一、确立网络安全监管的基本原则

首先，网络空间主权原则。网络空间主权是国家主权在网络空间领域的体现和延伸。网络空间主权原则是我国维护国家安全和发展利益，参与网络国际治理与合作的重要原则。主权是一个国家在管辖范围区域范围内拥有的至高无上的、排他性的政治权力，体现为对内最高统治权和对外独立权。传统上的国家主权主要适用于物理可见的领土、领海、领空范围内。网络空间作为虚拟的空间，虽不同于物理空间，但也处于国家主权管辖范围内。习近平总书记强调，要理直气壮维护我国网络空间主权，明确宣示我们的主张。因此，《网络安全法》明确规定，维护我国网络空间主权。

其次，网络安全与信息化发展并重原则。习近平总书记说，做好网络安全和信息化工作，要处理好安全和发展的关系，做到协调一致、齐头并进，以安全保发展、以发展促安全，努力建久安之势、成长治之业。《网络安全法》第3条规定：国家坚持网络安全与信息化发展并重，遵循积极利用、科学发展、依法管理、确保安全的方针，推进网络基础设施建设和互联互通，鼓励网络技术创新和应用，支持培养网络安全人才，建立健全网络安全保障体系，提高网络安全保护能力。

最后，共同治理原则。网络的快速普及，使得网络安全与国家、企业、社会组织和公民都密切相关，维护网络安全成为全社会的共识。网络空间治理需要政府、企业、社会组织、公民等网络利益相关者共同参与。政府部门应当完善政策、健全法制、强化执法、打击犯罪，推动网络空间法治化；互联网企业应当履行法律义务，担负起社会责任，保护用户隐私、保障网络运行安全和数据安全；网络相关组织要加强行业自律，推动网上诚信体系建设；专家学者要利用专业优势，提供决策意见和建议；网民在从事网络活动时，应当遵守法律法规，诚实守信，维护网络秩序。

二、保护公民个人信息

《网络安全法》作为网络领域的基础性法律，强化了公民个人信息的保护工作，防止个人信息泄漏，严厉打击非法出售或者贩卖个人信息的违法犯罪行为。《网络安全法》规定：网络产品、服务具有收集用户信息功能的，其提供者应当向用户明示并取得同意；网络运营者不得泄露、篡改、毁损其收集的个人信息；任何个人和组织不得窃取或者以其他非法方式获取个人信息，不得非法出售或者非法向他人提供个人信息，并规定了相应法律责任。

三、打击网络诈骗

近年来，随着网络普及，犯罪分子通过即时聊天工具、搜索平台、网络发布平台、电子邮件等渠道实施诈骗活动，传播诈骗方法。以网络为载体的各种诈骗案件更是层出不穷，给人民群众的人身安全、财产安全等带来了重大威胁。因此，为有效预防和惩治各种新型网络诈骗犯罪，《网络安全法》规定：任何个人和组织不得设立用于实施诈骗，传授犯罪方法，制作或者销售违禁物品、管制物品等违法犯罪活动的网站、通讯群组，不得利用网络发布与实施诈骗，制作或者销售违禁物品、管制物品以及其他违法犯罪活动的信息。

四、明确网络实名制

网络并非“法外之地”，实践中，有些人缺乏责任意识和自我拘束意识，利用网络的匿名特征，肆意散播谣言、侵犯他人名誉权，实施侵犯知识产权活动，甚至利用网络散播仇恨性言论、暴力性、歧视性言论，刻意制造社会舆论的对立情绪，从事危害国家安全、破坏社会秩序的违法犯罪活动。为此，在保障用户隐私权的前提下，《网络安全法》确立“网络实名制”，即“前台资源、后台实名”制度，以加强网络活动的规范，促使用户理性表达、文明上网。

《网络安全法》规定，网络运营者为用户办理网络接入、域名注册服务，办理固定电话、移动电话等入网手续，或者为用户提供信息发布、即时通信等服务，应当要求用户提供真实身份信息。用户不提供真实身份信息的，网络运营者不得为其提供相关服务。

五、重点保护关键信息基础设施

在信息化、数字化时代，关键信息基础设置已经成为社会运转的神经系统，保障这些关键信息基础设施的安全，是维护经济安全、社会安全和国家安全的必然要求。为强化关键信息基础设施的安全保护，《网络安全法》规定国家对公共通信和信息服务、能源、交通、水利、金融、公共服务、电子政务等重要行业和领域的关键信息基础设施实行重点保护。2021 年，国务院制定《关键信息基础设施安全保护条例》，明确“关键信息基础设施”是指公共通信和信息服务、能源、交通、水利、金融、公共服务、电子政务、国防科技工业等重要行业和领域的，以及其他一旦遭到破坏、丧失功能或者数据泄露，可能严重危害国家安全、国计民生、公共利益的重要网络设施、信息系统等。

六、重大突发事件可采取“网络通信管制”

为防止犯罪分子利用网络进行组织、策划、勾结活动，《网络安全法》规定在遭遇重大突发事件时，可以对网络通信进行管制。考虑到网络通信管制造成的重大影响，为慎重起见，《网络安全法》规定：因维护国家安全和社会公共秩序，处置重大突发社会安全事件的需要，经国务院决定或者批准，可以在特定区域对网络通信采取限制等临时措施。

第四节 案例分析

一、基本情况：网络运营商需对用户发布信息负责[①]

2021 年 12 月，国家网信办负责人约谈某微博平台（以下简称 X 微博）主要负责人，针对近期 X 微博及其账号屡次出现法律、法规禁止发布或者传输的信息，情节严重，依据《网络安全法》《未成年人保护法》等法律法规，责令其立即整改，严肃处理相关责任人。北京市互联网信息办公室对 X 微博运营主体依法予以共计 300 万元罚款的行政处罚。2021 年 1 月至 11 月，国家网信办指导北京市互联网信息办公室，对 X 微博实施 44 次处置处罚，多次予以顶格 50 万元罚款，累计罚款 1430 万元。

国家网信办负责人强调，网站平台应当切实履行主体责任，健全信息发布审核、公共信息巡查、应急处置等信息安全管理制度，加强对其用户发布信息的管理，不得为违法违规信息提供传播平台。国家网信办将坚持依法管网治网，进一步强化监督管理执法，压实网站平台依法办网的主体责任，保障人民群众合法权益，维护网络空间的清朗。

二、案例解读

（一）网络言论也受法律约束

网络不是法外之地，为营造风清气朗的网络环境，《网络安全法》规定，任何个人和组织使用网络应当遵守宪法和法律，遵守公共秩序，尊重社会公德，不得危害网络安全，不得利用网络从事危害国家安全、荣誉和利益，煽动颠覆国家政权、推翻社会主义制度，煽动分裂国家、破坏国家统一，宣扬恐怖主义、极端主义，宣扬民族仇恨、民族歧视，传播暴力、淫秽色情信息，编造、传播虚假信息扰乱经济秩序和社会秩序，以及侵害他人名誉、隐私、知识产权和其他合法权益等活动。

因此，任何个人、组织在使用网络、经营网络时，都必须遵守《网络安全法》，文明上网，规范上网，不得发表不当言论、不得从事违法犯罪活动。

（二）网络运营商需监管用户发布的信息

为加强网络监管，网络运营者作为服务提供者应当履行第一责任，加强平台治理。为此，《网络安全法》第 47 条规定，网络运营者应当加强对其用户发布的信息的管理，发现法律、行政法规禁止发布或者传输的信息的，应当立即停止传输该信息，采取消除等处

---

① 国家网信办依法约谈处罚 * * 微博：http://www.cac.gov.cn/2021－12/14/c_1641080795548173.htm。

置措施，防止信息扩散，保存有关记录，并向有关主管部门报告。

X 微博作为重要的社交媒体，用户数量多、信息传播范围广、社会影响大，因此 X 微博经营主体应当加强信息管理，履行《网络安全法》确立的基本义务。

（三）《网络安全法》禁止发布违法信息

《网络安全法》第 68 条规定，网络运营者违反本法第四十七条规定，对法律、行政法规禁止发布或者传输的信息未停止传输、采取消除等处置措施、保存有关记录的，由有关主管部门责令改正，给予警告，没收违法所得；拒不改正或者情节严重的，处十万元以上五十万元以下罚款，并可以责令暂停相关业务、停业整顿、关闭网站、吊销相关业务许可证或者吊销营业执照，对直接负责的主管人员和其他直接责任人员处一万元以上十万元以下罚款。

依据上述规定，国家网信办、北京市网信办对 X 微博实施处罚，做出顶格处罚。

第五节 思考与练习

一、单选题

1.《网络安全法》通过的时间是（　　）。

A. 2020　　B. 2019

C. 2016　　D. 2012

答案：C

2.《网络安全法》规定网络运营者按照（　　）制度的要求，采取相应的管理措施和技术防范等措施，履行相应的网络安全保护义务。

A. 网络安全等级保护　　B. 网络安全检测

C. 网络产品安全认证　　D. 网络安全审查

答案：A

3. 信息处理者不得泄露或者篡改其收集、存储的个人信息；（　　）不得向他人非法提供其个人信息。

A. 未经被收集者同意　　B. 未经被收集者所在单位同意

C. 未经法律规定的机关同意　　D. 未经被收集者近亲属

答案：A

二、多选题

1. 为维护网络安全，规范网络信息传播秩序，惩治网络违法犯罪，全国人大常委会通过的专门性法律及决定有（　　）。

A.《网络安全法》　　B.《个人信息保护法》

C.《数据安全法》　　D.《民法典》

E.《关于加强网络信息保护的决定》

答案：AE

2. 保障网络产品和服务的安全。《网络安全法》确立的制度有（　　）。

A. 网络产品和服务提供者不得设置恶意程序

B. 网络产品和服务提供者及时向用户告知安全缺陷、漏洞等风险

C. 网络关键设备和网络安全专用产品的安全认证和安全检测制度

D. 建立关键信息基础设施运营者采购网络产品、服务的安全审查制度

E. 确立"告知—同意"原则

答案:ABCD

3. 为加强国家的网络安全监测预警和应急制度建设,提高网络安全保障能力,《网络安全法》规定(　　)。

A. 国务院有关部门建立健全网络安全监测预警和信息通报制度,加强网络安全信息收集、分析和情况通报工作

B. 建立网络安全应急工作机制,制定应急预案

C. 规定预警信息的发布及网络安全事件应急处置措施

D. 为处置重大突发社会安全事件,规定网络管制制度

E. 确立网络安全等级保护制度

答案:ABCD

4.《网络安全法》设专节对关键信息基础设施的运行安全做了规定,实行重点保护。以下属于重点保护范围的有(　　)。

A. 基础信息网络

B. 重要行业和领域的重要信息系统

C. 军事网络

D. 重要政务网络

E. 用户数量众多的商业网

答案:ABCD

三、填空题

1.《网络安全法》旨在维护网络空间的(　　)和安全。

答案:主权

2.(　　)是国家主权在网络空间的体现和延伸,是我国维护国家安全和利益、参与网络国际治理与合作所坚持的重要原则。

答案:网络主权

第十三章
数据统计的法律制度

本章学习目标

了解《统计法》的立法背景，了解该法对统计数据的质量要求。熟悉统计调查项目的管理要求。了解一般统计违法行为及其法律责任。

本章思维导图

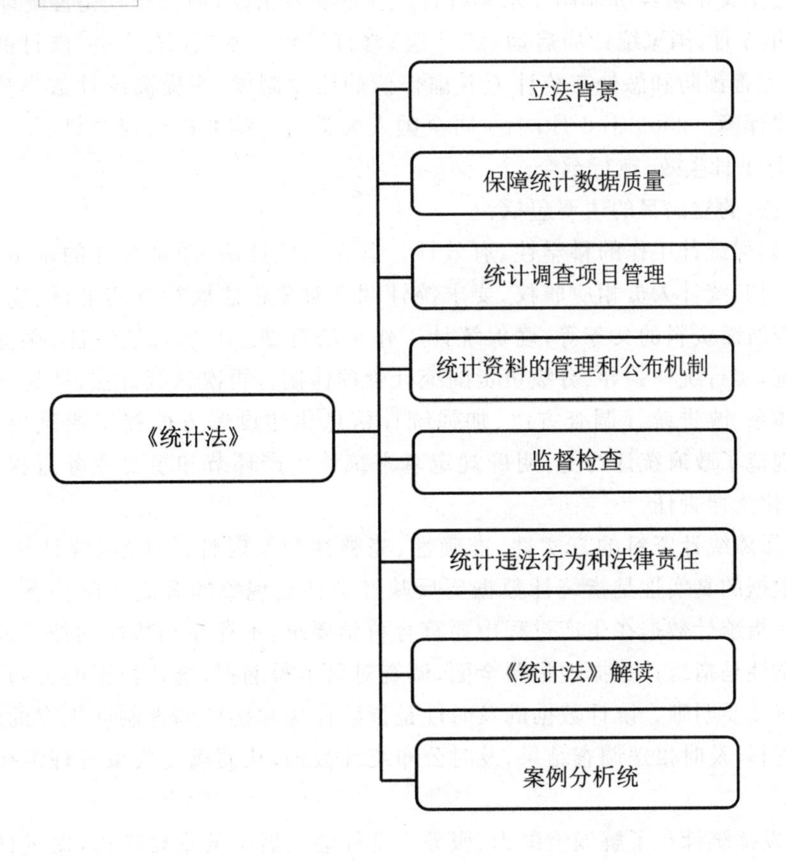

本章对《统计法》的立法背景进行了回顾，《统计法》旨在保障统计资料的真实性、准确性、完整性和及时性，防止统计工作中出现的虚报、瞒报、伪造、篡改统计资料的违法行为。本章梳理了《统计法》对调查项目的审批权，统计资料的管理和公布机制。对统计违法行为及其法律责任进行了梳理和总结。

第一节 《统计法》立法背景

1983 年 12 月，六届全国人大常委会第三次会议通过《统计法》。1996 年 5 月，八届全国人大常委会第十九次会议进行重要修订。此后，全国人大常委会组织了对《统计法》实施情况的执法检查，并在 2005 年 4 月 26 日提出《全国人大常委会执法检查组关于检查〈统计法〉实施情况的报告》。全国人大常委会执法检查组认为，“随着市场经济的不断发展，特别是我国加入世贸组织以后，统计工作面临的内外部环境都发生了较大变化，统计法的部分内容已不适应当前情况。当前统计工作面临的一些问题和矛盾，许多都与现行统计法规定不够完善有关。例如，关于统计人员修改统计数据的规定，法律责任过于简单、缺乏对政府领导违法责任追究的规定等问题。这些问题都在较大程度上影响到法律执行和统计数据的客观性”。因此，全国人大常委会执法检查组建议国务院及有关部门从完善社会主义市场经济体制要求和统计工作的实际出发，加快修改完善统计法。

2005 年 5 月，国家统计局启动《统计法》修订工作。本次《统计法》修订的指导思想是：进一步完善预防和惩处在统计上弄虚作假的法律制度，为提高统计数据质量提供强有力的法律保障。2009 年 6 月，十一届全国人大常委会第九次会议修订《统计法》，并于 2010 年 1 月 1 日生效，施行至今。

《统计法》的立法目的主要包括：

第一，确保统计工作的科学性、有效性。首先，《统计法》明确统计的基本任务，赋予政府统计机构、统计人员相应职权，要求统计调查对象依法履行真实准确、完整、及时提供统计调查所需资料的义务等，确保统计工作于法有据。其次，《统计法》确立集中统一的统计系统，实行统一领导、分级负责的统计管理体制。再次，《统计法》明确建立科学的统计指标体系、改进统计调查方法、加强统计信息化建设等方面提出明确要求。最后，《统计法》规范了政府统计行为，明确规定基本统计生产环节和主要业务流程，规定权限和程序，强化法律责任。

第二，保障统计资料的真实性、准确性、完整性和及时性。这是《统计法》的核心目的。统计数据的真实性是指统计数据要反映经济社会现象的客观实际情况。统计数据的准确性是指统计数据在生产过程中要符合科学要求，不存在趋势性的技术差错。统计数据的完整性是指统计数据搜集要全面，调查对象不得漏报，统计数据的公布要全面，统计数据的解读要明晰。统计数据的及时性是指统计法和统计调查制度规定的时间，及时上报统计资料，及时报送调查结果，及时公布统计数据，从而满足决策管理需要和社会各界需要。

第三，发挥统计在了解国情国力、服务经济社会发展中的重要作用，促进社会主义现代化建设各项事业的发展，这是《统计法》的主要目的。国情国力是一个国家经济社会发展的基本情况和实力。通过统计工作，可以准确及时揭示经济社会发展规模、结构、速度、效益，为中央实施科学决策、为各地各部门科学管理、为社会公众参与经济社会活动提供数据支撑。

第二节 《统计法》主要内容

一、保障统计数据质量

为防止统计工作中出现的虚报、瞒报、伪造、篡改统计资料的违法行为，保障统计数据质量，《统计法》确立相关制度：

首先，确保统计机构独立行使职权的制度。一是明确规定了领导干部的“三个不得”。各地方、各部门、各单位的负责人对统计机构和统计人员依法搜集、整理的统计资料，不得自行修改，不得以任何方式要求统计机构、统计人员及其他机构、人员伪造、篡改统计资料，不得对依法履行职责、拒绝和抵制统计违法行为的统计人员进行打击报复；二是规定各地方、各部门、各单位应当加强对统计工作的组织领导，为统计工作提供必要的保障；三是取消了原《统计法》中关于领导人“如果发现数据计算或者来源有错误，应当提出，由统计机构、统计人员和有关人员核实订正”的规定，以防止地方、部门、单位的负责人利用这一规定干预统计数据的上报。

其次，建立统计资料的审核签署制度。国家机关、社会团体、企业事业单位或者其他组织等统计调查对象，应当按照国家有关规定设置原始记录、统计台账，建立健全统计资料的审核、签署、交接、归档等管理制度。审核、签署人员应当对其审核、签署的统计资料的真实性、准确性和完整性负责。

再次，强化统计人员的责任。统计人员应当对其负责搜集、审核、录入的统计资料与调查对象报送的统计资料的一致性负责，不得伪造、篡改统计资料，不得以任何方式要求统计调查对象提供不真实的统计资料。

最后，加大对弄虚作假行为的处罚力度。《统计法》对地方、部门、单位的负责人干预统计数据和对本地方、本部门、本单位发生的严重统计违法行为失察的，规定了法律责任。对统计调查的组织实施者和统计调查对象弄虚作假、利用虚假统计资料骗取荣誉称号、物质奖励或者晋升职务等违法行为，加大了处罚力度。

二、完善统计调查项目管理

为有效解决各类统计调查重复、混乱的问题，科学确定政府统计调查的分类及其管理制度，切实减轻基层填报对象的负担，提高统计调查的有效性和质量，《统计法》做出如下规定：

一是明确国家统计调查项目的审批权。国家统计调查项目报国务院备案；重大的国家统计调查项目报国务院审批。

二是调整部门统计调查项目和地方统计调查项目的划分标准。将部门统计调查项目严格限定为国务院及其部门拟订的统计调查项目；县级以上地方人民政府有关部门拟订的统计调查项目，则纳入地方统计调查项目的范畴。

三是明确了统计调查项目审批的原则、内容和程序。审批机关应当对统计调查项目的必要性、可行性、科学性进行审查，经审查符合法定条件的，应当作出予以批准的书面决定并公布；不符合法定条件的，应当作出不予批准的书面决定并说明理由。审批机关同时审批统计调查制度。

四是确立国家统计调查项目的主导地位。国家统计调查项目、部门统计调查项目、地方统计调查项目应当明确分工，互相衔接，不得重复。

三、健全统计资料的管理和公布机制

为完善统计资料的管理和公布、部门之间共享统计信息以及政府利用统计资料为社会公众服务方面，加强对统计调查对象资料保密的制度。《统计法》做出如下规定：

一是关于统计资料的管理。县级以上人民政府统计机构和有关部门以及乡、镇人民政府，应当按照国家有关规定建立统计资料的保存、管理制度。

二是关于统计信息共享。县级以上人民政府统计机构和有关部门应当互相提供统计资料、有关行政记录资料等，建立健全统计信息共享机制。

三是关于统计资料的公布。为了有效解决统计数据公布中的及时性问题，《统计法》规定县级以上地方人民政府统计机构按照国家有关规定，定期公布统计资料。国家统计数据以国家统计局公布的数据为准。

四是加强对统计调查对象所报送资料的保密管理。统计调查中获得的能够识别或者推断单个统计调查对象身份的资料，任何单位和个人不得对外提供、泄露，不得用于统计以外的目的。

五是增加政府利用统计资料为社会公众服务的规定。县级以上人民政府统计机构和有关部门应当充分利用可以公开的统计资料，为社会公众提供服务。

四、加强监督检查

为解决统计机构监督检查权限不明、缺乏有效的检查手段，造成统计监督不力、统计违法难究等问题，《统计法》规定了“监督检查”制度。主要有：

一是规定国家统计局组织管理全国统计工作的监督检查，并对国家统计局及其派出的调查机构、县级以上地方人民政府统计机构的执法权限做了规定。国家统计局查处重大统计违法行为；县级以上地方人民政府统计机构依法查处本行政区域内发生的统计违法行为，但是，国家统计局派出的调查机构组织实施的统计调查活动中发生的统计违法行为，由组织实施该项统计调查的调查机构负责查处。

二是对县级以上人民政府统计机构在调查统计违法案件或者核查统计数据时可以采取的措施做了规定。主要包括：向检查对象查询有关事项，进入检查对象的业务场所和统计数据处理信息系统进行检查、核对，登记保存检查对象的原始记录、统计台账、统计调查表、会计资料等资料，对与检查事项有关的情况和资料进行记录、录音、录像、照相和复制等。

三是规定了有关部门在统计执法方面的职责。县级以上人民政府有关部门应当积极协助同级人民政府统计机构查处统计违法行为，及时向同级人民政府统计机构移交有关统计违法案件材料。

四是规定了单位和个人在接受统计检查时应当履行的义务。任何单位和个人在接

受统计检查时，应当如实反映情况，提供相关证明和资料，不得拒绝、阻碍检查，不得转移、隐匿、篡改、毁弃原始记录和凭证、统计台账、统计调查表、会计资料及其他相关证明和资料。

五、规范统计违法行为和法律责任

为了保障统计数据质量，维护统计工作秩序，《统计法》按照统计工作的领导者（地方、部门、单位的负责人）、统计调查的组织实施者（县级以上人民政府统计机构和有关部门、统计人员）、统计调查对象三类不同主体，对统计违法行为重新进行了归纳和整理。

第三节 《统计法》解读：保障数据质量、保护调查对象信息

《统计法》主要是用来规范政府统计、统计人员的统计行为，确保统计工作的科学性、有效性，保障统计资料的真实性、准确性、完整性和及时性，发挥统计在了解国情国力、服务经济社会发展中的重要作用，促进社会主义现代化建设各项事业的发展。

政府机构在实施统计时也会收集到大量的国家秘密、商业秘密和个人信息，这些信息关乎国家安全、企业利益和个人隐私等权益。因此，《统计法》要求，统计调查中获得的能够识别或者推断单个统计调查对象身份的资料，任何单位和个人不得对外提供、泄露，不得用于统计以外的目的。《统计法实施条例》做出详细规定，统计调查中获得的能够识别或者推断单个统计调查对象身份的资料应当依法严格管理，除作为统计执法依据外，不得直接作为对统计调查对象实施行政许可、行政处罚等具体行政行为的依据，不得用于完成统计任务以外的目的。其中，“能够识别或者推断单个统计调查对象身份的资料”包括：(一)直接标明单个统计调查对象身份的资料；(二)虽未直接标明单个统计调查对象身份，但是通过已标明的地址、编码等相关信息可以识别或者推断单个统计调查对象身份的资料；(三)可以推断单个统计调查对象身份的汇总资料。

第四节 案例分析

一、基本情况：某镇参与篡改统计资料案[①]

根据群众举报，A市统计局对D镇进行了执法检查。通过对该镇25家工业企业的抽查发现：上年工业总产值上报数据为63.4亿元，核实数据为28.2亿元，多报35.2亿元；当年上半年工业总产值上报数据为27.4亿元，核实数据为10.6亿元，多报16.8亿元。对该镇抽查的13个投资项目发现，当年上半年投资完成额上报数据为2.1亿元，核实数据为0.2亿元，多报1.9亿元。

该市统计局经过深入调查查明：该镇的一些文件和具体做法，严重影响企业独立真实上报统计数据，存在要求统计调查对象提供不真实的统计资料的违法行为。第一，该

① 2022年统计违纪违法典型案例汇编（三），数据来源“金山统计”，网址：https://baijiahao.baidu.com/s?id=1725744076598860706&wfr=spider&for=pc。

镇通过政府发文，分别向全镇规模以上工业企业和建设项目单位逐一分解工业总产值、完成投资额等目标任务。第二，镇经济中心要求企业按照下达目标任务填报统计调查表。第三，该镇经济中心要求有关单位制作虚假的施工合同等材料，将3个未开工或是不够规模的项目变成正在施工的达规模项目上报等。

该市统计局对该镇镇长、镇经济中心主任进行了约谈，市监察局给予该镇镇长、经济中心主任和统计人员记过处分，对经济中心主任和统计人员予以免职，并在全市范围予以通报。

二、案例解读

根据《统计违法违纪行为处分规定》第四条及《统计违纪违法责任人处分处理建议办法》的有关规定，该镇镇长对本镇发生的严重统计违法行为失察。根据《统计违法违纪行为处分规定》第五条及《统计违纪违法责任人处分处理建议办法》的有关规定，该镇经济中心主任、统计人员在实施统计调查活动中，明知数据不实，不履行职责调查核实，造成不良后果。

本案是一起乡镇有关部门和统计人员参与篡改统计资料的违法案件。本案中，镇政府通过发文、下达任务等间接形式要求企业提供不真实统计资料，同时要求企业制作虚假的证明资料。通过这种“双管齐下”的方式使本镇主要经济指标大幅提升，严重影响了该镇统计数据质量，该镇镇长对本地的统计违法行为应当发现而未发现，造成失察，同样应当承担相应的法律责任。这也是部分乡镇常见的统计违法方式，上级统计部门应加强对乡镇统计工作的监督检查，确保基层统计数据质量。

第五节 思考与练习

一、单选题

1. 统计数据的（　　），是指统计数据搜集要全面，调查对象不得漏报，统计数据的公布要全面，统计数据的解读要明晰。

A. 真实性　　B. 准确性　　C. 完整性　　D. 及时性

答案：C

2. 根据《统计法》的规定，重大的国家统计调查项目报（　　）审批。

A. 国务院　　B. 省级政府

C. 省级政府统计部门　　D. 县级以上政府

答案：A

3. 根据《统计法》的规定，（　　）组织管理全国统计工作的监督检查，并查处重大统计违法行为。

A. 国务院　　B. 国家统计局　　C. 司法部　　D. 省级政府

答案：B

4. 以下不属于《统计法》和《统计法实施条例》规定的行政处罚种类的是（　　）

A. 警告　　B. 罚款　　C. 没收违法所得　　D. 拘留

答案:D

二、多选题

1.《统计法》的核心目的是保障统计数据的( )

A. 真实性　B. 准确性　C. 完整性　D. 及时性　E. 合法性

答案:ABCD

2. 制定《统计法》,是通过统计工作,发挥如下哪些作用( )

A. 准确及时揭示经济社会发展规模、结构、速度、效益

B. 为中央政府实施科学决策提供数据支撑

C. 为地方政府科学管理提供数据支撑

D. 为社会公众参与经济社会活动提供数据支撑

E. 为司法审判工作提供数据支撑

答案:ABCD

3. 为确保统计数据质量,《统计法》规定如下制度:( )

A. 统计机构独立行使职权　B. 统计资料审核签署制度

C. 统计人员责任明确　D. 惩治统计中的弄虚作假行为

E. 统计工作集中统一管理

答案:ABCD

4. 在统计工作中,单位和个人在接受统计检查时,应当( )

A. 如实反映情况　B. 提供相关证明和资料

C. 不得拒绝、阻碍检查　D. 提供不真实的数据资料

E. 不得转移、隐匿、篡改、毁弃原始记录和凭证等资料

答案:ABCE

三、填空题

1. 根据《统计法》的规定,县级以上人民政府统计机构和有关部门应当充分利用可以公开的统计资料,为( )提供服务。

答案:社会公众

2. 为了有效解决统计数据公布中的及时性问题,《统计法》规定县级以上地方人民政府统计机构应当按照国家有关规定( )。

答案:定期公布统计资料

3.《统计法》确立了"三个不得"规定,旨在确保统计机构行使职权的( )

答案:独立性

4. 统计人员应当对其负责搜集、审核、录入的统计资料与调查对象报送的统计资料的( )负责。

答案:一致性

第十四章
数据分析如何合法进行

本章学习目标

理解数据从业人员应当遵守的法律义务。了解数据从业人员违规应当承担的民事责任、行政责任及刑事责任。

本章思维导图

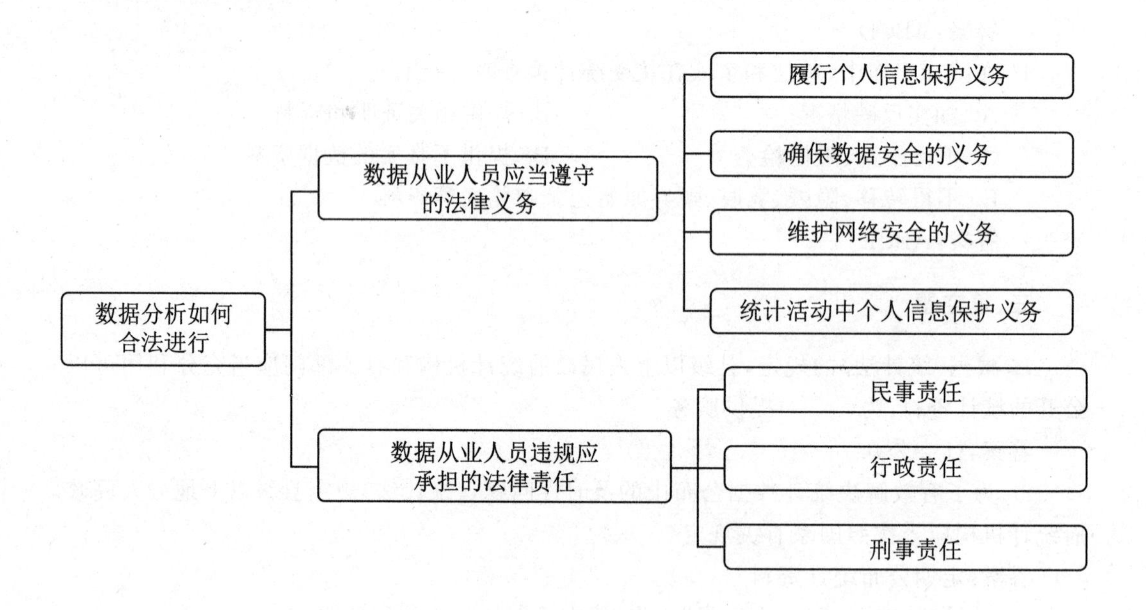

本章主要学习大数据活动中各从业人员应当遵守的法律规范和应当履行的法律义务。大数据从业者应当严格遵守法律、法规、规章以及规范性文件设定的基本义务。违反法律法规设定的义务，大数据公司、平台以及大数据从业者将要承担相应的法律责任。本章重点介绍现有法律法规针对大数据处理者、从业者设定的义务，以及违反义务应当承担的民事、行政和刑事责任。

第一节 数据从业人员应当履行的法律义务

一、个人信息保护义务

根据《个人信息保护法》的规定，大数据平台、企业以及分析人员在处理个人信息时，应当遵守如下义务。

（一）取得个人同意，保障个人知情权和决定权

个人作为信息权利人，有权控制控制其信息，其控制方式主要有：知情权、决定权，有权限制或者拒绝他人对其个人信息进行处理，除非法律、法规另有规定。

《个人信息保护法》确立的“告知－同意”规则正是为了尊重和保护个人对其信息的控制权而产生的规则。《最高人民法院关于审理使用人脸识别技术处理个人信息相关民事案件适用法律若干问题的规定》第 2 条第 3 项规定，基于个人同意处理人脸信息的，未征得自然人或者其监护人的单独同意，或者未按照法律、行政法规的规定征得自然人或者其监护人的书面同意的，应认定属于侵害自然人人格权益的行为。《民法典》第 1035 条第 1 款第 1 项规定，处理个人信息必须取得该自然人或者其监护人的同意，但是法律、行政法规另有规定的除外。

1.《个人信息保护法》基本要求与例外情形

基本原则：处理个人信息应当取得个人同意。根据《个人信息保护法》的规定，个人信息处理者只有在告知并取得信息被处理人的个人同意后，才能对该自然人的个人信息进行相应的处理活动。

当然，为促进个人信息的合理利用、维护公共利益、国家利益等目的，法律、行政法规也可以做出例外的规定，在特定情形下不需要取得个人同意就可以处理的情形。《个人信息保护法》第 13 条列举了不需取得个人同意可处理个人信息的例外情形：1. 为订立、履行个人作为一方当事人的合同所必需，或者按照依法制定的劳动规章制度和依法签订的集体合同实施人力资源管理所必需；2. 为履行法定职责或者法定义务所必需；3. 为应对突发公共卫生事件，或者紧急情况下为保护自然人的生命健康和财产安全所必需；4. 为公共利益实施新闻报道、舆论监督等行为，在合理的范围内处理个人信息；5. 依照《个人信息保护法》规定在合理的范围内处理个人自行公开或者其他已经合法公开的个人信息；6. 法律、行政法规规定的其他情形。《民法典》第 1035 条第 1 款第 1 项也规定法律、行政法规可以设定例外情况。

需要说明的是，不需要取得个人同意的情形仅限于《个人信息保护法》列举的情形。在列举情形之外，法律和行政法规可以增设新的例外情形，但地方性法规、规章和行政规范性文件不得扩大增设例外情形的范围。法律、行政法规列举之外的情形，均需要遵循

"告知—同意"原则。

2. 取得信息权利人同意处理其信息的基本要求

(1)自愿同意与同意撤回

同意的基本要件包括,做出同意的个人应当具有同意能力、同意是个人在充分知情的前提下做出的、同意是个人自愿且明确做出的,个人可单独同意或者书面同意,个人有权撤回同意。

具体来说,同意包括以下两种情形。

一是自愿同意。基于个人同意处理个人信息的,该同意应当由个人在充分知情的前提下自愿、明确做出。法律、行政法规规定处理个人信息应当取得个人单独同意或者书面同意的,从其规定。个人信息的处理目的、处理方式和处理的个人信息种类发生变更的,应当重新取得个人同意。

二是同意撤回。基于个人同意处理个人信息的,个人有权撤回其同意。个人信息处理者应当提供便捷的撤回同意的方式。个人撤回同意,不影响撤回前基于个人同意已进行的个人信息处理活动的效力。个人信息处理者不得以个人不同意处理其个人信息或者撤回同意为由,拒绝提供产品或者服务;处理个人信息属于提供产品或者服务所必需的除外。

个人撤回同意是无条件的,不需要说明理由,也不需要获取个人信息处理者的同意;个人信息处理者不能通过格式合同条款或者其他方式与个人约定撤回同意的期限。如果存在这些条款,则当属无效。个人信息处理者应当提供便捷的撤回同意的方式。当然,个人撤回同意只适用于基于个人同意处理个人信息的情形。

(2)个人信息处理者的告知义务

取得个人同意的前提是,个人信息处理者履行告知义务,使自然人明确知晓个人信息处理者准备如何处理其信息。只有个人信息处理者充分履行其告知义务,自然人才能在充分知情的前提下自愿、明确做出是否同意的决定。该要求体现了个人信息处理中的透明原则要求,即个人信息处理者处理个人信息时应当采取公开、透明的方式,公开个人信息处理的规则,向信息主体明示个人信息处理的目的、方式和范围,从而保障自然人对其个人信息的处理享有知情权、决定权。

全国人大常委会通过的《关于加强网络信息保护的决定》第2条规定,网络服务提供者和其他企业事业单位在业务活动中收集、使用公民个人电子信息,应当遵循合法、正当、必要的原则,明示收集、使用信息的目的、方式和范围,并经被收集者同意,不得违反法律、法规的规定和双方的约定收集、使用信息。网络服务提供者和其他企业事业单位收集、使用公民个人电子信息,应当公开其收集、使用规则。《网络安全法》第41条第1款规定,网络运营者收集、使用个人信息,应当遵循合法、正当、必要的原则,公开收集、使用规则,明示收集、使用信息的目的、方式和范围,并经被收集者同意。《民法典》第1035条规定,规定个人信息处理者应当公开处理信息的规则,明示处理信息的目的、方式和范围。

《个人信息保护法》对此做出更为明确的规定:个人信息处理者在处理个人信息前,应当以显著方式、清晰易懂的语言真实、准确、完整地向个人告知下列事项:个人信息处理者的名称或者姓名和联系方式;个人信息的处理目的、处理方式,处理的个人信息种类、保存期限;个人行使本法规定权利的方式和程序;法律、行政法规规定应当告知的其他事项。以上规定事项发生变更的,应当将变更部分告知个人。个人信息处理者通过制定个人信息处理规则的方式告知规定事项的,处理规则应当公开,并且便于查阅和保存。

告知义务的例外情形:个人信息处理者处理个人信息,有法律、行政法规规定应当保密或者不需要告知的情形的,可以不向个人告知规定的事项。紧急情况下为保护自然人的生命健康和财产安全无法及时向个人告知的,个人信息处理者应当在紧急情况消除后及时告知。

(3)个人信息转移时,须重新获得同意

个人信息处理者因合并、分立、解散、被宣告破产等原因需要转移个人信息的,应当向个人告知接收方的名称或者姓名和联系方式。接收方应当继续履行个人信息处理者的义务。接收方变更原先的处理目的、处理方式的,应当依照《个人信息保护法》规定重新取得个人同意。个人信息处理者向其他个人信息处理者提供其处理的个人信息的,应当向个人告知接收方的名称或者姓名、联系方式、处理目的、处理方式和个人信息的种类,并取得个人的单独同意。接收方应当在上述处理目的、处理方式和个人信息的种类等范围内处理个人信息。接收方变更原先的处理目的、处理方式的,应当依照本法规定重新取得个人同意。

(二)委托人处理个人信息不得超越约定目的和方式

个人信息处理者委托处理个人信息,是指个人信息处理者将处理个人信息的事务委托给其他组织或者个人,在委托人和受托人之间成立委托合同关系。其中,受托人根据委托处理个人信息,个人信息的处理目的与处理方式都是由委托人自主决定,受托人按照委托合同之约定处理个人信息。

个人信息处理者委托处理个人信息的,应当与受托人约定委托处理的目的、期限、处理方式、个人信息的种类、保护措施以及双方的权利和义务等,并对受托人的个人信息处理活动进行监督。受托人应当按照约定处理个人信息,不得超出约定的处理目的、处理方式等处理个人信息;委托合同不生效、无效、被撤销或者终止的,受托人应当将个人信息返还个人信息处理者或者予以删除,不得保留。未经个人信息处理者同意,受托人不得转委托他人处理个人信息。接受委托处理个人信息的受托人,应当依照《个人信息保护法》和有关法律、行政法规的规定,采取必要措施保障所处理的个人信息的安全,并协助个人信息处理者履行本法规定的义务。

(三)自动化决策应遵循透明、公平、公正原则

自动化决策,是指通过计算机程序自动分析、评估个人的行为习惯、兴趣爱好或者经济、健康、信用状况等,并进行决策的活动。自动化决策是建立在大数据、人工智能和算法的基础上,通过大数据技术对大量信息的用户进行持续追踪和信息采集,然后遵循特定的规则处理所收集的个人信息,并对用户进行数字画像和相应的决策。其中,数据画像是指利用个人信息来评估与自然人有关的特定方面,特别是针对与自然人的工作表现、经济状况、健康状况、个人偏好、兴趣、信誉、行为习惯、位置或者行踪相关的分析和预测。自动化决策具有高效性和一致性特征,适用范围广泛。

但是,自动化决策存在着决策责任人缺失、受自动化决策影响人无法参与决策、算法透明性不足、不合法或者不公平的歧视等“黑箱”问题。而且,自动化决策是对个人偏好

的预测与迎合，威胁个人隐私和自由，损害公民个体的自主性，产生“信息茧房”。为克服自动化决策中的弊端，《个人信息保护法》规定，个人信息处理者利用个人信息进行自动化决策，应当保证决策的透明度和结果公平、公正，不得对个人在交易价格等交易条件上实行不合理的差别待遇。通过自动化决策方式向个人进行信息推送、商业营销，应当同时提供不针对其个人特征的选项，或者向个人提供便捷的拒绝方式。通过自动化决策方式做出对个人权益有重大影响的决定，个人有权要求个人信息处理者予以说明，并有权拒绝个人信息处理者仅通过自动化决策的方式做出决定。

《个人信息保护法》禁止利用自动化决策的算法歧视。《国务院反垄断委员会关于平台经济领域的反垄断指南》第 17 条规定，差别待遇是指具有市场支配地位的平台经济领域经营者，可能滥用市场支配地位，无正当理由对交易条件相同的交易相对人实施差别待遇，排除、限制市场竞争。分析是否构成差别待遇，可以考虑以下因素：(1)基于大数据和算法，根据交易相对人的支付能力、消费偏好、使用习惯等，实行差异性交易价格或者其他交易条件；(2)实行差异性标准、规则、算法；(3)实行差异性付款条件和交易方式。其中，条件相同是指交易相对人之间在交易安全、交易成本、信用状况、所处交易环节、交易持续时间等方面不存在实质性影响交易的差别。平台在交易中获取的交易相对人的隐私信息、交易历史、个体偏好、消费习惯等方面存在的差异不影响认定交易相对人条件相同。平台经济领域经营者实施差别待遇行为可能具有以下正当理由：(1)根据交易相对人实际需求且符合正当的交易习惯和行业惯例，实行不同交易条件；(2)针对新用户在合理期限内开展的优惠活动；(3)基于平台公平、合理、无歧视的规则实施的随机性交易；(4)能够证明行为具有正当性的其他理由。

(四)公共场所采集个人信息应具备必要性

在公共场所按照人脸识别、指纹识别设备处理个人信息，容易对自然人对个人信息处理的知情权和控制权产生损害。为此，《个人信息保护法》在公共场所安装图像采集、个人身份识别设备，应当为维护公共安全所必需，遵守国家有关规定，并设置显著的提示标识。所收集的个人图像、身份识别信息只能用于维护公共安全的目的，不得用于其他目的。取得个人单独同意的除外。

为维护公共安全需要，法律可规定设置图像采集和身份识别的情形。如《反恐怖主义法》第 27 条第 1 款规定，地方各级人民政府应当根据需要，组织、督促有关建设单位在主要道路、交通枢纽、城市公共区域的重点部位，配备、安装公共安全视频图像信息系统等防范恐怖袭击的技防、物防设备、设施。

(五)公开的个人信息可合理使用

个人信息处理者可以在合理的范围内处理个人自行公开或者其他已经合法公开的个人信息；个人明确拒绝的除外。个人信息处理者处理已公开的个人信息，对个人权益有重大影响的，应当依照本法规定取得个人同意。

(六)敏感信息须进行特殊保护

区分敏感信息与一般信息，一方面有利于更好的保障自然人的权益，另一方面也设置了区分保护原则，为个人信息的利用提供了法律基础。

1. 敏感信息保护的范围

敏感个人信息是一旦泄露或者非法使用，容易导致自然人的人格尊严受到侵害或者人身、财产安全受到危害的个人信息，包括生物识别、宗教信仰、特定身份、医疗健康、金融账户、行踪轨迹等信息，以及不满十四周岁未成年人的个人信息。

敏感个人信息与自然人的人格尊严、重要人身财产权利的关联程度更高。这些信息若不当使用，将会给自然人的基本权利和人身财产权利造成重大损害。因此，《个人信息保护法》规定，只有在具有特定的目的和充分的必要性，并采取严格保护措施的情形下，个人信息处理者方可处理敏感个人信息。

2. 敏感信息获取的基本规则。

①取得同意的形式。处理敏感个人信息应当取得个人的单独同意；法律、行政法规规定处理敏感个人信息应当取得书面同意的，从其规定。

②个人信息处理者的告知义务。个人信息处理者处理敏感个人信息的，还应当向个人告知处理敏感个人信息的必要性以及对个人权益的影响。

③未成年敏感信息的特殊保护。个人信息处理者处理不满十四周岁未成年人个人信息的，应当取得未成年人的父母或者其他监护人的同意。个人信息处理者处理不满十四周岁未成年人个人信息的，应当制定专门的个人信息处理规则。

④法律、行政法规对处理敏感个人信息规定应当取得相关行政许可或者做出其他限制的，从其规定。

（七）个人信息跨境须严格遵守规定

个人信息跨境指的是个人信息数据的跨境流动，个人信息或者数据流出境外，为境外的政府机构、社会组织、企业或者个人收集、储存、加工、使用等。经济全球化以及网络信息技术的发展，使得个人信息跨境流动成为常态，但由此也存在个人信息跨境后个人难以主张其信息权利，而且涉及国家安全的个人信息或者数据流出境外，若不当使用，则可能危及国家安全。因此，《个人信息保护法》和《数据安全法》都对个人信息、数据的跨境流动做出规定。其中，《数据安全法》规定，国家积极开展数据安全治理、数据开发利用等领域的国际交流与合作，参与数据安全相关国际规则和标准的制定，促进数据跨境安全、自由流动。为实现数据自由流动与安全之间的平衡，需要对个人信息跨境施加更为严格的限制。

1. 数据跨境安全保障制度

《数据安全法》对数据安全做出如下规定。

一是国家建立数据分级保护制度。《数据安全法》规定，国家建立数据分类分级保护制度，根据数据在经济社会发展中的重要程度，以及一旦遭到篡改、破坏、泄露或者非法获取、非法利用，对国家安全、公共利益或者个人、组织合法权益造成的危害程度，对数据实行分类分级保护。国家数据安全工作协调机制统筹协调有关部门制定重要数据目录，加强对重要数据的保护。关系国家安全、国民经济命脉、重要民生、重大公共利益等数据属于国家核心数据，实行更加严格的管理制度。各地区、各部门应当按照数据分类分级保护制度，确定本地区、本部门以及相关行业、领域的重要数据具体目录，对列入目录的数据进行重点保护。

二是国家建立数据安全审查制度，对影响或者可能影响国家安全的数据处理活动进行国家安全审查。国家对与维护国家安全和利益、履行国际义务相关的属于管制物项的数据依法实施出口管制。

三是安全评估。关键信息基础设施的运营者在中国境内运营中收集和产生的个人信息和重要数据应当在境内存储。因业务需要，确需向境外提供的，应当按照国家网信部门会同国务院有关部门制定的办法进行安全评估；法律、行政法规另有规定的，依照其规定。

2. 个人信息跨境转移的条件

个人信息处理者处理的个人信息须跨境流动时，应当遵循以下要求：①通过国家网信部门组织的安全评估；②按照国家网信部门的规定经专业机构进行个人信息保护认证；③按照国家网信部门制定的标准合同与境外接收方订立合同，约定双方的权利和义务；④法律、行政法规或者国家网信部门规定的其他条件；⑤个人信息处理者应当采取必要措施，保障境外接收方处理个人信息的活动达到本法规定的个人信息保护标准。

3. 向个人告知并取得同意的义务

个人信息处理者向中国境外提供个人信息的，应当向个人告知境外接收方的名称或者姓名、联系方式、处理目的、处理方式、个人信息的种类以及个人向境外接收方行使本法规定权利的方式和程序等事项，并取得个人的单独同意。

4. 接受安全评估义务

关键信息基础设施对国家来说至关重要，若遭到破坏或者丧失功能将对国家安全与公共利益造成重大损害。《关键信息基础设施安全保护条例》规定，关键信息基础设施，是指公共通信和信息服务、能源、交通、水利、金融、公共服务、电子政务、国防科技工业等重要行业和领域的，以及其他一旦遭到破坏、丧失功能或者数据泄露，可能严重危害国家安全、国计民生、公共利益的重要网络设施、信息系统等。《数据安全法》第 31 条规定，关键信息基础设施的运营者在中国境内运营中收集和产生的重要数据的出境安全管理，适用《网络安全法》的规定。

《个人信息保护法》规定，关键信息基础设施运营者和处理个人信息达到国家网信部门规定数量的个人信息处理者，应当将在中国境内收集和产生的个人信息存储在境内。确需向境外提供的，应当通过国家网信部门组织的安全评估；法律、行政法规和国家网信部门规定可以不进行安全评估的，从其规定。

由 13 个部委联合制定的《网络安全审查办法》规定，关键信息基础设施运营者采购网络产品和服务的，应当预判该产品和服务投入使用后可能带来的国家安全风险。影响或者可能影响国家安全的，应当向网络安全审查办公室申报网络安全审查。掌握超过 100 万用户个人信息的网络平台运营者赴国外上市，必须向网络安全审查办公室申报网络安全审查。网络安全审查重点评估相关对象或者情形的以下国家安全风险因素：(1)产品和服务使用后带来的关键信息基础设施被非法控制、遭受干扰或者破坏的风险；(2)产品和服务供应中断对关键信息基础设施业务连续性的危害；(3)产品和服务的安全性、开放性、透明性、来源的多样性，供应渠道的可靠性以及因为政治、外交、贸易等因素导致供应中断的风险；(4)产品和服务提供者遵守中国法律、行政法规、部门规章情况；(5)核心数据、重要数据或者大量个人信息被窃取、泄露、毁损以及非法利用、非法出境的风险；(6)上市存在关键信息基础设施、核心数据、重要数据或者大量个人信息被外国政府影响、控制、恶意利用的风险，以及网络信息安全风险；(7)其他可能危害关键信息基础设施安全、网络安全和数据安全的因素。

(八)个人在信息处理活动中的权利应受保障

《个人信息保护法》规定了个人在涉及其个人信息处理活动中的权利。根据权利与义务相对应的原则,个人信息处理者应当履行相应的义务。《个人信息保护法》规定,个人信息处理者应当建立便捷的个人行使权利的申请受理和处理机制。拒绝个人行使权利请求的,应当说明理由。个人信息处理者拒绝个人行使权利的请求的,个人可以依法向人民法院提起诉讼。个人在信息处理活动中享有的权利主要有如下方面。

一是知情权和决定权。个人对其信息的处理享有知情权、决定权,有权限制或者拒绝他人对其个人信息进行处理;法律、行政法规另有规定的除外。

二是复制查阅权与可携带权。个人有权向信息处理者查阅、复制其个人信息;个人请求查阅、复制其个人信息的,个人信息处理者应当及时提供。个人请求将个人信息转移至其指定的个人信息处理者,符合国家网信部门规定条件的,个人信息处理者应当提供转移的途径。

三是更正补充权。个人发现其个人信息不准确或者不完整的,有权请求个人信息处理者更正、补充。个人请求更正、补充其个人信息的,个人信息处理者应当对其个人信息予以核实,并及时更正、补充。

四是删除权。有下列情形之一的,个人信息处理者应当主动删除个人信息;个人信息处理者未删除的,个人有权请求删除:(1)处理目的已实现、无法实现或者为实现处理目的不再必要;(2)个人信息处理者停止提供产品或者服务,或者保存期限已届满;(3)个人撤回同意;(4)个人信息处理者违反法律、行政法规或者违反约定处理个人信息;(5)法律、行政法规规定的其他情形。法律、行政法规规定的保存期限未届满,或者删除个人信息从技术上难以实现的,个人信息处理者应当停止除存储和采取必要的安全保护措施之外的处理。

五是要求解释说明权。个人有权要求个人信息处理者对其个人信息处理规则进行解释说明。

六是死者个人信息的保护。自然人死亡的,其近亲属为了自身的合法、正当利益,可以对死者的相关个人信息行使本章规定的查阅、复制、更正、删除等权利;死者生前另有安排的除外。

(九)个人信息处理者应履行的保护义务

为贯彻个人信息处理中的合法原则和责任原则,个人信息处理者应当承担如下的义务。

1. 采取相应保障措施确保个人信息处理活动合法并保护个人信息安全

个人信息处理者应当根据个人信息的处理目的、处理方式、个人信息的种类以及对个人权益的影响、可能存在的安全风险等,采取下列措施确保个人信息处理活动符合法律、行政法规的规定,并防止未经授权的访问以及个人信息泄露、篡改、丢失:①制定内部管理制度和操作规程;②对个人信息实行分类管理;③采取相应的加密、去标识化等安全技术措施;④合理确定个人信息处理的操作权限,并定期对从业人员进行安全教育和培训;⑤制定并组织实施个人信息安全事件应急预案;⑥法律、行政法规规定的其他措施。

2. 确立个人信息保护负责人

《个人信息保护法》借鉴德国的"数据保护官"制度,要求企业设立个人信息保护负责人。处理个人信息达到国家网信部门规定数量的个人信息处理者应当指定个人信息保护负责人,负责对个人信息处理活动以及采取的保护措施等进行监督。根据《信息安全技术 个人信息安全规范》(GB/T 35273－2020)的规定,处理超过 100 万人的个人信息或者处理超过 10 万人的个人敏感信息的处理者,需要设立个人信息保护负责人。

个人信息处理者应当公开个人信息保护负责人的联系方式,并将个人信息保护负责人的姓名、联系方式等报送履行个人信息保护职责的部门。中国境外的个人信息处理者,应当在中国境内设立专门机构或者指定代表,负责处理个人信息保护相关事务,并将有关机构的名称或者代表的姓名、联系方式等报送履行个人信息保护职责的部门。

3. 境外个人信息处理者设立专门机构或指定代表

符合《个人信息保护法》第 3 条第 2 款规定的中国境外的个人信息处理者,应当在中国境内设立专门机构或者指定代表,负责处理个人信息保护相关事务,并将有关机构的名称或者代表的姓名、联系方式等报送履行个人信息保护职责的部门。

4. 合规审计与个人信息保护影响评估

《个人信息保护法》规定,个人信息处理者应当定期对其处理个人信息遵守法律、行政法规的情况进行合规审计。

《信息安全技术个人信息安全规范》(GB/T 35273－2020)规定了个人信息安全审计的内容,即对个人信息控制者的要求包括:①应对个人信息保护政策、相关规程和安全措施的有效性进行审计;②应建立自动化审计系统,监测记录个人信息处理活动;③审计过程形成的记录应能对安全事件的处置、应急响应和事后调查提供支撑;④应防止非授权访问、篡改或删除审计记录;⑤应及时处理审计过程中发现的个人信息违规使用、滥用等情况;⑥审计记录和留存时间应符合法律法规的要求。

当存在①处理敏感个人信息;②利用个人信息进行自动化决策;③委托处理个人信息、向其他个人信息处理者提供个人信息、公开个人信息;④向境外提供个人信息;⑤其他对个人权益有重大影响的个人信息处理活动的情形时,个人信息处理者应当事前进行个人信息保护影响评估,并对处理情况进行记录。个人信息保护影响评估应当包括下列内容:①个人信息的处理目的、处理方式等是否合法、正当、必要;②对个人权益的影响及安全风险;③所采取的保护措施是否合法、有效并与风险程度相适应。个人信息保护影响评估报告和处理情况记录应当至少保存三年。

5. 个人信息泄露时的补救措施及通知义务

发生或者可能发生个人信息泄露、篡改、丢失的,个人信息处理者应当立即采取补救措施,并通知履行个人信息保护职责的部门和个人。《民法典》《网络安全法》和《全国人民代表大会常务委员会关于加强网络信息保护的决定》规定了个人信息泄露时的补救与通知义务。《全国人民代表大会常务委员会关于加强网络信息保护的决定》第 4 条规定,网络服务提供者和其他企业事业单位应当采取技术措施和其他必要措施,确保信息安全,防止在业务活动中收集的公民个人电子信息泄露、毁损、丢失。在发生或者可能发生信息泄露、毁损、丢失的情况时,应当立即采取补救措施。《网络安全法》第 42 条第 2 款规定,网络运营者应当采取技术措施和其他必要措施,确保其收集的个人信息安全,防止信息泄露、毁损、丢失。在发生或者可能发生个人信息泄露、毁损、丢失的情况时,应当立即采取补救措施,按照规定及时告知用户并向有关主管部门报告。

《个人信息保护法》规定的通知应当包括下列事项：①发生或者可能发生个人信息泄露、篡改、丢失的信息种类、原因和可能造成的危害；②个人信息处理者采取的补救措施和个人可以采取的减轻危害的措施；③个人信息处理者的联系方式。个人信息处理者采取措施能够有效避免信息泄露、篡改、丢失造成危害的，个人信息处理者可以不通知个人；履行个人信息保护职责的部门认为可能造成危害的，有权要求个人信息处理者通知个人。

6. 特殊个人信息处理者的义务

《个人信息保护法》第 58 条规定的特殊个人信息处理者的义务为互联网生态“守门人”个人信息保护特别义务①。根据《个人信息保护法》规定，特殊个人信息处理者提供重要互联网平台服务、用户数量巨大、业务类型复杂的个人信息处理者。

特殊个人信息处理者应当履行下列义务：①按照国家规定建立健全个人信息保护合规制度体系，成立主要由外部成员组成的独立机构对个人信息保护情况进行监督；②遵循公开、公平、公正的原则，制定平台规则，明确平台内产品或者服务提供者处理个人信息的规范和保护个人信息的义务；③对严重违反法律、行政法规处理个人信息的平台内的产品或者服务提供者，停止提供服务；④定期发布个人信息保护社会责任报告，接受社会监督。

二、确保数据安全的义务

数据作为新的重要的生产要素与互联网、大数据、人工智能和实体经济深度融合。数字经济的快速发展之下，数据安全问题也相伴随而生。

(一)数据安全保护义务

为保障数据安全，《数据安全法》建立了数据安全制度，并具体规定数据处理活动的安全要求。数据安全指向于数据控制者，要求数据控制者采取措施确保数据不会丢失、泄露、修改、毁灭等风险。

《数据安全法》规定，开展数据处理活动应当依照法律、法规的规定，建立健全全流程数据安全管理制度，组织开展数据安全教育培训，采取相应的技术措施和其他必要措施，保障数据安全。利用互联网等信息网络开展数据处理活动，应当在网络安全等级保护制度的基础上，履行上述数据安全保护义务。重要数据的处理者应当明确数据安全负责人和管理机构，落实数据安全保护责任。开展数据处理活动以及研究开发数据新技术，应当有利于促进经济社会发展，增进人民福祉，符合社会公德和伦理。

此外，《网络安全法》第 10 条规定，建设、运营网络或者通过网络提供服务，应当依照法律、行政法规的规定和国家标准的强制性要求，采取技术措施和其他必要措施，保障网络安全、稳定运行，有效应对网络安全事件，防范网络违法犯罪活动，维护网络数据的完整性、保密性和可用性。当然，公安机关、国家安全机关因依法维护国家安全或者侦查犯罪的需要调取数据，应当按照国家有关规定，经过严格的批准手续，依法进行，有关组织、个人应当予以配合。

---

①　参见张新宝：《互联网生态“守门人”个人信息特别保护义务设置研究》，《比较法研究》2021 年第 3 期。

（二）风险监测评估、数据出境须受安全审查

数字经济的发展，降低了个人的私密性。为防范违法犯罪，降低治理成本，《数据安全法》要求数据处理活动应当进行风险监测与评估。开展数据处理活动时加强风险监测，发现数据安全缺陷、漏洞等风险时，应当立即采取补救措施；发生数据安全事件时，应当立即采取处置措施，按照规定及时告知用户并向有关主管部门报告。《民法典》第 1038 条、《网络安全法》第 22、25、42 条和《个人信息保护法》第 57 条均规定了数据处理者的采取补救措施和通知义务。

而重要数据的处理者应当按照规定对其数据处理活动定期开展风险评估，并向有关主管部门报送风险评估报告。风险评估报告应当包括处理的重要数据的种类、数量，开展数据处理活动的情况，面临的数据安全风险及其应对措施等。《网络安全法》第 53 条规定，国家网信部门协调有关部门建立健全网络安全风险评估和应急工作机制，制定网络安全事件应急预案，并定期组织演练。而《个人信息保护法》第 55 条和第 56 条分别规定个人信息保护影响评估适用的情形、评估的内容。

数据处理者收集和产生的重要信息需要出境的，应当接受出境安全审查。关键信息基础设施的运营者在中国境内运营中收集和产生的重要数据的出境安全管理，适用《网络安全法》的规定；其他数据处理者在中国境内运营中收集和产生的重要数据的出境安全管理办法，由国家网信部门会同国务院有关部门制定。2022 年 7 月，国家网信办制定《数据出境安全评估办法》，规范数据出境活动。

（三）遵循合法、正当、必要原则收集数据

《民法典》第 1035 条和《网络安全法》第 41 条、《消费者权益保护法》第 41 条和《全国人民代表大会常务委员会关于加强网络信息保护的决定》第 2 条以及《互联网个人信息安全保护指南》第 6.1 条均确立了处理个人信息、数据应当遵循合法、正当、必要原则。《数据安全法》第 32 条规定，任何组织、个人收集数据，应当采取合法、正当的方式，不得窃取或者以其他非法方式获取数据。法律、行政法规对收集、使用数据的目的、范围有规定的，应当在法律、行政法规规定的目的和范围内收集、使用数据。因此，任何组织、个人收集数据，均应当遵循合法、正当、必要的原则，不得窃取或者以其他非法方式获取数据。

（四）数据交易中介机构应进行审核

数据交易是数据流动的重要形式，也是数据经济价值的重要体现。《数据安全法》规定，国家建立健全数据交易管理制度，规范数据交易行为，培育数据交易市场。数据交易要通过数据交易平台、数据交易中间商等交易中介开展。为规范数据交易行为，实现数据来源的可溯性，从事数据交易中介服务的机构提供服务，应当要求数据提供方说明数据来源，审核交易双方的身份，并留存审核、交易记录。例如，《电子商务法》第 31 条规定，电子商务平台经营者应当记录、保存平台上发布的商品和服务信息、交易信息，并确保信息的完整性、保密性、可用性。商品和服务信息、交易信息保存时间自交易完成之日起不少于三年；法律、行政法规另有规定的，依照其规定。

（五）依法取得行政许可

《数据安全法》原则性规定了数据行业准入的监管制度制度。通过设置行政许可制度，可以提高数据行业的进入门槛。法律、行政法规规定提供数据处理相关服务应当取得行政许可的，服务提供者应当依法取得许可。

目前，根据《电信条例》规定，在线数据处理与交易处理业务应当取得EDI经营许可证（增值电信业务经营许可证）。该条例第7条规定，国家对电信业务经营按照电信业务分类，实行许可制度。经营电信业务，必须依照本条例的规定取得国务院信息产业主管部门或者省、自治区、直辖市电信管理机构颁发的电信业务经营许可证。未取得电信业务经营许可证，任何组织或者个人不得从事电信业务经营活动。此外，中国人民银行制定的《征信业务管理办法》第4条规定，从事个人征信业务的，应当依法取得中国人民银行个人征信机构许可；从事企业征信业务的，应当依法办理企业征信机构备案；从事信用评级业务的，应当依法办理信用评级机构备案。

（六）政务数据的安全保护

国家机关委托他人建设、维护电子政务系统，存储、加工政务数据，应当经过严格的批准程序，并应当监督受托方履行相应的数据安全保护义务。受托方应当依照法律、法规的规定和合同约定履行数据安全保护义务，不得擅自留存、使用、泄露或者向他人提供政务数据。

三、维护网络安全的义务

网络运营者应当履行平台管理的主体责任，规范平台信息服务，对发布违法和不良信息的用户账号坚决依法处置，认真遵守《网络安全法》确立的各项义务。

（一）遵守宪法法律、公共秩序和社会公德

任何个人和组织使用网络应当遵守宪法和法律，遵守公共秩序，尊重社会公德，不得危害网络安全，不得利用网络从事危害国家安全、荣誉和利益，煽动颠覆国家政权、推翻社会主义制度，煽动分裂国家、破坏国家统一，宣扬恐怖主义、极端主义，宣扬民族仇恨、民族歧视，传播暴力、淫秽色情信息，编造、传播虚假信息扰乱经济秩序和社会秩序，以及侵害他人名誉、隐私、知识产权和其他合法权益等活动。

任何个人和组织不得从事非法侵入他人网络、干扰他人网络正常功能、窃取网络数据等危害网络安全的活动；不得提供专门用于从事侵入网络、干扰网络正常功能及防护措施、窃取网络数据等危害网络安全活动的程序、工具；明知他人从事危害网络安全的活动的，不得为其提供技术支持、广告推广、支付结算等帮助。

（二）网络运营者应确保网络运行安全

国家实行网络安全等级保护制度。网络运营者应当按照网络安全等级保护制度的要求，履行下列安全保护义务，保障网络免受干扰、破坏或者未经授权的访问，防止网络数据泄露或者被窃取、篡改。(1)制定内部安全管理制度和操作规程，确定网络安全负责人，落实网络安全保护责任；(2)采取防范计算机病毒和网络攻击、网络侵入等危害网络安全行为的技术措施；(3)采取监测、记录网络运行状态、网络安全事件的技术措施，并按照规定留存相关的网络日志不少于六个月；(4)采取数据分类、重要数据备份和加密等措施；(5)法律、行政法规规定的其他义务。

网络经营者开展网络安全认证、检测、风险评估等活动，向社会发布系统漏洞、计算机病毒、网络攻击、网络侵入等网络安全信息，应当遵守国家有关规定。

（三）网络产品、服务应符合国家强制性要求

网络产品、服务应当符合相关国家标准的强制性要求。网络产品、服务的提供者不得设置恶意程序；发现其网络产品、服务存在安全缺陷、漏洞等风险时，应当立即采取补救措施，按照规定及时告知用户并向有关主管部门报告。网络产品、服务的提供者应当为其产品、服务持续提供安全维护；在规定或者当事人约定的期限内，不得终止提供安全维护。网络产品、服务具有收集用户信息功能的，其提供者应当向用户明示并取得同意；涉及用户个人信息的，还应当遵守本法和有关法律、行政法规关于个人信息保护的规定。

其中，网络关键设备和网络安全专用产品应当按照相关国家标准的强制性要求，由具备资格的机构安全认证合格或者安全检测符合要求后，方可销售或者提供。国家网信部门会同国务院有关部门制定、公布网络关键设备和网络安全专用产品目录，并推动安全认证和安全检测结果互认，避免重复认证、检测。

（四）网络运营者应当核实用户身份以及保障个人信息安全

1. 网络运营者应落实入网“实名制”

网络运营者为用户办理网络接入、域名注册服务，办理固定电话、移动电话等入网手续，或者为用户提供信息发布、即时通信等服务，在与用户签订协议或者确认提供服务时，应当要求用户提供真实身份信息。用户不提供真实身份信息的，网络运营者不得为其提供相关服务。国家实施网络可信身份战略，支持研究开发安全、方便的电子身份认证技术，推动不同电子身份认证之间的互认。

网络运营者应当为公安机关、国家安全机关依法维护国家安全和侦查犯罪的活动提供技术支持和协助。

2. 网络运营者应当保障个人信息安全

网络运营者应当保障个人信息安全，收集和使用个人信息时应当遵循合法、正当、必要原则，不得向他人提供个人信息，并且及时处置违法信息，处理权利纠纷等。具体如下。

一是用户信息收集遵循合法、正当、必要原则。网络运营者应当对其收集的用户信息严格保密，并建立健全用户信息保护制度。网络运营者收集、使用个人信息，应当遵循合法、正当、必要原则，公开收集、使用规则，明示收集、使用信息的目的、方式和范围，并经被收集者同意。网络运营者不得收集与其提供的服务无关的个人信息，不得违反法律、行政法规的规定和双方的约定收集、使用个人信息，并应当依照法律、行政法规的规定和与用户的约定，处理其保存的个人信息。个人发现网络运营者违反法律、行政法规的规定或者双方的约定收集、使用其个人信息的，有权要求网络运营者删除其个人信息；发现网络运营者收集、存储的其个人信息有错误的，有权要求网络运营者予以更正。网络运营者应当采取措施予以删除或者更正。

二是个人信息安全保障义务。网络运营者不得泄露、篡改、毁损其收集的个人信息；未经被收集者同意，不得向他人提供个人信息。但是，经过处理无法识别特定个人且不能复原的除外。网络运营者应当采取技术措施和其他必要措施，确保其收集的个人信息安全，防止信息泄露、毁损、丢失。在发生或者可能发生个人信息泄露、毁损、丢失的情况时，应当立即采取补救措施，按照规定及时告知用户并向有关主管部门报告。

三是合法使用收集的个人信息。任何个人和组织不得窃取或者以其他非法方式获

取个人信息，不得非法出售或者非法向他人提供个人信息。任何个人和组织不得窃取或者以其他非法方式获取个人信息，不得非法出售或者非法向他人提供个人信息。任何个人和组织应当对其使用网络的行为负责，不得设立用于实施诈骗，传授犯罪方法，制作或者销售违禁物品、管制物品等违法犯罪活动的网站、通讯群组，不得利用网络发布涉及实施诈骗，制作或者销售违禁物品、管制物品以及其他违法犯罪活动的信息。

四是违法信息的及时处置义务。网络运营者应当加强对其用户发布的信息的管理，发现法律、行政法规禁止发布或者传输的信息的，应当立即停止传输该信息，采取消除等处置措施，防止信息扩散，保存有关记录，并向有关主管部门报告。任何个人和组织发送的电子信息、提供的应用软件，不得设置恶意程序，不得含有法律、行政法规禁止发布或者传输的信息。电子信息发送服务提供者和应用软件下载服务提供者，应当履行安全管理义务，知道其用户有上述行为的，应当停止提供服务，采取消除等处置措施，保存有关记录，并向有关主管部门报告。

五是提供内部权利救济途径。网络运营者应当建立网络信息安全投诉、举报制度，公布投诉、举报方式等信息，及时受理并处理有关网络信息安全的投诉和举报。网络运营者对网信部门和有关部门依法实施的监督检查，应当予以配合。

（五）网络行业组织加强自律

网络相关行业组织按照章程，加强行业自律，制定网络安全行为规范，指导会员加强网络安全保护，提高网络安全保护水平，促进行业健康发展。

国家支持网络运营者之间在网络安全信息收集、分析、通报和应急处置等方面进行合作，提高网络运营者的安全保障能力。有关行业组织建立健全本行业的网络安全保护规范和协作机制，加强对网络安全风险的分析评估，定期向会员进行风险警示，支持、协助会员应对网络安全风险。

（六）关键信息基础设施运营者的特殊安全保护义务

关键信息基础设施运营者要履行特殊的安全保护义务，这是维护国家安全、数据安全和网络安全的需要。有些企业若未能履行相关义务，将会受到严厉的处罚。

一是安全保护义务。关键信息基础设施的运营者还应当履行下列安全保护义务：(1)设置专门安全管理机构和安全管理负责人，并对该负责人和关键岗位的人员进行安全背景审查；(2)定期对从业人员进行网络安全教育、技术培训和技能考核；(3)对重要系统和数据库进行容灾备份；(4)制定网络安全事件应急预案，并定期进行演练；(5)法律、行政法规规定的其他义务。

二是接受国家安全审查义务。关键信息基础设施的运营者采购网络产品和服务，可能影响国家安全的，应当通过国家网信部门会同国务院有关部门组织的国家安全审查。

三是重要数据跨境安全评估义务。关键信息基础设施的运营者在中国境内运营中收集和产生的个人信息和重要数据应当在境内存储。因业务需要，确需向境外提供的，应当按照《网络安全审查办法》《数据出境安全评估办法》进行安全评估；法律、行政法规另有规定的，依照其规定。

四是定期监测评估义务。关键信息基础设施的运营者应当自行或者委托网络安全服务机构对其网络的安全性和可能存在的风险每年至少进行一次检测评估，并将检测评估情况和改进措施报送相关负责关键信息基础设施安全保护工作的部门。

四、统计活动中的个人信息保护义务

(一)统计机关应加强统计资料的管理

1. 统计调查组织实施者的管理职责

根据《统计法》的规定,县级以上人民政府统计机构和有关部门以及乡、镇人民政府,应当按照国家有关规定建立统计资料的保存、管理制度,建立健全统计信息共享机制。《统计法实施条例》规定,国家建立统计资料灾难备份系统。统计调查中取得的统计调查对象的原始资料,应当至少保存 2 年。汇总性统计资料应当至少保存 10 年,重要的汇总性统计资料应当永久保存。法律法规另有规定的,从其规定。

2. 统计调查对象的管理义务

国家机关、企业事业单位和其他组织等统计调查对象,应当按照国家有关规定设置原始记录、统计台账,建立健全统计资料的审核、签署、交接、归档等管理制度。统计资料的审核、签署人员应当对其审核、签署的统计资料的真实性、准确性和完整性负责。统计调查对象按照国家有关规定设置的原始记录和统计台账,应当至少保存 2 年。

3. 个人信息的保护

《统计法》规定,统计调查中获得的能够识别或者推断单个统计调查对象身份的资料,任何单位和个人不得对外提供、泄露,不得用于统计以外的目的。《统计法实施条例》做出详细规定,统计调查中获得的能够识别或者推断单个统计调查对象身份的资料应当依法严格管理,除作为统计执法依据外,不得直接作为对统计调查对象实施行政许可、行政处罚等具体行政行为的依据,不得用于完成统计任务以外的目的。其中,“能够识别或者推断单个统计调查对象身份的资料”包括:(1)直接标明单个统计调查对象身份的资料;(2)虽未直接标明单个统计调查对象身份,但是通过已标明的地址、编码等相关信息可以识别或者推断单个统计调查对象身份的资料;(3)可以推断单个统计调查对象身份的汇总资料。

(二)统计机关应公布统计资料

统计资料只有公布,才能为社会所知晓,才能服务经济社会发展需要。《统计法》规定县级以上人民政府统计机构按照国家有关规定,定期公布统计资料。国家统计数据以国家统计局公布的数据为准。《统计法实施条例》规定,国家统计局统计调查取得的全国性统计数据和分省、自治区、直辖市统计数据,由国家统计局公布或者由国家统计局授权其派出的调查机构或者省级人民政府统计机构公布。

《统计法》第 23 条、24 条以及《统计法实施条例》第 25 条分别规定了地方统计数据的公布和部门统计数据的公布。

(三)统计机关应共享统计信息

《统计法》第 20 条和《统计法实施条例》第 31 条规定国家建立健全统计资料共享机制。通过统计信息共享机制,能够减少重复交叉统计,减轻统计负担,提高统计效能。国务院办公厅转发的《国家统计局关于加强和完善部门统计工作意见》提出,依法开展的国家统计调查和部门统计调查取得的所有统计资料属于政府公共资源,原则上应在部门间共享。国家统计局将部门信息共享纳入部门统计调查项目审批或备案内容。数据生产和使用部门可以通过双方或多方协议的形式,依法明确信息共享的内容、方式、时限、渠道以及应承担的责任等。需要保密的，数据使用部门应当按照保密规定使用。对于数据生产部门未对外公开公布的数据，数据使用部门对外公开公布前，应当征得数据生产部门同意。

(四)统计机关做好统计资料的保密

《统计法》规定，统计机构和统计人员对在统计工作中知悉的国家秘密、商业秘密和个人信息，应当予以保密。

主要包括，一是保守国家秘密。统计人员对获取的设计国家秘密的资料，应当按照国家保密法律法规，履行保密义务，防止信息泄漏，危害国家安全。对于统计工作中获得的资料也应保密，在统计资料正式公布前，不得利用尚未公布的统计资料谋取不当利益；二是保守商业秘密。三是保护个人信息。统计工作中的个人信息是指未经过加工汇总的反映单个家庭和个人情况的原始资料，是可识别调查对象身份的统计资料。保护好个人信息，有利于消除调查对象的后顾之忧，使他们能够如实提供统计资料。

第二节 数据从业人员违规应承担的法律责任

法律责任是一种独立的责任形式，不同于政治责任、道义责任等，它是指违反法律义务的有责主体应当受到谴责而承担的法律上的不利后果。根据法律责任涉及的法律关系不同，将法律责任划分为行政法律责任、刑事法律责任、民事法律责任等。行政法律责任是指，行政法律关系主体违反行政法律义务而应承担的法律上的不利后果；刑事法律责任是指，违反刑事法律义务而引起的，由国家强制实施的，体现行为人应受谴责性的刑事负担；民事责任是指，民事主体违反民事义务而承担的不利后果，主要是财产责任和非财产责任。民事责任主要是补偿责任，但也包含某些惩罚性因素。民事责任承担方式是违约责任和侵权责任。

根据法律规定，数据处理者、个人信息处理者、网络经营者以及相关人员，若违反法律规定的义务，造成损害后果的，则应当承担法律上的不利后果。根据其行为性质的不同，其应承提的法律责任主要包括民事法律责任、行政法律责任、刑事法律责任。

一、民事责任

(一)一般民事责任

《民法典》规定的民事责任主要有合同编第八章规定的违约责任和侵权责任编规定的侵权责任。以下分别叙述。

1. 违约责任

(1)违约责任的适用情形

《民法典》规定，当事人一方不履行合同义务或者履行合同义务不符合约定的，应当承担继续履行、采取补救措施或者赔偿损失等违约责任。当事人一方明确表示或者以自己的行为表明不履行合同义务的，对方可以在履行期限届满前请求其承担违约责任。

(2)承担违约责任的方式

一是继续履行。当事人一方不履行非金钱债务或者履行非金钱债务不符合约定的，对方可以请求履行，但是有下列情形之一的除外：①法律上或者事实上不能履行；②债务的标的不适于强制履行或者履行费用过高；③债权人在合理期限内未请求履行。人民法院或者仲裁机构可以根据当事人的请求终止合同权利义务关系，但是不影响违约责任的承担。

二是代履行。当事人一方不履行债务或者履行债务不符合约定，根据债务的性质不得强制履行的，对方可以请求其负担由第三人替代履行的费用。

三是承担违约责任。履行不符合约定的，应当按照当事人的约定承担违约责任。对违约责任没有约定或者约定不明确，依据《民法典》第五百一十条的规定仍不能确定的，受损害方根据标的的性质以及损失的大小，可以合理选择请求对方承担修理、重作、更换、退货、减少价款或者报酬等违约责任。当事人一方不履行合同义务或者履行合同义务不符合约定，造成对方损失的，损失赔偿额应当相当于因违约所造成的损失，包括合同履行后可以获得的利益；但是，不得超过违约一方订立合同时预见到或者应当预见到的因违约可能造成的损失。

(3)违约责任适用的例外情形

①不可抗力。当事人一方因不可抗力不能履行合同的，根据不可抗力的影响，部分或者全部免除责任，但是法律另有规定的除外。因不可抗力不能履行合同的，应当及时通知对方，以减轻可能给对方造成的损失，并应当在合理期限内提供证明。当事人迟延履行后发生不可抗力的，不免除其违约责任。

②受约方的止损义务。当事人一方违约后，对方应当采取适当措施防止损失的扩大；没有采取适当措施致使损失扩大的，不得就扩大的损失请求赔偿。当事人因防止损失扩大而支出的合理费用，由违约方负担。

③均有过错的。当事人都违反合同的，应当各自承担相应的责任。当事人一方违约造成对方损失，对方对损失的发生有过错的，可以减少相应的损失赔偿额。

④第三方过错。当事人一方因第三人的原因造成违约的，应当依法向对方承担违约责任。当事人一方和第三人之间的纠纷，依照法律规定或者按照约定处理。

2. 侵权责任

(1)归责原则

①过错与推定过错。行为人因过错侵害他人民事权益造成损害的，应当承担侵权责任。依照法律规定推定行为人有过错，其不能证明自己没有过错的，应当承担侵权责任。

②无过错责任。行为人造成他人民事权益损害，不论行为人有无过错，法律规定应当承担侵权责任的，依照其规定。

(2)侵权请求权内容与责任划分

①侵权行为危及他人人身、财产安全的，被侵权人有权请求侵权人承担停止侵害、排除妨碍、消除危险等侵权责任。

②多人侵权与责任分担

共同侵权是指，二人以上共同实施侵权行为造成他人损害的，应当承担连带责任。

二人以上实施危及他人人身、财产安全的行为，其中一人或者数人的行为造成他人损害，能够确定具体侵权人的，由侵权人承担责任；不能确定具体侵权人的，行为人承担连带责任。二人以上分别实施侵权行为造成同一损害，每个人的侵权行为都足以造成全部损害的，行为人承担连带责任。

二人以上分别实施侵权行为造成同一损害，能够确定责任大小的，各自承担相应的责任；难以确定责任大小的，平均承担责任。

③受害人过错与第三方侵害

被侵权人对同一损害的发生或者扩大有过错的，可以减轻侵权人的责任。损害是因受害人故意造成的，行为人不承担责任。

损害是因第三人造成的，第三人应当承担侵权责任。

(3)侵权责任的范围

①人身损害赔偿

侵害他人造成人身损害的，应当赔偿医疗费、护理费、交通费、营养费、住院伙食补助费等为治疗和康复支出的合理费用，以及因误工减少的收入。造成残疾的，还应当赔偿辅助器具费和残疾赔偿金；造成死亡的，还应当赔偿丧葬费和死亡赔偿金。

侵害他人人身权益造成财产损失的，按照被侵权人因此受到的损失或者侵权人因此获得的利益赔偿；被侵权人因此受到的损失以及侵权人因此获得的利益难以确定，被侵权人和侵权人就赔偿数额协商不一致，向人民法院提起诉讼的，由人民法院根据实际情况确定赔偿数额。

②精神损害赔偿

侵害自然人人身权益造成严重精神损害的，被侵权人有权请求精神损害赔偿。因故意或者重大过失侵害自然人具有人身意义的特定物造成严重精神损害的，被侵权人有权请求精神损害赔偿。

(二)特殊民事责任

1. 网络侵权损害赔偿责任

(1)网络用户、网络服务提供者利用网络侵害他人民事权益的，应当承担侵权责任。法律另有规定的，依照其规定。

(2)网络用户利用网络服务实施侵权行为的，权利人有权通知网络服务提供者采取删除、屏蔽、断开链接等必要措施。通知应当包括构成侵权的初步证据及权利人的真实身份信息。网络服务提供者接到通知后，应当及时将该通知转送相关网络用户，并根据构成侵权的初步证据和服务类型采取必要措施；未及时采取必要措施的，对损害的扩大部分与该网络用户承担连带责任。权利人因错误通知造成网络用户或者网络服务提供者损害的，应当承担侵权责任。

(3)网络用户接到转送的通知后，可以向网络服务提供者提交不存在侵权行为的声明。声明应当包括不存在侵权行为的初步证据及网络用户的真实身份信息。网络服务提供者接到声明后，应当将该声明转送发出通知的权利人，并告知其可以向有关部门投诉或者向人民法院提起诉讼。网络服务提供者在转送声明到达权利人后的合理期限内，未收到权利人已经投诉或者提起诉讼通知的，应当及时终止所采取的措施。

(4)网络服务提供者知道或者应当知道网络用户利用其网络服务侵害他人民事权益，未采取必要措施的，与该网络用户承担连带责任。

2.《个人信息保护法》确立的民事责任

(1)赔偿责任。处理个人信息侵害个人信息权益造成损害，个人信息处理者不能证明自己没有过错的，应当承担损害赔偿等侵权责任。前款规定的损害赔偿责任按照个人因此受到的损失或者个人信息处理者因此获得的利益确定；个人因此受到的损失和个人信息处理者因此获得的利益难以确定的，根据实际情况确定赔偿数额。

两个以上的个人信息处理者共同决定个人信息的处理目的和处理方式的，应当约定各自的权利和义务。但是，该约定不影响个人向其中任何一个个人信息处理者要求行使本法规定的权利。个人信息处理者共同处理个人信息，侵害个人信息权益造成损害的，应当依法承担连带责任。

（2）公益诉讼。个人信息处理者违反本法规定处理个人信息，侵害众多个人的权益的，人民检察院、法律规定的消费者组织和由国家网信部门确定的组织可以依法向人民法院提起诉讼。

《数据安全法》规定，违反本法规定，给他人造成损害的，依法承担民事责任。

（三）案例分析

1. 基本案情：罗某诉某保险公司隐私权纠纷案[①]

2012 年 10 月 22 日，罗某在某公司的 4S 店购买小轿车一辆，并一直在中国平安财产保险股份有限公司购买车辆保险。2014 年 8 月底，某保险公司（以下简称：A 保险公司）的员工不断致电给罗某，因罗某的手机提示该号码为保险公司的推销电话，罗某并未接听。之后，某该员工又换号向罗某推销车辆保险，罗某接听电话后，该员工准确说出罗某车辆的保险到期日，罗某以其车辆保险到期日还有一个多月为由挂断了电话。但该员工并未放弃，继续拨打罗某手机再次骚扰并指责罗某，同时说出了罗某的姓名，罗某表达强烈不满。之后，罗某多次致电 A 保险公司的全国客户服务电话进行反映、投诉，要求 A 保险公司说明如何获取了罗某的手机号、姓名、车辆保险到期日等个人信息。2014 年 9 月，A 保险公司客户服务部员工先后两次致电原告，向原告赔礼道歉，并在罗某的反复追问下含糊其词地告诉罗某，是从 4S 店渠道获取了罗某的个人信息。罗某电话向 A 保险公司进行反映、投诉产生通话费 4.54 元。

2014 年 10 月，罗某向区法院提起诉讼。法院经审理认为，本案系隐私权纠纷。A 保险公司非法收集、利用罗某个人信息，侵害了罗某隐私权，依法应承担侵权责任，罗某提出 A 保险公司公开赔礼道歉的要求符合《侵权责任法》（已修改为《民法典·侵权责任编》）第二条和第十五条，应当获得支持。同时，A 保险公司非法收集、利用原告个人信息，多次致电原告推销车辆保险，侵扰了原告的正常生活，又拒不说明如何获取了罗某个人信息，造成原告精神损害，且该案经媒体报道后在社会上造成了较大影响，法院依法支持罗某诉请 A 保险公司赔偿其 1 元人民币精神损害抚慰金的诉讼请求。A 保险公司非法收集、利用原告个人信息，多次致电原告推销车辆保险，侵扰了罗某正常生活，罗某致电 A 保险公司反映、投诉所产生的通话费 4.54 元，系因 A 保险公司的侵权行为所造成的经济损失，依法应由 A 保险公司赔偿。区人民法院做出一审判决，判令 A 保险公司向罗某赔礼道歉并赔偿罗某精神损害抚慰金人民币 1 元及通话费 4.54 元，共计 5.54 元。

2. 案例解读

第一，公民的隐私权、个人信息受法律保护。

《民法典》规定，自然人享有隐私权。隐私是指自然人的私人生活安宁和不愿为他人

---

① （2014）郴北民二初字第 947 号。

知晓的私密空间、私密活动、私密信息。《个人信息保护法》也规定，保障公民的个人信息权益。A保险公司为推销保险，利用从他处获得罗某信息，反复打电话，并言辞侮辱，这严重侵扰了罗某的私人生活安宁。

第二，侵权行为应当承担法律责任。

A保险公司的推销行为，侵犯了罗某的隐私权，4S店泄漏罗某的个人信息，都构成侵权，应当承担民事责任。《民法典》侵权编规定了侵权责任的承担方式，包括精神损害赔偿和物质损害赔偿。

《个人信息保护法》第69条规定，处理个人信息侵害个人信息权益造成损害，个人信息处理者不能证明自己没有过错的，应当承担损害赔偿等侵权责任。前款规定的损害赔偿责任按照个人因此受到的损失或者个人信息处理者因此获得的利益确定；个人因此受到的损失和个人信息处理者因此获得的利益难以确定的，根据实际情况确定赔偿数额。因此，法院支持了罗某的要求。

二、行政责任

（一）《个人信息保护法》规定的行政责任

违反《个人信息保护法》规定处理个人信息，或者处理个人信息未履行《个人信息保护法》规定的个人信息保护义务的，由履行个人信息保护职责的部门责令改正，给予警告，没收违法所得；对违法处理个人信息的应用程序，责令暂停或者终止提供服务；拒不改正的，并处一百万元以下罚款；对直接负责的主管人员和其他直接责任人员处一万元以上十万元以下罚款。情节严重的，由省级以上履行个人信息保护职责的部门责令改正，没收违法所得，并处五千万元以下或者上一年度营业额百分之五以下罚款，并可以责令暂停相关业务或者停业整顿、通报有关主管部门吊销相关业务许可或者吊销营业执照；对直接负责的主管人员和其他直接责任人员处十万元以上一百万元以下罚款，并可以决定禁止其在一定期限内担任相关企业的董事、监事、高级管理人员和个人信息保护负责人。

（二）《数据安全法》规定的行政责任

1. 行政约谈

有关主管部门在履行数据安全监管职责中，发现数据处理活动存在较大安全风险的，可以按照规定的权限和程序对有关组织、个人进行约谈，并要求有关组织、个人采取措施进行整改，消除隐患。

2. 行政处罚

一是违反数据安全保护义务的行政处罚。开展数据处理活动的组织、个人不履行《数据安全法》第二十七条、第二十九条、第三十条规定的数据安全保护义务的，由有关主管部门责令改正，给予警告，可以并处五万元以上五十万元以下罚款，对直接负责的主管人员和其他直接责任人员可以处一万元以上十万元以下罚款；拒不改正或者造成大量数据泄露等严重后果的，处五十万元以上二百万元以下罚款，并可以责令暂停相关业务、停业整顿、吊销相关业务许可证或者吊销营业执照，对直接负责的主管人员和其他直接责任人员处五万元以上二十万元以下罚款。违反国家核心数据管理制度，危害国家主权、安全和发展利益的，由有关主管部门处二百万元以上一千万元以下罚款，并根据情况责令暂停相关业务、停业整顿、吊销相关业务许可证或者吊销营业执照;构成犯罪的,依法追究刑事责任。

二是违法向境外提供重要数据的行政处罚。违反《数据安全法》第三十一条规定,向境外提供重要数据的,由有关主管部门责令改正,给予警告,可以并处十万元以上一百万元以下罚款,对直接负责的主管人员和其他直接责任人员可以处一万元以上十万元以下罚款;情节严重的,处一百万元以上一千万元以下罚款,并可以责令暂停相关业务、停业整顿、吊销相关业务许可证或者吊销营业执照,对直接负责的主管人员和其他直接责任人员处十万元以上一百万元以下罚款。违反《数据安全法》第三十六条规定,未经主管机关批准向外国司法或者执法机构提供数据的,由有关主管部门给予警告,可以并处十万元以上一百万元以下罚款,对直接负责的主管人员和其他直接责任人员可以处一万元以上十万元以下罚款;造成严重后果的,处一百万元以上五百万元以下罚款,并可以责令暂停相关业务、停业整顿、吊销相关业务许可证或者吊销营业执照,对直接负责的主管人员和其他直接责任人员处五万元以上五十万元以下罚款。

三是数据交易中介服务机构的违反审核义务的行政处罚。从事数据交易中介服务的机构未履行《数据安全法》第三十三条规定的义务的,由有关主管部门责令改正,没收违法所得,处违法所得一倍以上十倍以下罚款,没有违法所得或者违法所得不足十万元的,处十万元以上一百万元以下罚款,并可以责令暂停相关业务、停业整顿、吊销相关业务许可证或者吊销营业执照;对直接负责的主管人员和其他直接责任人员处一万元以上十万元以下罚款。

四是拒不配合国家机关调取数据的行政处罚。违反《数据安全法》第三十五条规定,拒不配合数据调取的,由有关主管部门责令改正,给予警告,并处五万元以上五十万元以下罚款,对直接负责的主管人员和其他直接责任人员处一万元以上十万元以下罚款。

五是违法获取数据、进行不正当竞争的行政处罚。窃取或者以其他非法方式获取数据,开展数据处理活动排除、限制竞争,或者损害个人、组织合法权益的,依照有关法律、行政法规的规定处罚。

(三)《网络安全法》规定的行政责任

《网络安全法》确立的行政责任主要是行政处罚,包括警告、罚款、暂停营业、吊销营业执照、没收违法所得、从业限制等。

1. 违反网络安全保护义务的行政处罚。网络运营者不履行《网络安全法》第二十一条、第二十五条规定的网络安全保护义务的,由有关主管部门责令改正,给予警告;拒不改正或者导致危害网络安全等后果的,处一万元以上十万元以下罚款,对直接负责的主管人员处五千元以上五万元以下罚款。关键信息基础设施的运营者不履行《网络安全法》第三十三条、第三十四条、第三十六条、第三十八条规定的网络安全保护义务的,由有关主管部门责令改正,给予警告;拒不改正或者导致危害网络安全等后果的,处十万元以上一百万元以下罚款,对直接负责的主管人员处一万元以上十万元以下罚款。

2. 网络产品、服务未达到国家强制标准的行政处罚。违反《网络安全法》第二十二条第一款、第二款和第四十八条第一款规定,有下列行为之一的,由有关主管部门责令改正,给予警告;拒不改正或者导致危害网络安全等后果的,处五万元以上五十万元以下罚款,对直接负责的主管人员处一万元以上十万元以下罚款:①设置恶意程序的;②对其产品、服务存在的安全缺陷、漏洞等风险未立即采取补救措施，或者未按照规定及时告知用户并向有关主管部门报告的；③擅自终止为其产品、服务提供安全维护的。

3. 未要求用户提供真实身份信息的行政处罚。网络运营者违反《网络安全法》第二十四条第一款规定，未要求用户提供真实身份信息，或者对不提供真实身份信息的用户提供相关服务的，由有关主管部门责令改正；拒不改正或者情节严重的，处五万元以上五十万元以下罚款，并可以由有关主管部门责令暂停相关业务、停业整顿、关闭网站、吊销相关业务许可证或者吊销营业执照，对直接负责的主管人员和其他直接责任人员处一万元以上十万元以下罚款。

4. 违法开展网络安全认证、检测、风险评估以及违法从事危害网络安全信息的行政处罚。违反《网络安全法》第二十六条规定，开展网络安全认证、检测、风险评估等活动，或者向社会发布系统漏洞、计算机病毒、网络攻击、网络侵入等网络安全信息的，由有关主管部门责令改正，给予警告；拒不改正或者情节严重的，处一万元以上十万元以下罚款，并可以由有关主管部门责令暂停相关业务、停业整顿、关闭网站、吊销相关业务许可证或者吊销营业执照，对直接负责的主管人员和其他直接责任人员处五千元以上五万元以下罚款。

5. 违法从事危害网络安全活动的行政处罚。违反《网络安全法》第二十七条规定，从事危害网络安全的活动，或者提供专门用于从事危害网络安全活动的程序、工具，或者为他人从事危害网络安全的活动提供技术支持、广告推广、支付结算等帮助，尚不构成犯罪的，由公安机关没收违法所得，处五日以下拘留，可以并处五万元以上五十万元以下罚款；情节较重的，处五日以上十五日以下拘留，可以并处十万元以上一百万元以下罚款。单位有前款行为的，由公安机关没收违法所得，处十万元以上一百万元以下罚款，并对直接负责的主管人员和其他直接责任人员依照前款规定处罚。违反《网络安全法》第二十七条规定，受到治安管理处罚的人员，五年内不得从事网络安全管理和网络运营关键岗位的工作；受到刑事处罚的人员，终身不得从事网络安全管理和网络运营关键岗位的工作。

6. 侵害个人信息的行政处罚。网络运营者、网络产品或者服务的提供者违反《网络安全法》第二十二条第三款、第四十一条至第四十三条规定，侵害个人信息依法得到保护的权利的，由有关主管部门责令改正，可以根据情节单处或者并处警告、没收违法所得、处违法所得一倍以上十倍以下罚款，没有违法所得的，处一百万元以下罚款，对直接负责的主管人员和其他直接责任人员处一万元以上十万元以下罚款；情节严重的，并可以责令暂停相关业务、停业整顿、关闭网站、吊销相关业务许可证或者吊销营业执照。违反《网络安全法》第四十四条规定，窃取或者以其他非法方式获取、非法出售或者非法向他人提供个人信息，尚不构成犯罪的，由公安机关没收违法所得，并处违法所得一倍以上十倍以下罚款，没有违法所得的，处一百万元以下罚款。

7. 关键信息基础设施运营者违法进行跨境数据输送的行政处罚。关键信息基础设施的运营者违反《网络安全法》第三十七条规定，在境外存储网络数据，或者向境外提供网络数据的，由有关主管部门责令改正，给予警告，没收违法所得，处五万元以上五十万元以下罚款，并可以责令暂停相关业务、停业整顿、关闭网站、吊销相关业务许可证或者吊销营业执照；对直接负责的主管人员和其他直接责任人员处一万元以上十万元以下罚款。

8. 利用网络实施违法活动的行政处罚。违反《网络安全法》第四十六条规定，设立用于实施违法犯罪活动的网站、通讯群组，或者利用网络发布涉及实施违法犯罪活动的信息，尚不构成犯罪的，由公安机关处五日以下拘留，可以并处一万元以上十万元以下罚款；情节较重的，处五日以上十五日以下拘留，可以并处五万元以上五十万元以下罚款。关闭用于实施违法犯罪活动的网站、通讯群组。单位有前款行为的，由公安机关处十万元以上五十万元以下罚款，并对直接负责的主管人员和其他直接责任人员依照前款规定处罚。

9. 对违法信息未及时采取处置措施的行政处罚。网络运营者违反《网络安全法》第四十七条规定，对法律、行政法规禁止发布或者传输的信息未停止传输、采取消除等处置措施、保存有关记录的，由有关主管部门责令改正，给予警告，没收违法所得；拒不改正或者情节严重的，处十万元以上五十万元以下罚款，并可以责令暂停相关业务、停业整顿、关闭网站、吊销相关业务许可证或者吊销营业执照，对直接负责的主管人员和其他直接责任人员处一万元以上十万元以下罚款。电子信息发送服务提供者、应用软件下载服务提供者，不履行《网络安全法》第四十八条第二款规定的安全管理义务的，依照前款规定处罚。

10. 未协助国家机关进行执法检查的行政处罚。网络运营者违反《网络安全法》规定，有下列行为之一的，由有关主管部门责令改正；拒不改正或者情节严重的，处五万元以上五十万元以下罚款，对直接负责的主管人员和其他直接责任人员，处一万元以上十万元以下罚款：①不按照有关部门的要求对法律、行政法规禁止发布或者传输的信息，采取停止传输、消除等处置措施的；②拒绝、阻碍有关部门依法实施的监督检查的；③拒不向公安机关、国家安全机关提供技术支持和协助的。

（四）《统计法》规定的行政责任

1. 行政处分

县级以上人民政府统计机构或者有关部门有下列行为之一的，对直接负责的主管人员和其他直接责任人员由任免机关或者监察机关依法给予处分：①违法公布统计资料的；②泄露统计调查对象的商业秘密、个人信息或者提供、泄露在统计调查中获得的能够识别或者推断单个统计调查对象身份的资料的；③违反国家有关规定，造成统计资料毁损、灭失的。

2. 行政处罚

作为统计调查对象的国家机关、企业事业单位或者其他组织有下列行为之一的，由县级以上人民政府统计机构责令改正，给予警告，可以予以通报；其直接负责的主管人员和其他直接责任人员属于国家工作人员的，由任免机关或者监察机关依法给予处分：①拒绝提供统计资料或者经催报后仍未按时提供统计资料的；②提供不真实或者不完整的统计资料的；③拒绝答复或者不如实答复统计检查查询书的；④拒绝、阻碍统计调查、统计检查的；⑤转移、隐匿、篡改、毁弃或者拒绝提供原始记录和凭证、统计台账、统计调查表及其他相关证明和资料的。企业事业单位或者其他组织有前款所列行为之一的，可以并处五万元以下的罚款；情节严重的，并处五万元以上二十万元以下的罚款。个体工商户有本条第一款所列行为之一的，由县级以上人民政府统计机构责令改正，给予警告，可以并处一万元以下的罚款。

作为统计调查对象的国家机关、企业事业单位或者其他组织迟报统计资料，或者未按照国家有关规定设置原始记录、统计台账的，由县级以上人民政府统计机构责令改正，给予警告。

企业事业单位或者其他组织有前款所列行为之一的，可以并处一万元以下的罚款。个体工商户迟报统计资料的，由县级以上人民政府统计机构责令改正，给予警告，可以并处一千元以下的罚款。

（五）案例分析

1. 事件脉络：网络运营者应当履行安全保护义务

2017年9月28日，某市网络与信息安全信息通报中心接到国家网络与信息安全信息通报中心通报：某技术学院（以下简称A学院）系统存在高危漏洞，系统存储的4000余名学生身份信息已经造成泄露[①]。经调查，确认A学院招生信息管理系统存在越权漏洞，后台登录密码弱口令，学院未落实网络安全管理制度，未建立网络安全防护技术措施、网络日志留存少于六个月，未采取数据分类、重要数据备份和加密措施，致使系统存储的4353名学生的身份信息泄露。

10月12日，该市网警巡查执法官方微博发布通报称，关于A学院未落实网络安全等级保护制度，导致4000余名学生身份信息泄露一事，该市公安局网安支队依法对A学院处以立即整改和行政警告的处罚措施。

2. 案例解读

（1）网络运营者的网络安全保障义务

《网络安全法》规定，网络运营者应当按照网络安全等级保护制度的要求，履行安全保护义务，保障网络免受干扰、破坏或者未经授权的访问，防止网络数据泄露或者被窃取、篡改。

具体来说，应当履行下列义务：①制定内部安全管理制度和操作规程，确定网络安全负责人，落实网络安全保护责任；②采取防范计算机病毒和网络攻击、网络侵入等危害网络安全行为的技术措施；③采取监测、记录网络运行状态、网络安全事件的技术措施，并按照规定留存相关的网络日志不少于六个月；④采取数据分类、重要数据备份和加密等措施；⑤法律、行政法规规定的其他义务。

（2）违反《网络安全法》规定义务，应当承担行政责任

《网络安全法》规定行政处罚制度。所谓行政处罚是对违反行政管理秩序的公民、法人或者社会组织，以减损权利或者增加义务的方式，进行惩戒。A学院未能履行《网络安全法》规定的义务，构成行政违法，应当承担法律责任。据此，执法机关根据《网络安全法》第59条第1款规定，做出责令整改、警告的行政处罚决定。

三、刑事责任

（一）侵犯公民个人信息罪

《刑法》第二百五十三条之一规定，违反国家有关规定，向他人出售或者提供公民个

① 信息来自公安部第三研究所网络安全法律研究中心。

人信息，情节严重的，处三年以下有期徒刑或者拘役，并处或者单处罚金；情节特别严重的，处三年以上七年以下有期徒刑，并处罚金。违反国家有关规定，将在履行职责或者提供服务过程中获得的公民个人信息，出售或者提供给他人的，依照前款的规定从重处罚。窃取或者以其他方法非法获取公民个人信息的，依照第一款的规定处罚。单位犯前三款罪的，对单位判处罚金，并对其直接负责的主管人员和其他直接责任人员，依照各该款的规定处罚。

《最高人民法院、最高人民检察院关于办理侵犯公民个人信息刑事案件适用法律若干问题的解释》（法释〔2017〕10 号）对《刑法》第二百五十三条之一进行如下解释：

1. “公民个人信息”，是指以电子或者其他方式记录的能够单独或者与其他信息结合识别特定自然人身份或者反映特定自然人活动情况的各种信息，包括姓名、身份证件号码、通信通讯联系方式、住址、账号密码、财产状况、行踪轨迹等。

2. 违反法律、行政法规、部门规章有关公民个人信息保护的规定的，应当认定为《刑法》第二百五十三条之一规定的“违反国家有关规定”。

3. 向特定人提供公民个人信息，以及通过信息网络或者其他途径发布公民个人信息的，应当认定为《刑法》第二百五十三条之一规定的“提供公民个人信息”。未经被收集者同意，将合法收集的公民个人信息向他人提供的，属于《刑法》第二百五十三条之一规定的“提供公民个人信息”，但是经过处理无法识别特定个人且不能复原的除外。

4. 违反国家有关规定，通过购买、收受、交换等方式获取公民个人信息，或者在履行职责、提供服务过程中收集公民个人信息的，属于《刑法》第二百五十三条之一第三款规定的“以其他方法非法获取公民个人信息”。

5. 非法获取、出售或者提供公民个人信息，具有下列情形之一的，应当认定为《刑法》第二百五十三条之一规定的“情节严重”：①出售或者提供行踪轨迹信息，被他人用于犯罪的；②知道或者应当知道他人利用公民个人信息实施犯罪，向其出售或者提供的；③非法获取、出售或者提供行踪轨迹信息、通信内容、征信信息、财产信息五十条以上的；④非法获取、出售或者提供住宿信息、通信记录、健康生理信息、交易信息等其他可能影响人身、财产安全的公民个人信息五百条以上的；⑤非法获取、出售或者提供第三项、第四项规定以外的公民个人信息五千条以上的；⑥数量未达到第三项至第五项规定标准，但是按相应比例合计达到有关数量标准的；⑦违法所得五千元以上的；⑧将在履行职责或者提供服务过程中获得的公民个人信息出售或者提供给他人，数量或者数额达到第三项至第七项规定标准一半以上的；⑨曾因侵犯公民个人信息受过刑事处罚或者二年内受过行政处罚，又非法获取、出售或者提供公民个人信息的；⑩其他情节严重的情形。其中，为合法经营活动而非法购买、收受本解释第五条第一款第三项、第四项规定以外的公民个人信息，具有下列情形之一的，应当认定为《刑法》第二百五十三条之一规定的“情节严重”：①利用非法购买、收受的公民个人信息获利五万元以上的；②曾因侵犯公民个人信息受过刑事处罚或者二年内受过行政处罚，又非法购买、收受公民个人信息的；③其他情节严重的情形。

实施前款规定的行为，具有下列情形之一的，应当认定为《刑法》第二百五十三条之一第一款规定的“情节特别严重”：①造成被害人死亡、重伤、精神失常或者被绑架等严重后果的；②造成重大经济损失或者恶劣社会影响的；③数量或者数额达到前款第三项至第八项规定标准十倍以上的；④其他情节特别严重的情形。

（二）非法侵入计算机信息系统罪、非法获取计算机信息系统数据、非法控制计算机系统罪

《刑法》第二百八十五条规定，违反国家规定，侵入国家事务、国防建设、尖端科学技术领域的计算机信息系统的，处三年以下有期徒刑或者拘役。违反国家规定，侵入前款规定以外的计算机系统或采用其技术手段，获取该计算机系统中存储处理或者传输的数据，或者对该计算机系统实施非法控制，情节严重的，处三年以下有期徒刑或者拘役，并处或者单处罚金；情节特别严重的处三年以上七年以下有期徒刑，并处罚金。

《最高人民法院、最高人民检察院关于办理危害计算机信息系统安全刑事案件应用法律若干问题的解释》对该条款做出如下解释：

《刑法》第二百八十五条第二款规定的"情节严重"与"情节特别严重"是指非法获取计算机信息系统数据或者非法控制计算机信息系统，具有下列情形之一的，应当认定为《刑法》第二百八十五条第二款规定的"情节严重"：①获取支付结算、证券交易、期货交易等网络金融服务的身份认证信息十组以上的；②获取第1项以外的身份认证信息五百组以上的；③非法控制计算机信息系统二十台以上的；④违法所得五千元以上或者造成经济损失一万元以上的；⑤其他情节严重的情形。实施前款规定行为，具有下列情形之一的，应当认定为《刑法》第二百八十五条第二款规定的"情节特别严重"：①数量或者数额达到前款第（一）项至第（四）项规定标准五倍以上的；②其他情节特别严重的情形。明知是他人非法控制的计算机信息系统，而对该计算机信息系统的控制权加以利用的，依照前两款的规定定罪处罚。

（三）拒不履行信息网络安全管理义务罪

《刑法》第二百八十六条之一规定，网络服务提供者不履行法律、行政法规规定的信息网络安全管理义务，经监管部门责令采取改正措施而拒不改正，有下列情形之一的，处三年以下有期徒刑、拘役或者管制，并处或者单处罚金：①致使违法信息大量传播的；②致使用户信息泄露，造成严重后果的；③致使刑事案件证据灭失，情节严重的；④有其他严重情节的。单位犯前款罪的，对单位判处罚金，并对其直接负责的主管人员和其他直接责任人员，依照前款的规定处罚。有前两款行为，同时构成其他犯罪的，依照处罚较重的规定定罪处罚。

《最高人民法院、最高人民检察院 关于办理侵犯公民个人信息刑事案件适用法律若干问题的解释》（法释〔2017〕10号）规定，网络服务提供者拒不履行法律、行政法规规定的信息网络安全管理义务，经监管部门责令采取改正措施而拒不改正，致使用户的公民个人信息泄露，造成严重后果的，应当依照《刑法》第二百八十六条之一的规定，以拒不履行信息网络安全管理义务罪定罪处罚。

《最高人民法院、最高人民检察院关于办理非法利用信息网络、帮助信息网络犯罪活动等刑事案件适用法律若干问题的解释》（法释〔2019〕15号）对《刑法》第二百八十六条之一做出如下解释：

1.《刑法》第二百八十六条之一第一款规定的"网络服务提供者"是指，提供下列服务的单位和个人：（1）网络接入、域名注册解析等信息网络接入、计算、存储、传输服务；（2）信息发布、搜索引擎、即时通信、网络支付、网络预约、网络购物、网络游戏、网络直播、网

站建设、安全防护、广告推广、应用商店等信息网络应用服务；(3)利用信息网络提供的电子政务、通信、能源、交通、水利、金融、教育、医疗等公共服务。

2.《刑法》第二百八十六条之一第一款规定的“监管部门责令采取改正措施”，是指网信、电信、公安等依照法律、行政法规的规定承担信息网络安全监管职责的部门，以责令整改通知书或者其他文书形式，责令网络服务提供者采取改正措施。认定“经监管部门责令采取改正措施而拒不改正”，应当综合考虑监管部门责令改正是否具有法律、行政法规依据，改正措施及期限要求是否明确、合理，网络服务提供者是否具有按照要求采取改正措施的能力等因素进行判断。

3.《刑法》第二百八十六条之一第一款第一项规定的“致使违法信息大量传播”是指：①拒不履行信息网络安全管理义务致使传播违法视频文件二百个以上的；②致使传播违法视频文件以外的其他违法信息两千个以上的；致使传播违法信息，数量虽未达到第一项、第二项规定标准，但是按相应比例折算合计达到有关数量标准的；③致使向两千个以上用户账号传播违法信息的；④致使利用群组成员账号数累计三千以上的通讯群组或者关注人员账号数累计三万以上的社交网络传播违法信息的；⑤致使违法信息实际被点击数达到五万以上的；⑥其他致使违法信息大量传播的情形。

4.《刑法》第二百八十六条之一第一款第二项规定的“造成严重后果”，是指拒不履行信息网络安全管理义务，致使用户信息泄露，具有下列情形之一：①致使泄露行踪轨迹信息、通信内容、征信信息、财产信息五百条以上的；②致使泄露住宿信息、通信记录、健康生理信息、交易信息等其他可能影响人身、财产安全的用户信息五千条以上的；③致使泄露第一项、第二项规定以外的用户信息五万条以上的；④数量虽未达到第一项至第三项规定标准，但是按相应比例折算合计达到有关数量标准的；⑤造成他人死亡、重伤、精神失常或者被绑架等严重后果的；⑥造成重大经济损失的；严重扰乱社会秩序的；⑦造成其他严重后果的。

5.《刑法》第二百八十六条之一第一款第三项规定的“情节严重”是指，因拒不履行信息网络安全管理义务，致使影响定罪量刑的刑事案件证据灭失，具有下列情形之一：①造成危害国家安全犯罪、恐怖活动犯罪、黑社会性质组织犯罪、贪污贿赂犯罪案件的证据灭失的；②造成可能判处五年有期徒刑以上刑罚犯罪案件的证据灭失的；③多次造成刑事案件证据灭失的；④致使刑事诉讼程序受到严重影响的；⑤其他情节严重的情形。

6.《刑法》第二百八十六条之一第一款第四项规定的“有其他严重情节”是指，因拒不履行信息网络安全管理义务，具有下列情形之一：①对绝大多数用户日志未留存或者未落实真实身份信息认证义务的；②二年内经多次责令改正拒不改正的；③致使信息网络服务被主要用于违法犯罪的；④致使信息网络服务、网络设施被用于实施网络攻击，严重影响生产、生活的；⑤致使信息网络服务被用于实施危害国家安全犯罪、恐怖活动犯罪、黑社会性质组织犯罪、贪污贿赂犯罪或者其他重大犯罪的；⑥致使国家机关或者通信、能源、交通、水利、金融、教育、医疗等领域提供公共服务的信息网络受到破坏，严重影响生产、生活的；⑦其他严重违反信息网络安全管理义务的情形。

(四)非法利用信息网络罪

《刑法》第二百八十七条之一规定，利用信息网络实施下列行为之一，情节严重的，处三年以下有期徒刑或者拘役，并处或者单处罚金：(1)设立用于实施诈骗、传授犯罪方法、制作或者销售违禁物品、管制物品等违法犯罪活动的网站、通讯群组的;(2)发布有关制作或者销售毒品、枪支、淫秽物品等违禁物品、管制物品或者其他违法犯罪信息的;(3)为实施诈骗等违法犯罪活动发布信息的。单位犯前款罪的,对单位判处罚金,并对其直接负责的主管人员和其他直接责任人员,依照第一款的规定处罚。有前两款行为,同时构成其他犯罪的,依照处罚较重的规定定罪处罚。

《最高人民法院、最高人民检察院关于办理侵犯公民个人信息刑事案件适用法律若干问题的解释》(法释〔2017〕10号)规定:设立用于实施非法获取、出售或者提供公民个人信息违法犯罪活动的网站、通讯群组,情节严重的,应当依照《刑法》第二百八十七条之一的规定,以非法利用信息网络罪定罪处罚;同时构成侵犯公民个人信息罪的,依照侵犯公民个人信息罪定罪处罚。

《最高人民法院、最高人民检察院关于办理非法利用信息网络、帮助信息网络犯罪活动等刑事案件适用法律若干问题的解释》(法释〔2019〕15号)对《刑法》第二百八十七条之一做出如下解释:

1.《刑法》第二百八十七条之一规定的“违法犯罪”,包括犯罪行为和属于《刑法》分则规定的行为类型但尚未构成犯罪的违法行为。

2.《刑法》第二百八十七条之一第一款第一项规定的“用于实施诈骗、传授犯罪方法、制作或者销售违禁物品、管制物品等违法犯罪活动的网站、通讯群组”是指,以实施违法犯罪活动为目的而设立或者设立后主要用于实施违法犯罪活动的网站、通讯群组。

3.《刑法》第二百八十七条之一第一款第二项、第三项规定的“发布信息”是指,利用信息网络提供信息的链接、截屏、二维码、访问账号密码及其他指引访问服务。

4.《刑法》第二百八十七条之一第一款规定的“情节严重”是指,非法利用信息网络,具有下列情形之一:①假冒国家机关、金融机构名义,设立用于实施违法犯罪活动的网站的;②设立用于实施违法犯罪活动的网站,数量达到三个以上或者注册账号数累计达到二千以上的;③设立用于实施违法犯罪活动的通讯群组,数量达到五个以上或者群组成员账号数累计达到一千以上的;④发布有关违法犯罪的信息或者为实施违法犯罪活动发布信息,具有下列情形之一的:①在网站上发布有关信息一百条以上的;②向两千个以上用户账号发送有关信息的;③向群组成员数累计达到三千以上的通讯群组发送有关信息的;④利用关注人员账号数累计达到三万以上的社交网络传播有关信息的;⑤违法所得一万元以上的;⑥二年内曾因非法利用信息网络、帮助信息网络犯罪活动、危害计算机信息系统安全受过行政处罚,又非法利用信息网络的;⑦其他情节严重的情形。

(五)帮助信息网络犯罪活动罪

《刑法》第二百八十七条之二规定,明知他人利用信息网络实施犯罪,为其犯罪提供互联网接入、服务器托管、网络存储、通讯传输等技术支持,或者提供广告推广、支付结算等帮助,情节严重的,处三年以下有期徒刑或者拘役,并处或者单处罚金。单位犯前款罪的,对单位判处罚金,并对其直接负责的主管人员和其他直接责任人员,依照第一款的规定处罚。有前两款行为,同时构成其他犯罪的,依照处罚较重的规定定罪处罚。

《最高人民法院、最高人民检察院关于办理非法利用信息网络、帮助信息网络犯罪活动等刑事案件适用法律若干问题的解释》(法释〔2019〕15号)对《刑法》第二百八十七条之二做出如下解释:

1. 帮助信息网络犯罪活动罪中“明知”认定标准。为他人实施犯罪提供技术支持或者帮助，具有下列情形之一的，可以认定行为人明知他人利用信息网络实施犯罪，但是有相反证据的除外：①经监管部门告知后仍然实施有关行为的；②接到举报后不履行法定管理职责的；③交易价格或者方式明显异常的；④提供专门用于违法犯罪的程序、工具或者其他技术支持、帮助的；⑤频繁采用隐蔽上网、加密通信、销毁数据等措施或者使用虚假身份，逃避监管或者规避调查的；⑥为他人逃避监管或者规避调查提供技术支持、帮助的；⑦其他足以认定行为人明知的情形。

2.《刑法》第二百八十七条之二第一款规定的“情节严重”是指，明知他人利用信息网络实施犯罪，为其犯罪提供帮助，具有下列情形之一：①为三个以上对象提供帮助的；②支付结算金额二十万元以上的；③以投放广告等方式提供资金五万元以上的；④违法所得一万元以上的；⑤二年内曾因非法利用信息网络、帮助信息网络犯罪活动、危害计算机信息系统安全受过行政处罚，又帮助信息网络犯罪活动的；⑥被帮助对象实施的犯罪造成严重后果的；⑦其他情节严重的情形。实施前款规定的七类行为，确因客观条件限制无法查证被帮助对象是否达到犯罪的程度，但相关数额总计达到第二项至第四项规定标准五倍以上，或者造成特别严重后果的，应当以帮助信息网络犯罪活动罪追究行为人的刑事责任。

3. 帮助信息网络犯罪活动罪可以独立认定。被帮助对象实施的犯罪行为可以确认，但尚未到案、尚未依法裁判或者因未达到刑事责任年龄等原因依法未予追究刑事责任的，不影响帮助信息网络犯罪活动罪的认定。

4. 单位犯罪。单位实施帮助信息网络犯罪活动罪的，依照相应自然人犯罪的定罪量刑标准，对直接负责的主管人员和其他直接责任人员定罪处罚，并对单位判处罚金。

(六)编造、故意传播虚假恐怖信息罪

《刑法》第二百九十一条之一规定，投放虚假的爆炸性、毒害性、放射性、传染病病原体等物质，或者编造爆炸威胁、生化威胁、放射威胁等恐怖信息，或者明知是编造的恐怖信息而故意传播，严重扰乱社会秩序的，处五年以下有期徒刑、拘役或者管制；造成严重后果的，处五年以上有期徒刑。编造虚假的险情、疫情、灾情、警情，在信息网络或者其他媒体上传播，或者明知是上述虚假信息，故意在信息网络或者其他媒体上传播，严重扰乱社会秩序的，处三年以下有期徒刑、拘役或者管制；造成严重后果的，处三年以上七年以下有期徒刑。

(七)打击报复会计、统计人员罪

公司、企业、事业单位、机关、团体的领导人，对依法履行职责、抵制违反会计法、统计法行为的会计、统计人员实行打击报复，情节恶劣的，处三年以下有期徒刑或者拘役。

(八)案例分析

1. 基本案情：柯某非法出售业主房源信息案[①]

2016 年 1 月起，柯某开始运营网站并开发同名手机 App，以对外售卖某市二手房租售房源信息为主营业务。运营期间，柯某对网站会员上传真实业主房源信息进行现金激励，吸引掌握该类信息的房产中介人员注册会员并向网站提供信息，有偿获取了大量包

① 最高检第三十四批指导性案例：“柯某侵犯公民个人信息案”。

含房屋门牌号码及业主姓名、电话等非公开内容的业主房源信息。

柯某在获取上述业主房源信息后，安排员工冒充房产中介人员逐一电话联系业主进行核实，将有效的信息以会员套餐形式提供给网站会员付费查询使用。上述员工在联系核实信息过程中亦未如实告知业主获取、使用业主房源信息的情况。

自 2016 年 1 月至案发，柯某通过运营网站共非法获取业主房源信息 30 余万条，以会员套餐方式出售获利达人民币 150 余万元。

本市公安局某分局在侦办一起侵犯公民个人信息案时，发现该案犯罪嫌疑人非法出售的部分信息购自该网站，根据最高人民法院、最高人民检察院、公安部《关于办理网络犯罪案件适用刑事诉讼法若干问题的意见》的规定，柯某获取的均为本地区的业主信息，遂对柯某立案侦查。2019 年 12 月 31 日，区法院做出判决，采纳该区人民检察院指控的犯罪事实和意见，以侵犯公民个人信息罪判处柯某有期徒刑三年，缓刑四年，并处罚金人民币一百六十万元。宣判后，柯某未提出上诉，判决已生效。

2. 案例解读

(1)包含房产信息和身份识别信息的业主房源信息属于公民个人信息

根据《网络安全法》《个人信息保护法》等规定，公民个人信息，是指以电子或者其他方式记录的能够单独或者与其他信息结合识别特定自然人身份或者反映特定自然人活动情况的各种信息，包括姓名、身份证件号码、通信通讯联络方式、住址、账号密码、财产状况、行踪轨迹等。业主房源信息包括房产坐落区域、面积、租售价格等描述房产特征的信息，也包含门牌号码、业主电话、姓名等具有身份识别性的信息，上述信息组合，使业主房源信息符合公民个人信息“识别特定自然人”的规定。

以上信息非法流入公共领域存在较大风险，会被用于电信网络诈骗、敲诈勒索等犯罪活动，严重威胁公民人身财产安全、社会公共利益，甚至危及国家信息安全，应当依法惩处。

(2)获取限定使用范围的信息需信息主体同意、授权

《个人信息保护法》确立“告知－同意”原则与个人信息收集时应当遵守合法、正当、必要以及诚信等要求。因此，对生物识别、宗教信仰、特定身份、医疗健康、金融账户、行踪轨迹等敏感个人信息，进行信息处理须得到信息主体明确同意、授权。对非敏感个人信息，如上述业主电话、姓名等，应当根据具体情况做出不同处理。信息主体自愿、主动向社会完全公开的信息，可以认定同意他人获取，在不侵犯其合法利益的情况下可以合法、合理利用。但限定用途、范围的信息，如仅提供给中介服务使用的，他人在未经另行授权的情况下，非法获取、出售，情节严重的，应当以侵犯公民个人信息罪追究刑事责任。

(3)窃取或者以其他方法非法获取公民个人信息，情节严重的违反《刑法》

《刑法》为保护公民个人信息，防范和打击利用个人信息从事违法犯罪活动，规定了侵犯公民个人信息罪。《最高人民法院、最高人民检察院关于办理侵犯公民个人信息刑事案件适用法律若干问题的解释》为各级法院适用该条款提供了法律依据。

《个人信息保护法》《数据安全法》以及《网络安全法》等法律均规定，违反法律规定，构成犯罪的，依法追究刑事责任。2015 年 8 月 29 日，全国人大常委会通过《刑法修正案(九)》，增设侵犯公民个人信息罪、拒不履行信息网络安全管理义务罪以及帮助信息网络犯罪活动罪等。从而配合《网络安全法》的实施，强化个人信息保护和网络安全维护的功能。

第三节　思考与练习

一、单选题

1. 根据《个人信息保护法》的规定，为克服自动化决策中的弊端，个人信息处理者利用个人信息进行自动化决策，应当(　　)。

A. 保证决策的透明度和结果公平、公正　　B. 根据消费能力进行差异化定价

C. 保障个人信息安全　　D. 禁止滥用个人信息

答案：A

2. 在公共场所安装图像采集、个人身份识别设备，应当为维护公共安全所必需，并设置显著的提示标识。所收集的个人图像、身份识别信息只能用于(　　)的目的。

A. 促进商业开发　　B. 维护公共安全

C. 保障设立者安全　　D. 进行商品交易

答案：B

3.《个人信息保护法》要求企业设立个人信息保护负责人。根据《信息安全技术 个人信息安全规范》(GB/T 35273－2020)的规定，处理超过(　　)人的个人信息或者处理超过10万人的个人敏感信息的处理者，需要设立个人信息保护负责人。

A. 100万　　B. 10万

C. 50万　　D. 1万

答案：A

4. 根据法律规定，建设、运营网络或者通过网络提供服务，应当依照法律、行政法规的规定和(　　)的强制性要求，采取技术措施和其他必要措施，保障网络安全、稳定运行。

A. 国家标准　　B. 行业标准

C. 省级标准　　D. 自定标准

答案：A

5. 根据法律规定，国家机关委托他人建设、维护电子政务系统，存储、加工政务数据，应当经过严格的(　　)，并应当监督受托方履行相应的数据安全保护义务。

A. 设立程序　　B. 批准程序

C. 监管程序　　D. 资格审查

答案：B

6. 根据法律规定，关键信息基础设施的运营者应当自行或者委托网络安全服务机构对其网络的安全性和可能存在的风险每年至少进行(　　)检测评估，并将检测评估情况和改进措施报送相关负责关键信息基础设施安全保护工作的部门。

A. 一次　　B. 两次

C. 三次　　D. 四次

答案：A

7. 根据《统计法实施条例》规定，统计调查中取得的统计调查对象的原始资料，应当

至少保存(　　)年。

A. 2　　B. 3　　C. 5　　D. 10

答案:A

8. 我国实行的统计管理体制是(　　)。

A. 统一领导、集中负责　　B. 统一领导、分级负责

C. 分级领导、集中负责　　D. 分级领导、分级负责

答案:B

9. 根据《民法典》《个人信息保护法》等法律的规定,违反数据法律法规,责任主体应当的民事责任包括违约责任和(　　)。

A. 侵权责任　　B. 行政责任

C. 刑事责任　　D. 违宪责任

答案:A

10. 根据《网络安全法》规定,违反该法第二十七条规定,受到治安管理处罚的人员,(　　)年内不得从事网络安全管理和网络运营关键岗位的工作。

A. 五　　B. 四

C. 三　　D. 二

答案:A

11. 根据《最高人民法院、最高人民检察院关于办理侵犯公民个人信息刑事案件适用法律若干问题的解释》,非法获取、出售或者提供行踪轨迹信息、通信内容、征信信息、财产信息(　　)条以上的,属于侵犯公民个人信息罪的严重情形。

A. 三十　　B. 五十

C. 八十　　D. 一百

答案:B

12.《个人信息保护法》规定在公共场所安装图像采集、个人身份识别设备,不需要符合的条件是(　　)。

A. 维护公共安全所必需　　B. 遵守国家有关规定

C. 取得当事人同意　　D. 设置显著的提示标识

答案:C

13. 以下哪部法律未规定约谈制度(　　)。

A.《数据安全法》

B.《个人信息保护法》

C.《网络安全法》

D.《全国人民代表大会常务委员会关于加强网络信息保护的决定》

答案:D

二、多选题

1. 个人作为信息权利人,有权控制控制其信息,其控制方式主要有(　　)。

A. 知情权　　B. 决定权

C. 限制他人处理个人信息　　D. 拒绝他人处理个人信息

E. 追偿权

答案：ABCD

2. 敏感个人信息是一旦泄露或者非法使用，容易导致自然人的人格尊严受到侵害或者人身、财产安全受到危害的个人信息，以下属于敏感个人信息的有(   )。

A. 生物识别信息　　B. 宗教信仰

C. 医疗健康　　D. 金融账户

E. 行踪轨迹

答案：ABCDE

3. 个人信息处理者因业务需要，确需向中国境外提供个人信息的，应当具备下列哪些条件(   )。

A. 通过国家网信部门组织的安全评估

B. 按照国家网信部门的规定经专业机构进行个人信息保护认证

C. 按照国家网信部门制定的标准合同与境外接收方订立合同，约定双方的权利和义务

D. 保障境外接收方处理个人信息的活动达到本法规定的个人信息保护标准

E. 法律、行政法规或者国家网信部门规定的其他条件

答案：ABCDE

4. 根据法律的规定，任何组织、个人收集数据，均应当遵循的原则有(   )。

A. 合法　　B. 正当

C. 必要　　D. 符合行业习惯

E. 符合国际惯例

答案：ABC

5. 根据法律的规定，为规范数据交易行为，实现数据来源的可溯性，从事数据交易中介服务的机构提供服务，应当(   )。

A. 要求数据提供方说明数据来源　　B. 审核交易双方的身份

C. 留存审核、交易记录　　D. 审核交易双方的资金状况

E. 审核交易双方的经营状况

答案：ABC

6. 网络运营者应当加强对其用户发布的信息的管理，发现法律、行政法规禁止发布或者传输的信息的，应当(   )。

A. 立即停止传输该信息　　B. 采取消除等处置措施

C. 防止信息扩散　　D. 保存有关记录

E. 向有关主管部门报告。

答案：ABCDE

7.《统计法》规定，统计调查中获得的能够识别或者推断单个统计调查对象身份的资料，任何单位和个人不得对外提供、泄露，不得用于统计以外的目的。下列属于“能够识别或者推断单个统计调查对象身份的资料”有：

A. 直接标明单个统计调查对象身份的资料；

B. 虽未直接标明单个统计调查对象身份，但是通过已标明的地址、编码等相关信

息可以识别或者推断单个统计调查对象身份的资料；

C. 可以推断单个统计调查对象身份的汇总资料；

D. 匿名化处理后的资料；

E. 全部统计资料

答案：ABC

8. 下列关于统计机构和统计人员的保密义务的表述正确的是(　)

A. 统计人员在统计工作中对知悉国家秘密、商业秘密和个人信息负有保密义务

B. 一切国家机关、武装力量、政党、社会团体、企业事业单位和公民都有保守国家秘密的义务

C. 统计人员应该保守公民的财产信息和行为特征，身份信息可对外公布

D. 泄露商业秘密，将对权利人的利益造成损害

答案：ABD

9.《个人信息保护法》规定的侵权责任表述正确的有(　　)。

A. 处理个人信息侵害个人信息权益造成损害，个人信息处理者不能证明自己没有过错的，应当承担损害赔偿等侵权责任

B. 损害赔偿责任按照个人因此受到的损失或者个人信息处理者因此获得的利益确定

C. 个人因此受到的损失和个人信息处理者因此获得的利益难以确定的，根据实际情况确定赔偿数额

D. 两个以上的个人信息处理者共同决定个人信息的处理目的和处理方式的，应当约定各自的权利和义务

E. 个人信息处理者共同处理个人信息，侵害个人信息权益造成损害的，应当依法承担连带责任

答案：ABCDE

10.《网络安全法》确立的行政责任主要是行政处罚，包括(　　)。

A. 警告　　B. 罚款

C. 暂停营业　　D. 吊销营业执照

E. 从业限制

答案：ABCDE

11. 根据《最高人民法院、最高人民检察院关于办理侵犯公民个人信息刑事案件适用法律若干问题的解释》，下列哪些情形，应当认定为侵犯公民个人信息罪的"情节严重"(　)。

A. 出售或者提供行踪轨迹信息，被他人用于犯罪的

B. 知道或者应当知道他人利用公民个人信息实施犯罪，向其出售或者提供的

C. 非法获取、出售或者提供行踪轨迹信息、通信内容、征信信息、财产信息五十条以上的

D. 非法获取、出售或者提供住宿信息、通信记录、健康生理信息、交易信息等其他可能影响人身、财产安全的公民个人信息五百条以上的

E. 违法所得五千元以上的

答案:ABCDE

12. 根据《最高人民法院、最高人民检察院关于办理非法利用信息网络、帮助信息网络犯罪活动等刑事案件适用法律若干问题的解释》,下列哪些情形,应当认定为非法利用信息网络罪的"情节严重"(　　)。

A. 假冒国家机关、金融机构名义,设立用于实施违法犯罪活动的网站的

B. 设立用于实施违法犯罪活动的网站,数量达到三个以上或者注册账号数累计达到二千以上的

C. 设立用于实施违法犯罪活动的通讯群组,数量达到五个以上或者群组成员账号数累计达到一千以上的

D. 违法所得一万元以上的

E. 二年内曾因非法利用信息网络、帮助信息网络犯罪活动、危害计算机信息系统安全受过行政处罚,又非法利用信息网络的

答案:ABCDE

13. 为维护网络安全,规范网络信息传播秩序,惩治网络违法犯罪,全国人大常委会通过的专门性法律及决定有(　　)

A.《网络安全法》　　B.《个人信息保护法》

C.《数据安全法》　　D.《民法典》

E.全国人大常委会《关于加强网络信息保护的决定》

答案:AE

14. 大数据从业人员违法数据相关法律,应当承担侵权责任时,承担责任的范围有(　　)。

A. 刑事处罚　　B. 人身损害赔偿

C. 精神损害赔偿　　D. 行政处罚

E. 不承担责任

答案:BC

15. 违反《个人信息保护法》规定处理个人信息,或者处理个人信息未履行《个人信息保护法》规定的个人信息保护义务,情节严重的,可以给予以下哪些处罚(　　)。

A. 由省级以上履行个人信息保护职责的部门责令改正,没收违法所得

B. 处五千万元以下或者上一年度营业额百分之五以下罚款

C. 责令暂停相关业务或者停业整顿、通报有关主管部门吊销相关业务许可或者吊销营业执照

D. 企业承担责任后,直接负责的主管人员和其他直接责任人员无须承担责任

E. 直接负责的主管人员和其他直接责任人员承担责任后,企业不需承担责任

答案:ABC

16.《最高人民法院、最高人民检察院关于办理侵犯公民个人信息刑事案件适用法律若干问题的解释》(法释〔2017〕10号)对《刑法》第二百五十三条之一进行解释,其中非法获取、出售或者提供公民个人信息,应当认定为"情节特别严重"的情形有(　)。

A. 造成被害人死亡、重伤

B. 造成重大经济损失

C. 产生恶劣社会影响

D. 造成被害人被绑架

E. 获得当事人的同意而出售个人信息

答案:ABCD

17.《刑法》第二百八十六条之一规定,网络服务提供者不履行法律、行政法规规定的信息网络安全管理义务,经监管部门责令采取改正措施而拒不改正,有下列(　　)情形的,处三年以下有期徒刑、拘役或者管制,并处或者单处罚金。

A. 致使违法信息大量传播的

B. 致使用户信息泄露,造成严重后果的

C. 致使刑事案件证据灭失,情节严重的

D. 致使用户信息泄露,尚未造成严重后果的

E. 未造成用户信息泄露

答案:ABC

三、填空题

1. 个人信息处理者委托处理个人信息的,应当与受托人约定委托处理内容,并对受托人的个人信息处理活动进行(　　)。

答案:监督

2. 个人信息处理者处理已公开的个人信息,对个人权益有重大影响的,应当依照本法规定取得(　　)。

答案:个人同意

3. 个人信息处理者向中国境外提供个人信息的,应当向个人告知境外接收方的主要信息,并取得(　　)。

答案:个人的单独同意

4.(　　)的处理者应当按照规定对其数据处理活动定期开展风险评估,并向有关主管部门报送风险评估报告。

答案:重要数据

5.(　　)是数据流动的重要形式,也是数据经济价值的重要体现。

答案:数据交易

6. 网络运营者为用户办理网络接入、域名注册服务,办理固定电话、移动电话等入网手续,或者为用户提供信息发布、即时通信等服务,在与用户签订协议或者确认提供服务时,应当要求用户(　　)。

答案:提供真实身份信息

7. 统计资料的审核、签署人员应当对其审核、签署的统计资料的(　　)、准确性和完整性负责。

答案:真实性

8. 建立统计信息(　　)机制有利于统计信息利用价值的最大化。

答案:共享

9. 网络用户利用网络服务实施侵权行为的,权利人有权通知网络服务提供者采取删

除、屏蔽、断开链接等必要措施。网络服务提供者接到通知后,未及时采取必要措施的,对损害的扩大部分与该网络用户承担(　　)。

答案:连带责任

10. 主管部门在履行数据安全监管职责中,发现数据处理活动存在较大安全风险的,可以按照规定的权限和程序对有关组织、个人进行(　　),并要求有关组织、个人采取措施进行整改,消除隐患。

答案:约谈

11. 网络服务提供者拒不履行法律、行政法规规定的信息网络安全管理义务,经监管部门责令采取改正措施而拒不改正,致使用户的公民个人信息泄露,造成严重后果的,构成(　　)。

答案:拒不履行信息网络安全管理义务罪

12. 明知他人利用信息网络实施犯罪,为其犯罪提供互联网接入、服务器托管、网络存储、通讯传输等技术支持,或者提供广告推广、支付结算等帮助,情节严重的,构成(　　)。

答案:帮助信息网络犯罪

第十五章
大数据伦理风险分析

本章学习目标

了解大数据的伦理风险主要有哪些。理解算法可能存在哪些方面风险，如何应对这些风险。理解算法应用过程中的算法歧视、算法滥用、数字鸿沟及数据垄断风险的内容。

本章思维导图

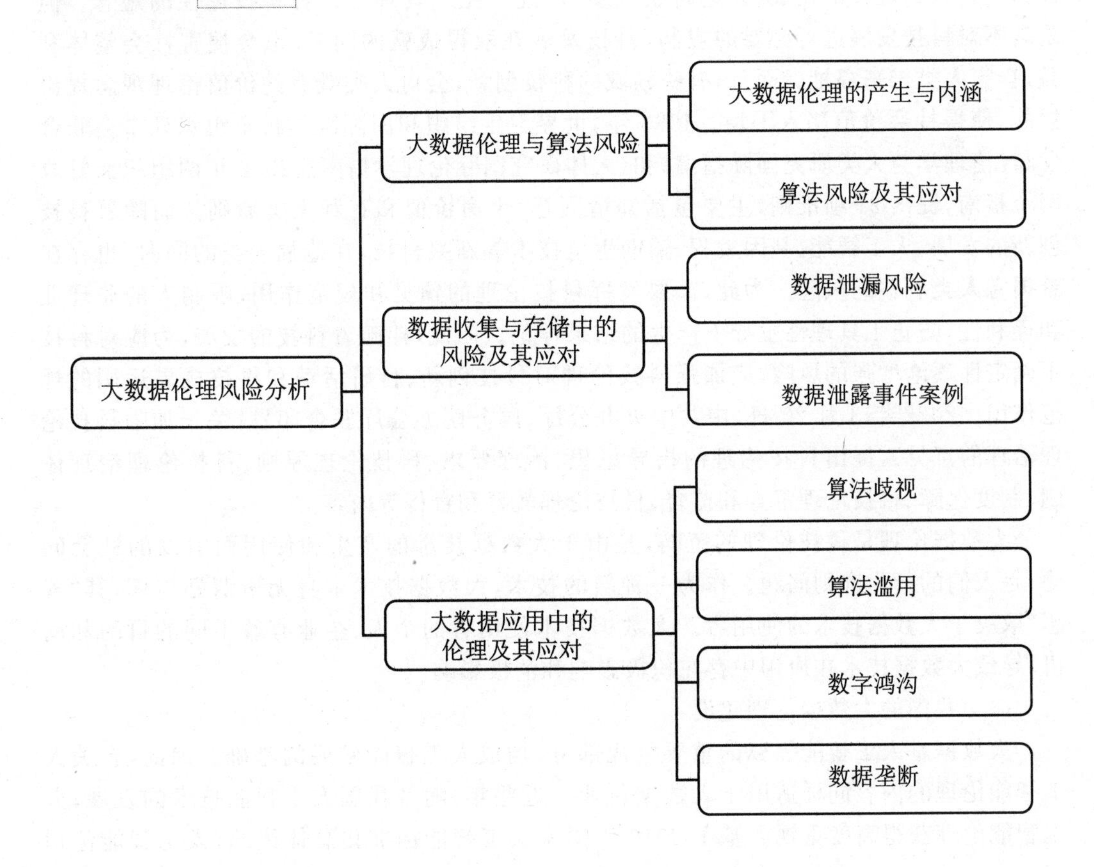

本章重点学习大数据伦理的产生背景、数据相关的伦理风险以及应用相关风险等内容。大数据伦理是科技伦理的范畴,是由于大数据技术的产生和使用而引发的社会问题,是人们的行为准则问题。大数据相关的伦理与风险问题包括数据和算法两个层面。数据层面包括:数据的泄露风险、数据的滥用风险、数据的垄断风险、数据鸿沟障碍。算法层面包括:算法泄漏风险、算法的可信赖风险、算法歧视、算法滥用等。

第一节　大数据伦理与算法风险

一、大数据伦理的产生与内涵

(一)大数据伦理是现代科技伦理的组成部分

大数据行业是现代科技发展的产物,大数据伦理是现代科技伦理的组成部分。所谓科技伦理是指科技创新、科研活动和科技运用中产生的思想和行为准则,包括设计科学研究的伦理、科研人员遵守的科技伦理和科技成果运用的伦理。科技伦理是人类理性的产物,其最核心的要求是:科技创新、科研活动以及科技成果只能有益于或者最大限度地有益于人、社会和环境,而不能损害人、社会和环境,应当最大限度地降低科技产生的负面影响。人的理性的发展,促进科技进步,由此产生工具理性或者科技理性的观念。但是若不对科技发展进行必要的规制,科技发展在取得成就的同时,也会损害社会整体利益,损害人类未来福祉。而且,有些领域的科技创新,会对人类既有的价值伦理观念提出挑战,使得社会价值陷入困境。1993 年,世界卫生组织和国际医学科学组织理事会联合发布《伦理学与人类研究国际指南》和《人体研究国际伦理学指南》,2002 年两组织又修改两个指南,提出 21 项准则,主要包括知情同意、生命价值和有利无害原则。而随着科技创新的发展,人工智能、基因编程、辅助生殖技术等新兴科技,在造福人类的同时,也存在着损害人类利益的风险。为此,需要发挥科技伦理的预见和规范作用,限制人的非理性和逐利性,防止工具理性主导下产生的结果悖论。因此,伴随着科技的发展,为应对科技不确定性逐渐增强的风险,应加强科技伦理对科技创新、科研活动和科技成果运用的规范作用。2022 年 3 月 20 日,中共中央办公厅、国务院办公厅联合印发《关于加强科技伦理治理的意见》,提出科技伦理的指导思想、治理要求、科技伦理原则、科技伦理治理体制、制度保障、科技伦理审查和监督、科技伦理教育和宣传等内容。

大数据伦理是科技伦理的范畴,是由于大数据技术的产生和使用而引发的社会问题,是人们的行为准则问题。作为一种新的技术,大数据技术本身无所谓好与坏,其“善恶”取决于大数据技术的使用者。大数据技术使用者的个人、企业有着不同的目的和动机,导致大数据技术在应用中存在积极影响和消极影响。[①]

(二)我国的大数据伦理建设

大数据是人工智能领域的重要组成部分,构成人工智能发展的基础。因此,有关人工智能伦理的内容同样适用于大数据行业。近些年,随着我国人工智能技术的发展,人工智能伦理获得高度重视。基于 2019 年国家人工智能标准化总体组的《人工智能伦理

---

① 参见林子雨编著《大数据导论》,高等教育出版社 2020 年版,第 158 页。

风险分析报告》和2018年全国信息安全标准化技术委员会大数据安全标准特别工作组制定的《大数据安全标准化白皮书》(2018年版),以下论述人工智能伦理和大数据伦理的主要内容①。

2017年,我国发布《新一代人工智能发展规划》提出了中国的人工智能战略,将制定促进人工智能发展的法律法规和伦理规范作为重要保障措施。《新一代人工智能发展规划》不仅要重视人工智能的社会伦理影响,而且要制定伦理框架和伦理规范,以确保人工智能安全、可靠、可控发展。2018年1月18日,国家人工智能标准化总体组成立并发布《人工智能标准化白皮书2018》。白皮书论述人工智能的安全、伦理和隐私问题,认为设定人工智能技术的伦理要求,要依托于社会和公众对人工智能伦理的深入思考和广泛共识,并遵循一些共识原则。2018年4月,全国信息安全标准化技术委员会大数据安全标准特别工作组制定《大数据安全标准化白皮书》(2018年版),从保障大数据安全和利用大数据保障网络空间安全两个方面对本书中的大数据安全进行了范围界定,阐述了大数据安全的发展状况和重要意义。从大数据平台与技术、数据安全和个人信息保护、国家社会安全和法规标准三方面分析了大数据安全面临的挑战。介绍了国内外大数据安全相关的法律法规、相关的标准化组织及相应大数据安全标准化工作情况,并介绍了国内外大数据安全相关标准。汇总了大数据安全标准化的需求,给出了大数据安全标准的分类,基于分类制定了大数据安全标准图谱,并介绍了大数据安全标准特别工作组已经开展的大数据安全标准工作,指出了急需开展的标准化重点工作。

2018年9月17日,习近平主席致信祝贺2018世界人工智能大会在上海召开。在贺信中习近平主席指出,新一代人工智能正在全球范围内蓬勃兴起,为经济社会发展注入了新动能,正在深刻改变人们的生产生活方式。把握好这一发展机遇,处理好人工智能在法律、安全、就业、道德伦理和政府治理等方面提出的新课题,需要各国深化合作、共同探讨。

人工智能应用的伦理风险具有独特性。其一,与个人切身利益密切相关,如将算法应用在犯罪评估、信用贷款、雇佣评估等关切人身利益的场合,一旦产生歧视,必将系统性地危害个人权益;其二,引发算法歧视的原因通常难以确定,深度学习是一个典型的"黑箱"算法,连设计者可能都不知道算法如何决策,要在系统中发现有没有存在歧视和歧视根源,在技术上是比较困难的。其三,人工智能在企业决策中的应用愈发广泛,而资本的逐利本性更容易导致公众权益受到侵害。

二、算法风险及其应对

(一)算法的可信赖性、稳定性及安全性风险

1. 算法风险的表现

大数据技术在应用中主要有以下算法风险。

首先,算法存在泄露风险。算法需要模型参数,并且在训练数据中运行该模型参数。

---

① 《人工智能伦理风险分析报告》,中国电子技术标准化研究院:http://www.cesi.cn/201904/5036.html。《大数据安全标准化白皮书》,国家网信办:http://www.cac.gov.cn/2017－04/13/c_1120805470.htm。

如果算法的模型参数不慎被泄露,获得该算法模型的第三方就有可能复制该算法。

其次,算法的可信赖性问题。从算法的设计、训练、使用等环节中都存在着算法的可信赖问题。具体说来,算法的训练数据可能无法完全覆盖应用场景的所有情况,存在着算法数据不充分的问题。而且,人工智能算法在原理上是用于处理步骤不明确,输入较不受限的场景,并且允许错误率存在一定的弹性。因此,如果算法的参数被非法修改,算法样本被修改,那么算法性能就会下降、错误率就会提升,这些问题却很难被发现。

再次,算法需要随时可用,对算法的稳定性要求很高。在一些重要的场景下,例如在自动驾驶领域中,在受到外部网络攻击的情况下,也要保证算法模块处于可用状态,能够确保汽车可以停止或者前行。

最后,在与人身安全密切相关的领域中,算法安全尤其重要。可以设想,若是在医疗领域、自动驾驶等关乎人身安全的领域中,算法出现漏洞或者其他风险,则将会使人身安全置于不可控状态。

2. 算法风险的影响

算法风险会产生的影响主要体现如下方面。

首先,算法泄漏会给算法所有者和使用者造成损失。例如,算法模型被泄漏后,第三方可以在不承担数据成本的情况下,使用算法模型,提供更为低价的商业服务,开展不公平竞争。而且,算法泄漏也会造成大量数据的泄漏,这些个人信息、数据可能会被用于违法犯罪活动,使用户的人身、财产安全处在危险状态。

其次,算法随时可用的要求对其可靠性带来挑战。人工智能算法也具有局限性,它只能按照既定的、明确的步骤执行算法,但是若某些步骤、信息被修改,就会产生错误的判断。例如,通过改变无人驾驶系统的图片、声音等,就会干扰车辆正常的判断,导致识别结果错误。

最后,算法和运行系统产生的人身损害,无法适用现有法律追责机制。算法在医疗领域使用时,若医生借助算法进行医疗决策,产生医疗纠纷时,不知道是应当追究医生的责任,还是应当追究算法设计者的责任。而且,在某些专业领域中,过度依赖算法,也会使得从业者的专业能力下降,最终无法辨别算法给出的结论是否真实、可行。

3. 算法风险的应对

面对这些算法风险,我们并不能熟视无睹。而是要采取措施,积极应对。

首先,针对算法漏洞带来的安全风险,通过加强算法保密性等相应的安全防护措施,确保算法不被轻易泄露,如进行算法加密。

其次,针对算法的可信赖性风险,通过采取措施防范算法参数被非法修改,如将修改权限限于已获授权的特定用户。

再次,针对算法随时可用要求对其带来的可靠性挑战,通过完善系统设计,确保正常输入和异常输入的情况下,系统仍然保持可用性。如设立应急系统。

最后,针对算法运行可能造成人身伤害的风险,可以在医疗、交通等领域中加强风险提示,选择稳定性高且原理可解释的算法,实现算法安全运行、具备可追责性。

(二)算法的不可解释性风险

算法的可解释性是算法应用中面临的伦理难题。算法独特的运行模式,使得算法解释具有较大难度,这会降低算法的可信赖性和可追责性。因此,我们需要掌握算法可解释的基本模式、风险以及应对方式。

1. 算法解释及其风险

算法的可解释性是指解释人工智能算法输入的某些特性引起的某个特定输出结果的原因,亦即对算法结果的合理性、关联性的说明。人们输入相关数据,通过算法运行产生特定结果。这种前端数据与末端结果之间的运作机理的可说明性、可重复性,对实现算法的透明性至关重要。

按照解释的内容来划分,算法解释可被划分为过程解释和决策解释。按照路径来划分,可以分为模型中心解释和主体中心解释。模型中心解释,注重算法模型、逻辑过程、数据信息的全局解释,而主体中心解释侧重建立在输入记录的基础上的局部解释,不苛求进入"黑箱内部",更多是在算法决策(过程和结果)和算法主体(设计者、使用者和消费者)之间建立关系,从而提供"有意义的解释"。而反设事实解释,并不试图解释黑盒算法的内部逻辑而是提供关于外部依赖因素的解释,即无须"打开黑盒",其可以通过逻辑推演仅对局部(如两端:假设条件和得出结果)进行解释,而无需对算法模型和过程机制进行解释。主体中心解释和反设事实解释减轻了企业解释的成本负担,并能够为算法消费者提供了解算法的途径。

"黑箱"现象的存在,使得算法难以解释。从运作机理上看,机器学习基本就是解释性较强的线性数学,但当涉及多层神经网络,线性数学转变为非线性数学,就难以厘清不同变量之间的关系。而人工智能算法涌现性和自主性,加重了算法的解释难度,产生"黑箱"现象。

人类对算法的安全感、信赖感、认同度取决于算法的透明性和可理解性。因算法关涉人类的知情利益和主体地位,算法可解释性和透明性是一个重要的大数据伦理命题。其中,算法应用中的"人类知情利益保障"的实现存在着较大的困难,因为算法的复杂性和专业性,加剧了信息不对称,不仅算法消费者与算法设计者、使用者之间存在着信息不对称,而且人类和机器之间也存在信息不对称。人工智能算法的涌现性和自主性,使得我们难以通过判断行为原则和嵌入道德代码保证算法的"善",这就使得人类理性原则难以适用到算法中,社会面临着伦理难题。

因此,算法的可解释性非常重要。算法可解释性的目的不仅包括维护算法消费者的知情权利益,避免和解决算法决策的错误性和歧视性,明晰算法决策的主体性、因果性或相关性,而且还可以助力解决算法可问责性问题。

2. 算法可解释性安全风险的应对

算法可解释性问题已引起国际机构和研究机构的关注。例如,电气和电子工程师协会(IEEE)在 2016 年和 2017 年连续推出的《人工智能设计的伦理准则》白皮书,提出了对人工智能和自动化系统应有解释能力的要求。美国计算机协会美国公共政策委员会在发布的《算法透明性和可问责性声明》,提出了七项基本原则,其中一项即为"解释",鼓励使用算法决策的系统和机构对算法的过程和特定的决策提供解释。2017 年,美国加州大学伯克利分校发布的《对人工智能系统挑战的伯克利观点》提出要发展可解释的决策,使人们可以识别人工智能算法输入的哪些特性引起了某个特定的输出结果。我国国务院发布的《新一代人工智能发展规划》提出人工智能应用的一个需要关注的问题是算法的不可解释性。因此,国家人工智能标准体系可通过操作标准、伦理标准以及数据模型传递与解释标准等的制定加强对算法可解释性的要求。《欧洲通用数据保护条例》(GDPR)第71条明确提出算法解释权,要求被自动决策的人应该具有适当的保护,可要求获取数据主体的特别信息,有权获得评估决定的解释,并质疑决定的合理性。

3. 算法决策不可预见性风险

算法决策的困境主要表现为算法结果的不可预见性。随着计算能力的不断攀升,算法被大量运用,可以处理规模庞大的数据,并且比人类更容易去探索新的解决方案。人类虽然开发了算法和人工智能,但是人类未必能够完全预见算法和人工智能产品做出的全部决策以及决策效果。这是人类自身认知能力有限性所决定的。换言之,人类开发了人工智能、设计了算法,但是却未必能够完全驾驭、控制算法决策的后果。

为了减少人工智能自学习能力导致的算法结果不可预见性困境,就要减少或者杜绝算法决策困境,需要提高算法的可解释性,为确保在算法决策产生无法判断后果的情况下立即终止系统,还需要引入算法终结机制。

第二节　数据收集与存储中的风险及其应对

数据的价值越来越获得重视,这是数据搜集、机器学习、人工智能等技术运用的结果。但是也应看到数据的大规模采集、使用和开发,造成个人信息频繁泄露。个人隐私保护、个人敏感信息识别的重要性日益凸现。为了保护数据主体的权益,欧盟《一般数据保护条例》增加了数据主体的被遗忘权和删除权,引入了强制数据泄露通告、专设数据保护官员等条款,设置严厉的违规处罚。2018年,第40届数据保护与隐私专员国际大会通过由法国国家信息与自由委员会、欧洲数据保护专员和意大利数据保护专员提出的《人工智能伦理与数据保护宣言》,该宣言也提出了六项原则,其中隐私保护和个人敏感信息的识别处理构成主要内容。2022年4月,欧盟成员国与欧洲议会一致通过了《数字服务法》,该法对在线平台的透明度和问责机制提出明确要求,强调数字平台承担一定社会责任。此外,欧盟还将制定《数据治理法》《数据法》《网络和信息系统安全指令》,强调通过数据共享刺激社会数字经济发展,同时做好数据合规和隐私保护。

一、数据泄漏风险

(一)数据或个人信息安全风险

个人信息或者数据是由个人创造的,个人也应当拥有对其个人信息或者数据的删除权、储存权、使用权和知情权等个人自我决定权。然而,这些权利在大数据时代却面临着保障的难题。在传统模式下,大数据获取的难度较大,获取成本也较高。受限于技术,个人信息或者数据主要以纸质媒介为载体,个人信息或者数据的采集、使用相对较少。因此,个人信息或者数据的泄漏也多限于有限范围,影响范围较小。进入信息化时代初期,电脑普及并且数据储存有限,电脑“黑客”对个别用户的侵害,主要是为了获取经济利益。然而,这些状况在大数据时代,则发生了根本的改观。

大数据时代,数据平台、企业拥有大量数据,使其更容易成为网络攻击的目标。在开放的网络化社会,蕴含着海量数据和潜在价值的大数据更受“黑客”青睐,邮箱账号、社保信息、银行卡号、身份证号、居住地址、手机号等数据经常面临大量被窃的安全风险。分布式的系统部署、开放的网络环境、复杂的数据应用和众多的用户访问，都使大数据在保密性、完整性、可用性等方面面临更大的挑战。个人信息被大量采集并形成聚集性的储存，具有较大的使用价值，一旦发生数据滥用、内部偷窃、网络攻击等安全事件，个人信息就会面临着泄漏的风险。

而且，随着大数据和人工智能的发展，数据挖掘的深度与广度的不断加深，人工智能技术与用户隐私保护之间的紧张关系越来越难以协调。随着大数据分析的能力越来越强大，在对大数据中多源数据进行综合分析时，分析人员更容易通过关联分析挖掘出更多的个人信息，由此加剧了个人信息泄露的风险。而信息技术本身的安全漏洞，也会产生数据泄露、伪造和失真等问题。不法分子获取个人隐私数据的方式更多、成本更低、利益更大，导致近年来数据安全事件频发，甚至形成了完整的产业链。

个人信息或者数据安全问题会带来较多问题。一是个人隐私被曝光后，消费者的日常生活受扰；二是网络支付、电子支付中储存的账户信息泄漏，导致账户被盗，损害用户的财产权；三是因隐私保护不利，安全事件频繁，降低了企业信任度，推高了企业数据存储及维护成本。四是不法分子可以使用人工智能技术从公开合法的非敏感信息中推测出敏感个人信息，加剧个人信息安全问题。实践中，很多领域已经开始出现利用研究对象的数字痕迹识别个人偏好和特征的技术。各种匿名化的技术增加了个人信息保护的难度，企业需要增加支出以应对匿名化的信息被重新识别的风险。

传统法律规范对隐私的保护集中于对个人在私人领域、私人空间活动的保护，以及个人私密的、非公开的信息保护。在个人信息的基础之上，法律区分普通个人信息和个人敏感信息。法律对个人敏感信息予以更高的保护，例如对个人敏感信息的处理需要基于个人信息主体的明示同意，或重大合法利益或公共利益的需要等，严格限制对个人敏感信息的自动化处理，并要求对其进行加密存储或采取更为严格的访问控制等安全保护措施。再者，法律规范保护的个人信息通常是指个人可识别信息。如果信息经过泛化、随机化、数据合成等技术进行去标识化处理，则不再将其视为个人信息，对这些信息的后续分析、使用、分享、转移等亦不受个人信息保护规范的限制。

我国制定的《个人信息保护法》《数据安全法》《网络安全法》《信息安全技术个人信息安全规范》(GB/T 35273—2020)和《互联网个人信息安全保护指南》规定了敏感个人信息的搜集与公开等规定。但如何将已有的法律规定转化为可具有操作性的实践规则，还需要进行不断的努力。

二、近年全球典型数据泄露事件回顾

近年来，数据泄露事件频发，以下对典型的事件进行梳理回顾[①]，为数据所有者、数据产品开发者以及数据相关收集、处理人员提供经验参考。

(一)全球范围遭受勒索软件攻击

2017年5月12日，全球范围爆发针对Windows操作系统的勒索软件(WannaCry)

① 聚焦近年来全球十大典型数据安全事件——上海社科院发布大数据安全风险与对策研究报告，人民网：http://world.people.com.cn/n1/2017/0519/c1002－29287418.html，2022年7月10日访问。

感染事件。该勒索软件利用此前美国国家安全局网络武器库泄露的 WindowsSMB 服务漏洞进行攻击，受攻击文件被加密，用户需支付比特币才能取回文件，否则赎金翻倍或是文件被彻底删除。全球 100 多个国家数十万用户受到攻击，国内的企业、学校、医疗、电力、能源、银行、交通等多个行业均遭受不同程度的影响。

安全漏洞的发掘和利用已经形成了大规模的全球性黑色产业链。美国政府网络武器库的泄漏更是加剧了黑客利用众多未知“零日漏洞”发起攻击。2017 年 3 月，微软就已经发布此次黑客攻击所利用的漏洞的修复补丁，但全球有太多用户没有及时修复更新，再加上众多教育系统、医院等还在使用微软早已停止安全更新的 Windows XP 系统，网络安全意识的缺乏击溃了网络安全的第一道防线。

（二）某企业内部员工涉嫌窃取 50 亿条用户数据

2017 年 3 月，两家企业安全团队联手协助公安部破获一起特大窃取贩卖公民个人信息案，其主要犯罪嫌疑人乃企业内部员工。该员工 2016 年 6 月底才入职，尚处于试用期，即盗取涉及交通、物流、医疗、社交、银行等个人信息 50 亿条，通过各种方式在网络黑市贩卖。

为防止数据盗窃，企业每年花费巨额资金保护信息系统不受黑客攻击，然而因内部人员盗窃数据而导致损失的风险也不容小觑。地下数据交易的暴利以及企业内部管理的失序诱使企业内部人员铤而走险、监守自盗，盗取贩卖用户数据的案例屡见不鲜。管理咨询公司埃森哲等研究机构 2016 年发布的一项调查研究结果显示，其调查的 208 家企业中，69％的企业曾在过去一年内遭公司内部人员窃取数据或试图盗取。未采取有效的数据访问权限管理、身份认证管理、数据利用控制等措施是大多数企业数据内部人员数据盗窃的主要原因。

（三）雅虎 10 亿用户账户信息泄露

2016 年 9 月 22 日，全球互联网巨头雅虎证实至少 5 亿用户账户信息在 2014 年遭人窃取，内容涉及用户姓名、电子邮箱、电话号码、出生日期和部分登录密码。2016 年 12 月 14 日，雅虎再次发布声明，宣布在 2013 年 8 月，未经授权的第三方盗取了超过 10 亿用户的账户信息。2013 年和 2014 年这两起黑客袭击事件有着相似之处，即黑客攻破了雅虎用户账户保密算法，窃得用户密码。2017 年 3 月，美国检方以参与雅虎用户受到影响的网络攻击活动为由，对俄罗斯情报官员提起刑事诉讼。

雅虎信息泄露事件是有史以来规模最大的单一网站数据泄漏事件。重要商业网站的海量用户数据是企业的核心资产，也是民间黑客甚至国家级攻击的重要对象，重点企业数据安全管理面临更高的要求，必须建立严格的安全能力体系，不仅需要确保对用户数据进行加密处理，对数据的访问权限进行精准控制，并为网络破坏事件、应急响应建立弹性设计方案，与监管部门建立应急沟通机制。

（四）某快递公司内部人员泄漏用户数据

2016 年 8 月 26 日，某速递公司分公司宋某被控“侵犯公民个人信息罪”在深圳市某区人民法院受审。此前，该公司出现过多次内部人员泄漏客户信息事件，作案手法包括将个人掌握的公司网站账号及密码出售他人；编写恶意程序批量下载客户信息；利用多个账号大批量查询客户信息；通过购买内部办公系统地址、账号及密码，侵入系统盗取信息；研发人员从数据库直接导出客户信息等。

该公司发生的系列数据泄漏事件暴露出针对内部人员数据安全管理的缺陷，由于数据黑产的发展，内外勾结盗窃用户数据牟取暴利的行为正在迅速蔓延。虽然该公司的IT系统具备事件发生后的追查能力，但是无法对员工批量下载数据的异常行为发出警告和风险预防，针对内部人员数据访问需要设置严格的数据管控，并对数据进行脱敏处理，才能有效确保企业数据的安全。

(五)黑客攻击SWIFT系统盗窃孟加拉国央行存款

2016年2月5日，孟加拉国央行被黑客攻击导致8100万美元被窃取，攻击者通过网络攻击或者其他方式获得了孟加拉国央行SWIFT系统的操作权限，攻击者进一步向纽约联邦储备银行发送虚假的SWIFT转账指令。纽约联邦储备银行总共收到35笔，总价值9.51亿美元的转账要求，其中8100万美元被成功转走盗取，成为迄今为止规模最大的网络金融盗窃案。

SWIFT是全球重要的金融支付结算系统，并以安全、可靠、高效著称。黑客成功攻击该系统，表明网络犯罪技术水平正在不断提高，客观上要求金融机构等关键性基础设施的网络安全和数据保护能力持续提升，金融系统网络安全防护必须加强政府和企业的协同联动，并开展必要的国际合作。2017年3月1日生效的美国纽约州新金融条例，要求所有金融服务机构部署网络安全计划，任命首席信息安全官，并监控商业伙伴的网络安全政策。美国纽约州的金融监管要求为全球金融业网络安全监管树立了标杆。我国的金融机构也需进一步明确自身应当履行的网络安全责任和义务，在组织架构、安全管理、安全技术等多个方面进行落实网络安全责任。

(六)国内酒店2000万入住信息遭泄露

2013年10月，国内安全漏洞监测平台披露，某数字客房服务商因为安全漏洞问题，使与其有合作的酒店的入住数据在网上泄露。数天后，一个名为“2000w开房数据”的文件出现在网上，其中包含2000万条在酒店开房的个人信息，开房数据中，开房时间介于2010年下半年至2013年上半年，包含姓名、身份证号、地址、手机等14个字段，其中涉及大量用户隐私，引起全社会广泛关注。

酒店内的Wi-Fi覆盖是随着酒店业发展而兴起的一项常规服务，很多酒店选择和第三方网络服务商合作，但在实际数据交互中存在严重的数据泄露风险。一方面，涉事酒店缺乏个人信息保护的管理措施，未能制定严格的数据管理权限，使得第三方服务商可以掌握大量客户数据。另一方面，第三方服务商网络安全加密等级低，在密码验证过程中未对传输数据加密，存在严重的系统设计缺陷。

第三节 大数据应用中的伦理风险及其应对

一、算法歧视

在人工智能和大数据运用中也存在着伦理风险，算法可能存在歧视。人工智能的核心是大数据和算法:通过基于算法的大数据分析，发现隐藏于数据背后的结构或模式，就可以实现数据驱动的人工智能决策。随着人工智能决策应用日趋广泛，经济社会发展也更容易受到算法影响。有偏见的智能算法会导致各种各样的问题，例如违反人类的道德习惯、法律规范等。因此，解决算法歧视问题对于规范人工智能的相关技术和产品的应用，完善人工智能的标准化建设，以及推动实现人工智能产业化具有重要意义。

算法作为人工智能的核心，其执行结果直接影响着决策的效果。算法歧视，是指在看似没有恶意的程序设计中，由于算法的设计者或开发人员对事物的认知存在某种偏见，或者算法执行时使用了带有偏见的数据集等原因，造成该算法产生带有歧视性的结果。根据算法歧视产生的原因，可将其分为：人为造成的歧视、数据驱动的歧视与机器自我学习造成的歧视三种类别。

(一)人为造成的歧视

人为造成的歧视指由于人为原因而使算法将歧视或偏见引入决策过程中。人为造成的歧视主要分为两种：由算法设计者造成的算法歧视和由用户造成的算法歧视。

首先，由算法设计者造成的算法歧视。算法设计者为了获得某些利益，或者为了表达自己的一些主观观点而设计存在歧视性的算法。算法的设计目的、数据运用、结果表征等都是开发者、设计者的主观价值与偏好选择密切相关。而设计开发者可能会把自己持有的偏见与喜好嵌入或固化到智能算法之中——这会使智能算法通过学习把这种歧视或倾向进一步放大或者强化，从而产生算法设计者想要的并带有歧视性的结果，最终导致基于算法的决策带有偏见。

人为造成的算法歧视具体表现为：1. 价格歧视。算法设计者利用地理位置、浏览记录、消费记录等信息，设计智能算法或机器学习模型，将同样的商品或服务对不同的用户或群体显示不同的价格，也即所谓的价格歧视(亦称：差别定价)2. 结果偏袒。算法设计者在设计算法时带有倾向性，使得算法对某些结果产生一定的偏袒，从而造成某种不公平、不公正的决策结果。3. 算法漏洞。算法设计者在算法建立时没有考虑到一些特殊的现实情况，从而导致算法的结果带有歧视性。

其次，由用户造成的算法歧视。主要产生于需要从与用户互动的过程中进行学习的算法，由于用户自身与算法的交互方式，而使算法的执行结果产生了偏见。在运行过程中，当设计算法向周围环境学习时，它不能决定要保留或者丢弃哪些数据、判断数据对错，而只能使用用户提供的数据。无论这些数据是好是坏，它都只能依据此基础做出判断。

(二)数据驱动造成的歧视

数据驱动造成的歧视指由于原始训练数据存在偏见性，导致算法执行时将歧视带入决策过程。算法本身不会质疑其所接收到的数据，只是单纯地寻找、挖掘数据背后隐含的结构和模式，如果人类输入给算法的数据一开始就存在某种偏见或喜好，那么算法会获得的输出结果也会与人类偏见相同。

对于复杂的机器学习算法来说，数据的多样性、数据分布与最终算法结果的准确度密切相关。在运行过程中，决定使用某些数据而不使用另一些数据，将可能导致算法的输出结果带有不同的偏见或歧视性。造成该歧视的是以下方面的原因：1. 数据选择不慎重。算法系统的设计人员可以决定哪些数据是决策的重要数据，哪些数据是决策的次要数据，草率选择的数据或许会使算法的运行结果产生某种偏差。2. 数据不准确、更新不及时。由于缺少细节和实时的数据集，或者在数据搜集过程存在数据不准确或者丢失的情况，即便算法系统在其他方面表现良好，运行后仍然可能产生不可行的结果。3. 数据选择存在偏差。算法的输入数据不具有整体代表性，算法的结果使得某一群体的利益掩盖另一群体。4. 数据偏见的延续性。一旦输入的数据通过算法产生了带有偏见的结果，该结果被带入到下一轮算法进行循环，或者直接替代上一轮的结果输出，都会使得算法的历史偏见得以延续和加强。

数据分布本身就带有一定的偏见。假设算法设计者手中的数据分布不均衡，例如本地居民的数据多于移民者，或富人的数据多于穷人，城市的数据多余偏远地区，这种数据的不均分布就会导致算法对社会组成的分析得出错误的结论。

（三）机器自我学习造成的歧视

机器学习指利用大量与任务相关的数据训练人工智能算法的过程。而随着算法复杂程度的日益提高，通过机器学习过程形成的决策越来越难以被解释。机器自我学习造成的歧视是指机器在学习的过程中会自我学习到数据的多维不同特征或者趋向，包括非人为赋予数据集的特征、有意避免的敏感数据特征，它们将某些偏见引入决策过程，从而导致的算法结果带有歧视性。

机器学习算法的核心是从初始提供的数据中学习模式，使其能在新的数据中识别类似的模式。但计算机的决策并非事先编写好的，从输入数据到做出决策的中间过程是难以解释的机器学习，甚至在更为先进的自动学习。在这过程中，人工智能背后的代码、算法存在着超乎理解的技术“黑箱”，导致我们无法控制和预测算法的结果，而在应用中产生某种不公平倾向。

根据算法歧视的对象不同，可以将其区分为如下歧视[①]。

一是身份性歧视。身份性歧视是基于某些人属于特定群体，而非基于他们的表现对其进行区别、排斥、限制或优待的任何不合理措施，法律禁止歧视的事由包括性别、种族、民族、宗教信仰、家庭财产状况等。相比于人类决策，人们倾向于认为算法通常是客观、中立的，会以同样的方式评估所有人并做出决策，从而避免因对某一群体存在偏见而导致歧视行为。但事实上，来源于人类社会的歧视也会带入算法模型中。算法歧视不仅会侵犯对特定群体权益，还有可能造成对数据主体法律权利的侵害，使歧视成为社会常态。

二是就业歧视。为了处理大量来自应聘者的信息，企业使用机器学习算法处理大量数据，对应聘者进行识别和打分。算法系统还可以根据雇主的不同需求进行不同的分类。例如以通勤时间为标准筛选潜在雇员的算法系统，会自动排除通勤时间较长的申请者，这会导致居住在商业中心之外的低收入群体受到歧视。算法还会加剧性别不平等，算法设计者多为男性，他们会将自身的价值、诉求带入算法设计中，在无意中使得算法结果会倾向于有利于男性的决策，而忽视女性的利益。

三是信贷歧视。传统的信用评分主要是基于借款人之前的偿还贷款记录等信用信息计算的，以预测其在未来某段时间内发生拖欠还款等不良金融行为的可能性。随着大数据以及与之相关的人工智能技术和机器学习的不断发展，以算法自动化决策技术为核心的个人信用评分为解决征信难的问题提供了思路。通过挖掘海量数据，利用复杂的算法和模型技术整合广泛的数据点，为消费者获得贷款创造了机会。但也存在固化潜在歧视的风险。在该系统中，消费者的家庭、宗教信仰、社会和其他关系可能会决定他们是否

---

① 以下事例来自《环球》杂志第8期，2021年4月21日。

有获得贷款的资格。

四是刑事司法歧视。美国司法领域运用数据分析和算法系统，法官、缓刑和假释官使用算法来评估刑事被告成为累犯的可能性。Northpointe公司（更名为Equivalent）开发的COMPAS系统被用于风险预测，可以基于犯罪记录以及其他个人相关信息预测罪犯的累犯风险，从而做出量刑建议。由于COMPAS系统的决策过程是不公开、不透明的，在借助算法进行裁判时，人无法知晓量刑决策是基于哪些信息做出的，而该决策直接关系到人的自由等基本权利，这套系统因此引发了很大的争议。有研究发现，黑人被告比白人被告更容易被错误地判断为有更高的累犯风险，而白人被告比黑人被告更可能被错误地标记为有较低的累犯风险。

二、算法滥用

算法滥用是指人们利用算法进行分析、决策、协调、组织等一系列活动中，其使用目的、使用方式、使用范围等出现偏差并引发不良影响的情况。

（一）算法滥用的表现

实践中存在的算法滥用，比较有代表性的有：一是娱乐媒体诸如游戏、短视频等娱乐内容，通过巧妙设计的刺激和反馈机制，经常使用户产生无法自拔的上瘾体验。娱乐软件推荐内容同质化、低俗化的信息，浪费用户时间和注意力。有的平台为了点击量和用户留存，利用人性的猎奇惰性心理，大量推荐一些低俗乃至触碰法律和伦理底线的不良内容，产生了恶劣的影响；二是借助人工智能算法，电子商务平台可以分析用户的消费行为和消费取向。透明、合理的算法推荐可以满足用户的真实需求，提高消费者福利。但是如果使用方式不当，也可能引发诸如“大数据杀熟”等争议性问题；三是刑事侦查机关基于大数据对犯罪嫌疑人预测，对他认定“嫌疑人”的行动自由事先加以干预，违背了“无罪推定”的人权保障原则。

（二）造成算法滥用的原因

算法滥用是由多方面原因造成的。一是算法设计者出于自身的利益，利用算法对用户进行不良诱导，隐蔽地产生对人类不利的行为。例如，娱乐平台利用算法诱导用户进行娱乐或信息消费，导致用户沉迷。“算法至上”的内容推荐，会导致利用算法不断强化用户自己想看的世界，内容越来越单一且变得偏激，产生“信息茧房”，形成恶性循环；二是过度依赖算法决策，由算法的缺陷所带来的算法滥用。即便人工智能的使用者出于正当的目的，在一些极端的场景中，盲目相信算法、过度依赖人工智能，也可能因为算法的缺陷而产生严重后果，例如医疗误诊导致医疗事故；三是盲目扩大算法的应用范围，任何人工智能算法都有其特定的应用场景和应用范围，超出原定场景和范围的使用将有可能会导致算法滥用。

（三）算法风险的应对

对于上述算法风险，可以采取如下应对措施。一是明确算法的应用领域，严格限定其适用边界。针对某一目的制定的算法，其应用应当限于该种目的，不得未经同意挪作他用；二是不过分依赖算法，坚持人类在算法应用中的主体性地位。在目前算法技术尚不成熟的情况下，应当在各节点加强控制，将人的经验判断与算法的数据优势相结合；三是通过行业标准、国家人工智能技术标准等引导算法的伦理取向，如内容平台的算法推荐不能仅基于提升流量、吸引眼球的考虑，而应从社会责任角度出发，考虑全面的知识积累、拓宽视野等多重目的，提升资讯提供的多元性。2021 年 12 月 31 日，国家网信办、工业和信息化部、公安部、国家市场监督管理总局联合制定《互联网信息服务算法推荐管理规定》，为规范算法迈出了关键一步。

（四）案例分析

“大数据杀熟”属于典型的大数据技术滥用现象。“大数据杀熟”本质上是商家利用大数据技术，通过分析用户消费信息，对那些使用次数较多、对价格不敏感的客户实施差异化定价，最终实现商家利益最大化的一种商业策略。

1. 基本情况

2020 年 8 月 20 日，文化和旅游部发布了《在线旅游经营服务管理暂行规定》，自 2020 年 10 月 1 日起施行。规定明确在线旅游经营者不得滥用大数据分析等技术手段，侵犯旅游者合法权益。《人民直击》就网友关注的问题进行了报道 ①。

2020 年 10 月 5 日，外出游玩的程先生花 217 元通过某旅游 App 预订了一家酒店。出于好奇，他和朋友又打开另一部手机搜索了同一酒店。令他们惊讶的是，相同入住日期下的同一房型，在另一手机上价格为 169 元，再换一部手机又变为 175 元。程先生是付费开通的钻石 plus 会员，另外两个账号是非付费会员。该 App 显示，其会员成长体系包括 4 个等级：大众会员、黄金会员、铂金会员、钻石会员，各等级会员享有相应权益。此外，用户可付费开通钻石 plus 会员，享受额外权益。花钱升级的会员，订房还比非会员贵，程先生认为自己遇到了严重的“大数据杀熟”。发现自己可能被“杀熟”后，程先生在投诉平台发起了投诉。

2020 年 10 月 1 日开始实施的《在线旅游经营服务管理暂行规定》第 15 条明确：在线旅游经营者不得滥用大数据分析等技术手段，基于旅游者消费记录、旅游偏好等设置不公平的交易条件，侵犯旅游者合法权益。10 月 9 日至 22 日，记者随机测试多个旅游商家 App 发现，部分平台上，不同用户对相同产品享受的优惠有所差异。费用明细显示，两个账号享受的新客代金券、随机优惠、房费立减等优惠程度不同。“随机优惠”具体如何随机？该 App 官方人工客服说：“代理商不同，拿房渠道不同，订单内容不同都会导致价格不一样。页面显示什么价格就是什么价格，下单活动都是不同的，有些是优惠立减，有些是返现，随机就是系统随机。”

2019 年 3 月，北京市消费者协会发布“大数据杀熟”问题调查结果指出，“大数据杀熟”具有隐蔽性，维权往往难以举证；经营者通常以商品型号或配置、享受套餐优惠、时间点不同等为理由，进行自辩，不对外公布具体算法、规则和数据。

2.“大数据杀熟”中的个人信息保护问题

在线旅游平台作为场所提供者、交易撮合者和信息发布者，连接着商家和消费者。只有获取更为充分、全面的消费者信息，平台才能够为商家进行差异化定价、选择用户提供基础。在这个过程中，平台需要收集和使用消费者的个人信息以及其他数据。

《在线旅游经营服务管理暂行规定》第十四条规定，在线旅游经营者应当保护旅游者个人信息等数据安全，在收集旅游者信息时事先明示收集旅游者个人信息的目的、方式

---

① 来自搜狐：https://www.sohu.com/a/428475375_120054638，2022 年 7 月 25 日访问。

和范围,并经旅游者同意。2020 年通过的《民法典》、2021 年通过的《个人信息保护法》和《数据安全法》要求信息处理者收集信息应当遵循“告知-同意原则”,并且符合合法、正当、必要以及合目的等要求。只有规范平台收集信息行为,才能够更好规范平台在使用大数据技术开展服务中的经营行为。

3. 大数据技术滥用,加剧信息不对称

在线旅游平台通过收集信息,进行分类处理,为商户进行大数据杀熟、差异化定价以及选择消费者提供技术支持。技术中立性,并不能产生使用结果的中立性。在平台和商户“合谋”获利盘的背后,牺牲的是消费者的利益,侵犯了消费者的知情权、公平交易权,使得商家与消费者之间呈现出严重的不对等状态。《个人信息保护法》规定,自动化决定必须遵守透明、公正原则,以防止大数据被用于决策时产生的不平等、不公正等问题。

三、数字鸿沟

(一)数字鸿沟的表现

数字鸿沟又称为信息鸿沟,即信息富有者和信息贫困者之间的鸿沟。1995 年,美国国家远程通信和信息管理局在《被互联网遗忘的角落——一项关于美国城乡信息穷人的调查报告》中首次提出数字鸿沟概念。2000 年 7 月,世界经济论坛组织(WEF)提交专题报告《从全球数字鸿沟到全球数字机遇》。联合国开发计划署指出,数字鸿沟实际上表现为一种创造财富能力的差距。美国商务部的“数字鸿沟网”把数字鸿沟概括为:“在所有的国家,总有一些人拥有社会提供的最好的信息技术。他们有最强大的计算机、最好的电话服务、最快的网络服务,也受到了这方面的最好的教育。另外有一部分人,他们出于各种原因不能接入最新的或最好的计算机、最可靠的电话服务或最快最方便的网络服务。这两部分人之间的差别,就是所谓的‘数字鸿沟’。处于这一鸿沟的不幸一边,就意味着他们很少有机遇参与到我们的以信息为基础的新经济当中,也很少有机遇参与到在线的教育、培训、购物、娱乐和交往当中”。数字鸿沟是信息时代的不公平,表现在信息基础设施、信息工具以及信息的获取使用中,先进的技术成果不能为人们公正的分享,造成信息富有者与信息贫困者之间的巨大差距。

大数据时代给人们生产生活带来巨大便利,但同时也加深了数字鸿沟。一方面,大数据技术及相关基础设施并未在全球范围内普及,发达国家优于发展中国家,城市优于农村。另一方面,即便在大数据技术设施比较完备的国家或者地区,个体在掌握和使用大数据技术方面的差异性也非常大。

在我国,数字鸿沟已不仅仅是一个技术问题,而正在成为一个社会问题。网络用户虽然持续增长,但其普及和应用主要发生在城市,网络用户中只有 0.3%是农民,城市普及率为农村普及的 740 倍。同我国的地形梯级分布相似,我国不同地区使用数字技术的程度也呈梯级分布,表现为东部沿海城市数字化程度相对来说比较高,而中西部地区数字化程度较低。无论是实际上网人数,还是上网人数所占人口比例,东部省区都大大超过中西部地区。

可见数字鸿沟涉及公共资源的公平分配问题。不同群体、不同区域的人们掌握数字技术、享受数字服务以及利用数字设施的水平,不仅影响到他们能否分享改革发展的成果,也会影响到他们在经济社会发展中是否能够占据优势地位。若只有少部分群体、企业、地区的能够掌握并利用大数据技术，而其他群体却无法接受和掌握大数据技术，则给予数据占有程度的差异，会导致新的不公正，加剧社会矛盾。因此，必须克服数字鸿沟，实现均衡式发展。

（二）案例分析

大数据给我们的生活带来了极大便利，但不能忽略的是还有一个特殊的群体——老年人，他们如何跨越数字鸿沟，分享数字成果？[①]

老年人长久以来习惯的现金购物、排队挂号、在窗口购票等生活方式，疫情之前尚能维持，疫情暴发后服务业窗口作用削弱，为减少接触改为线上服务，点餐、挂号、政务……不少老年人不知所措，跟不上社会变迁的节奏，在“数字化生活”中被“代沟式”淘汰。不会操作智能手机，疫情期间处处不便。疫情防控期间，到处都需要扫健康码，但部分老人使用非智能手机或不会操作智能手机，无法完成相应操作，导致出行不便。

有媒体报道称，新技术在给人们生活带来更多方便的同时，也让许多老年人成了“数字贫困户”。《中国互联网络发展状况统计报告》显示，截至2020年3月，我国网民规模达9.04亿人，互联网普及率达64.5%，但60岁及以上网民占比仅为6.7%。而据国家统计局发布的数据，到2019年底，60周岁及以上人口占总人口比例约为18.1%。从这两项数据推算，有上亿老年人没能及时搭上信息化快车。

数字产品忽视诉求，无形增加触网负担。根据《半月谈》报道，在相关调查中，农村网民规模为1.95亿人，而农村老年人“经常上网”的占比约0.9%。老年网民数量城乡差距明显。很多老年人不会使用现在的智能设备，还停留在传统的生活模式中。除了使用智能设备存在障碍以外，更深层次的问题是老年人的数字素养难以匹配复杂的新媒体环境。

数字反哺并不容易，学习意愿至关重要。老年人在听力、视力、记忆力等方面有其年龄特点，目前大部分手机软件专注于青年和中年群体，在产品设计上缺乏对老年用户的考虑。目前还处于传统社会向数字化社会逐渐过渡的时期，一些机构和商家为快速发展，在设计理念和产品功能上一味追新求变，没有兼顾老年用户的习惯。

对于不同情况的老年人需要区别看待，不必强求其接入数字社会，不要过分强调其面临的“数字困难”，要有保障其权利的相关措施。为老年人“数字扫盲”，需要考虑三点因素：一是老年人的身体因素；二是老年人的实际需求；三是老年人的数字学习资源和机会。

四、数据垄断

（一）数据垄断带来的问题

信息技术发展，使得数据的搜集、储存变得更加容易。随着数据的累积，数据作为驱动人工智能等技术发展的重要资源，逐渐成为各科技公司争夺的主要对象，不同科技企业在数据资源的储备量上的差异也愈加明显，数据垄断逐渐形成，并催生了“堰塞湖”，各

① 老年人“数字化生活”现状调查，新华网：http://www.xinhuanet.com/legal/2020－08/25/c_1126408145.htm? baike，2022年7月25日。

企业间的数据难以互通[①]。在数字经济领域,网络效应和“马太效应”会造成赢家通吃的现象,互联网巨头占据所在相关市场的绝大部分市场份额,挤压竞争者的生存空间,导致目前数据资源采集渠道被少数互联网巨头掌握,在逐利动机下,数据控制者拒绝数据开放共享,并获得垄断利益[②]。

数据垄断在实践应用上产生一些问题:一是数据安全问题。先进的大数据技术虽然为人们的生活提供了很多便利,但公民和组织的个人数据的隐私却也非常容易赤裸裸地暴露出来,严重威胁到普通人的隐私权,并造成安全问题。二是数据依赖问题。数据垄断极易出现对数据的盲目依赖,丧失理性的思维和决策能力。人们更加相信量化表现的事实,因而认为数据决定一切的规律是正确的。三是数据流动受限。数据垄断规定了谁能接入、为何目的、在何种情境下、受到怎样的限制等诸多前提性内容。合理、科学、有序的数据流动将有助于数据资源的优化配置和使用,推动大数据技术的创新。而数据垄断不利于技术创新[③]。

在互联网行业蓬勃发展,新业态新模式层出不穷,数字经济持续发力的情况下,平台经济所触及的大数据垄断等问题越来越突出,除了“二选一”“自我优待”“大数据杀熟”等典型的涉嫌滥用市场支配地位的垄断行为,也涉及“算法合谋”“最惠国条款”“扼杀式并购”等与垄断协议、经营者集中相关的垄断行为。阻碍数字经济的健康发展,损害了消费者福利。2022年5月,新修的《反垄断法》在总则部分新增规定,经营者不得利用数据和算法、技术、资本优势以及平台规则等从事本法禁止的垄断行为。滥用市场支配地位章节也规定了专门条款:具有市场支配地位的经营者不得利用数据和算法、技术以及平台规则等从事前款规定的滥用市场支配地位的行为。《反垄断法》的修改,为防止数据垄断,推动数字经济的健康发展提供了重要法律保障。

(二)案例分析:数据所有权问题

在一家手机体验店内,一位正在体验荣耀Magic手机的用户,在微信中发了一句“我们去看电影吧”,手机随即推送了正在热映的电影和购票渠道。以往的智能助手仅局限在某一个应用内,而荣耀Magic则实现了跨应用的智能识别。然而,T公司指控H公司荣耀Magic手机侵犯了T公司微信数据和用户数据,而H公司则坚持认为所有的数据都属于用户,并且获得了用户的授权同意[④]。

数据到底应该属于谁?在大数据时代,智能生活已深入每个人身边,从出行、支付、外卖到用户的一举一动、一言一行,海量数据正成为互联网、软件、硬件公司们竞逐的金矿。数据的所有权之争正变得日益激烈。

荣耀Magic手机在初次开机时会出现各项功能的授权列表。列表中,将手机中的各项功能和需要收集的数据分别做出了说明。在每一项功能下方,分别有“启用”和“不启

① 孟小峰:破解数据垄断的几种治理模式研究,http://www.rmlt.com.cn/2020/0925/594487.shtml。

② 参见何源主编:《数据法学》,北京大学出版社2018年版,第138页。

③ 周翔、刘欣:专家解读大数据时代:数据垄断的困境与隐忧。http://theory.people.com.cn/n/2013/0520/c112851－21543135－2.html,2022年7月19日。

④ 刘素宏、马婧、杨砺:腾讯华为“数据之争”授权是尚方剑?《新京报》2017年8月11日。搜狐网https://m.sohu.com/a/163704119_114988?_trans_＝010004_pcwzy,2022年7月19日。

用”两个按钮。在用户未做任何操作时，系统默认全部功能为“启用”。在获得用户授权后，Magic 手机可根据微信聊天内容自动加载地址、天气、时间等信息；通话、购物等时候也能提示相关服务信息，H 公司表示，这些均是与科大讯飞、高德、支付宝、携程等 App 深度合作研发的结果。

不过这些功能引发 T 公司抗议，T 公司认为，H 公司不仅在获取 T 公司的数据，还侵犯了微信用户的隐私。T 公司和所有的手机制造商、运营商和第三方 App 开发者都保持良好的合作与沟通，并与监管单位密切交流，为更健康的互联网未来而努力。

两家科技巨头数据权之争背后折射了用户信息的所有权问题，以及商业开发与用户隐私之间的制衡问题。

第四节 思考与练习

一、单选题

1.（ ）是人工智能领域的重要组成部分，构成人工智能发展的基础。

A. 大数据　　B. 个人信息

C. 国家政策　　D. 工程技术

答案：A

2. 算法决策的困境主要源于人工智能自学习能力导致的算法结果的（ ）。

A. 不可知　　B. 不可预见性

C. 不稳定性　　D. 不可推广性

答案：B

3. 针对算法漏洞带来的安全风险，可以采取的措施是（ ）。

A. 加强算法保密性，通过加密等安全防护措施确保算法不被轻易泄露

B. 通过传统的安全防护措施防范算法参数被非法修改的可能性

C. 保证系统在异常输入时仍然保持其可用性

D. 在攸关人身安全的领域明确风险提示要求

答案：A

4. 大数据技术应用中存在的伦理风险不包括（ ）。

A. 算法歧视　　B. 算法滥用

C. 数据垄断　　D. 数据收益

答案：D

5. 大数据安全问题是大数据技术发展中必须要解决好的问题，以下属于大数据安全问题的是（ ）。

A. 数据泄漏　　B. 数据采集

C. 数据使用　　D. 数据收益

答案：A

6. 职业道德的作用不包括（ ）。

A. 规范作用　　B. 教育作用

C. 引导作用　　　　　　　　　　　　D. 惩罚作用

答案:D

7. 以下有关大数据技术与大数据伦理关系表述错误的是(　　)

A. 大数据技术应用中必然伴随着风险问题

B. 大数据应用风险会对人类既有的价值伦理观念提出挑战

C. 大数据伦理是防范大数据风险的重要手段

D. 大数据运用不存在风险问题,也不存在适用大数据伦理的必要

答案:D

8. 按照解释的内容来划分,算法解释可被划分为过程解释和(　　)。

A. 结果解释　　　　　　　　　　　　B. 模型中心解释

C. 主体中心解释　　　　　　　　　　D. 全链条解释

答案:A

9. 个人对其产生的数据不包括下列哪项权利(　　)。

A. 删除权　　　　　　　　　　　　　B. 储存权

C. 编辑权　　　　　　　　　　　　　D. 知情权

答案:C

10. 因为原始训练数据存在偏见性,导致算法执行时将歧视带入决策过程,属于(　　)。

A. 数据驱动造成的歧视　　　　　　　B. 人为造成的歧视

C. 机器自我学习造成的歧视　　　　　D. 违法性歧视

答案:A

11. 数据垄断在实践应用上产生的问题不包括(　　)。

A. 数据安全问题　　　　　　　　　　B. 数据依赖问题

C. 数据流动受限　　　　　　　　　　D. 数字鸿沟问题

答案:D

二、多选题

1. 2018 年 9 月 17 日,习近平主席致信祝贺 2018 世界人工智能大会在上海召开。在贺信中习近平主席指出,要处理好人工智能在(　　)等方面提出的新课题,需要各国深化合作、共同探讨。

A. 法律　　　　　　　　　　　　　　B. 安全

C. 就业　　　　　　　　　　　　　　D. 道德伦理

E. 政府治理

答案:ABCDE

2. 为应对算法风险,可采取如下哪些措施(　　)。

A. 加强算法保密性　　　　　　　　　B. 提升安全防护措施

C. 确保异常输入时可用性　　　　　　D. 明确风险提示

E. 加强系统可测试性

答案:ABCDE

3. 个人隐私泄漏造成的问题有(　　)。

A. 提高数据开发程度　　B. 财产受损失

C. 企业信任度的降低　　D. 推高企业数据存储及维护成本

E. 危害国家安全

答案:BCD

4. 算法歧视的主要类型有(　　)。

A. 人为造成的歧视　　B. 数据驱动的歧视

C. 机器自我学习造成的歧视　　D. 数据扩散造成的歧视

E. 数据滥用造成的歧视

答案:ABC

5. 人工智能应用的伦理风险具有独特性,主要体现在(　　)

A. 与个人切身利益密切相关,一旦产生歧视,必将系统性地危害个人权益

B. 算法歧视的原因难以确定,不易在系统中发现有没有存在歧视和歧视根源

C. 人工智能在企业决策中的应用广泛,资本的逐利本性更易侵害公众权益

D. 大数据广泛运用促进社会进步,相比较其好处,其潜在的风险不值得过分关注

E. 人工智能应用风险可以被杜绝、消灭

答案:ABC

6. 算法风险的表现有(　　)。

A. 算法存在泄露风险

B. 算法从设计、训练到使用均面临可信赖性问题

C. 部分场景下的算法对随时可用的要求较高

D. 人工智能算法在许多场景的应用都与人身安全相

E. 算法风险具有易发现、易防范的特点

答案:ABCD

7. 大数据不当运用,产生的个人信息保护问题主要体现在(　　)。

A. 个人隐私曝光导致消费者日常生活受扰

B. 个人信息泄露导致财产受损失

C. 隐私保护不利导致企业信任度的降低

D. 隐私保护推高企业数据存储及维护成本

E. 为保护个人信息,不应发展大数据产业

答案:ABCD

8. 造成算法滥用的原因有(　　)。

A. 算法设计者出于自身的利益,利用算法对用户进行不良诱导

B. 过度依赖算法本身,由算法的缺陷所带来的算法滥用

C. 盲目扩大算法的应用范围而导致的算法滥用问题

D. 用户缺乏权利保障意识

E. 政府监管不到位

答案:ABC

9. 以下有关“数字鸿沟”的表述正确的有(　　)。

A. 数字鸿沟是信息时代的不公平

B. 数字鸿沟表现在信息基础设施、信息工具以及信息的获取使用过程

C. 数字鸿沟中先进的技术成果不能为人们公正的分享

D. 数字鸿沟使得信息富有者与信息贫困者之间产生的巨大差距

E. 数字鸿沟难以克服,不能降低存在范围;

答案:ABCD

三、填空题

1. 大数据行业是现代科技发展的产物,(　　)是现代科技伦理的组成部分。

答案:大数据伦理

2. 人类对算法的安全感、信赖感、认同度取决于算法的透明性和(　　)。

答案:可理解性

3. 信息经过泛化、随机化、数据合成等技术进行(　　)处理,则不再将其视为个人信息。

答案:去标识化

4. (　　)是指由于算法的设计者或开发人员对事物的认知存在某种偏见,或者算法执行时使用了带有偏见的数据集等原因,造成歧视性的结果。

答案:算法歧视

5. (　)即"信息富有者和信息贫困者之间的鸿沟"。

答案:数字鸿沟

第十六章
数据分析的基本道德要求

本章学习目标

熟悉国际社会及我国提出的数据分析论理原则。理解向善原则、可问责原则、保障隐私原则。了解大数据工作各阶段的职业道德要求。了解数据从业人员的行为规范。

本章思维导图

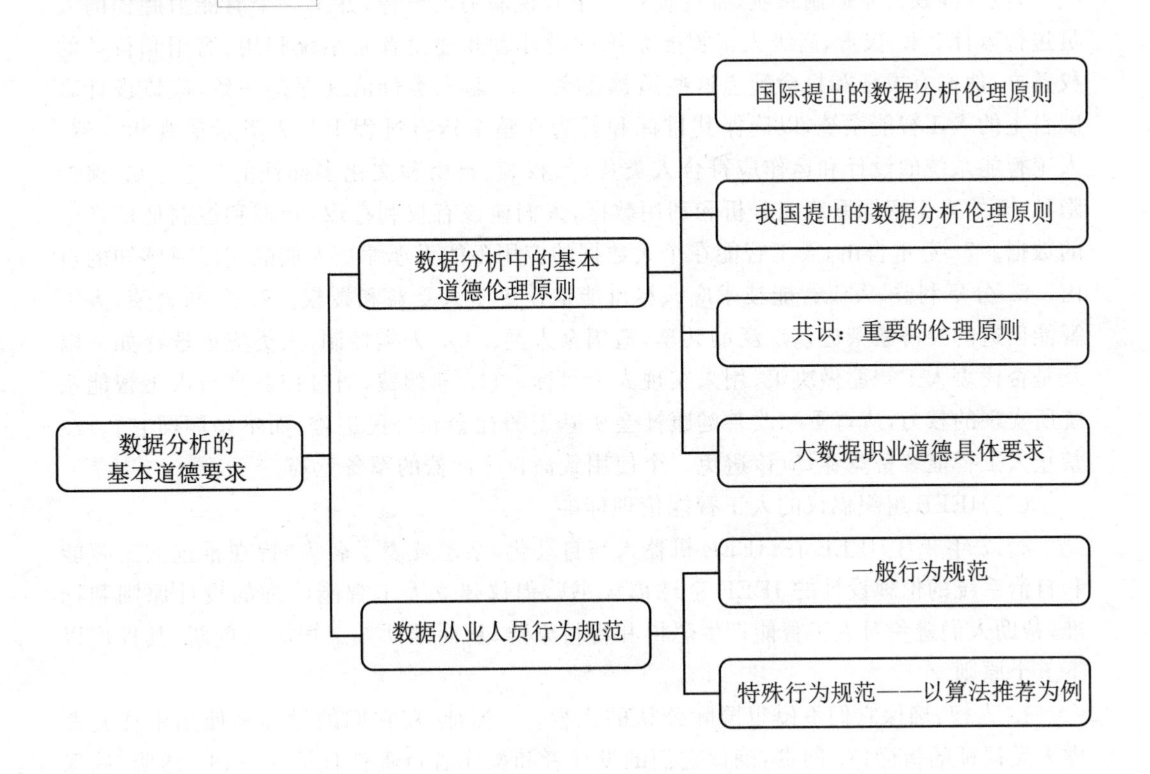

我国先后制定《新一代人工智能治理原则——发展负责任的人工智能》和《新一代人工智能伦理规范》，构成我国大数据领域的基本伦理原则框架。大数据研发、产品推广、使用以及算法推荐中应当遵循以上规范中的伦理要求。本章对数据分析中的基本道德伦理原则以及数据从业人员规范进行讨论。

第一节　数据分析中的基本道德伦理原则

一、国际提出的数据分析伦理原则

国内外围绕着大数据、人工智能发展应当使用的伦理原则进行广泛讨论，逐渐达成共识。接下来，对几个具有代表性的数据伦理原则进行梳理和解读。

（一）阿西洛马人工智能原则

2017 年 1 月在阿西洛马召开的"有益的人工智能"会议上提出该原则，其倡导的伦理和价值原则主要有以下内容：

1. 安全性，人工智能系统应当是安全的，且是可适用的和可实行的。2. 失败的透明性，如果一个人工智能系统引起损害，应该有办法查明原因。3. 审判的透明性，在司法裁决中，但凡涉及自主研制系统，都应提供一个有说服力的解释，并由一个有能力胜任的人员进行审计。4. 权责，高级人工智能系统的设计者和建设者是系统利用、滥用和行动的权益方，他们有责任和机会塑造这些道德含义。5. 与人类价值观保持一致，应该设计高度自主的人工智能系统，以确保其目标和行为在整个运行过程中与人类价值观相一致。人工智能系统的设计和运作应符合人类尊严、权利、自由和文化多样性的理念。6. 保护隐私，既然人工智能系统能分析和利用数据，人们应该有权利存取，管理和控制他们产生的数据。7. 尊重自由，人工智能在个人数据的应用不能无理缩短人们的实际或感知的自由。8. 分享利益，人工智能技术应该尽可能地使更多人受益和授权。9. 共同繁荣，人工智能创造的经济繁荣应该广泛的共享，造福全人类。10. 人类控制，人类应该选择如何以及是否代表人工智能做决策，用来实现人为目标。11. 非颠覆，通过控制高级人工智能系统所实现的权力，应尊重和改善健康社会所基于的社会和公民进程，而不是颠覆它。12. 禁止人工智能装备竞赛，应该避免一个使用致命自主武器的军备竞赛。

（二）IEEE 组织倡议的人工智能伦理标准

2017 年 3 月，IEEE 在《IEEE 机器人与自动化》杂志发表了名为"旨在推进人工智能和自治系统的伦理设计的 IEEE 全球倡议书"，倡议建立人工智能伦理的设计原则和标准，帮助人们避免对人工智能产生恐惧和盲目崇拜，从而推动人工智能的创新，其提出以下五个原则。

1. 人权：确保它们不侵犯国际公认的人权；2. 福祉：在它们的设计和使用中优先考虑人类福祉的指标；3. 问责：确保它们的设计者和操作者负责任且可问责；4. 透明：确保它们以透明的方式运行；5. 慎用：将滥用的风险降到最低。

（三）美国《算法透明和可责性声明》

2017 年，美国公共政策委员会发布的《算法透明和可责性声明》提出七项准则。

1. 充分认识：算法分析系统的所有者、设计者、制造者、使用者和其他利益相关者，应当充分认识到算法歧视的可能性；算法歧视可能出现在算法的设计、运行和适用阶段。同时，也应当充分认识到算法歧视对个人和社会可能造成的危害。

2. 救济：某些个人和群体可能受到算法决策的不利影响。监管者应当建立健全救济机制，允许上述个人和群体对算法决策结果提出质疑、获得救济。

3. 可责性：即使无法解释算法产生的结果，利用算法进行决策的部门也应当对其决策负责。

4. 解释：鼓励利用算法进行的决策的组织和机构，对算法决策遵循的程序和具体决策结果做出解释；这一原则在公共政策决策中尤为重要。

5. 数据来源：算法的制造者应当保留一份关于训练数据来源的描述，同时应当附带一份说明，阐明在收集数据（人工或算法收集）中的潜在歧视风险。公共审查能提高算法被纠正的可能性。但是以上在下列几种情况中，可以不公开数据来源，而仅对符合标准且得到授权的部分人公开数据：涉及隐私问题、涉及商业机密、公开数据来源可能导致恶意第三人蓄意（利用输入数据）使系统产生偏差的。

6. 可审查性：模型、算法、数据和决策应当留存记录，以便在怀疑其导致损害结果产生的情况下进行审查。

7. 验证和测试：相关机构应当对其模型的有效性进行严格的验证，并记录验证方式与验证结果。应当对算法进行日常测试，以确定算法最严重的歧视性问题出现在何处。鼓励机构公开此类测试的测试结果。

（四）欧洲人工智能伦理与数据保护宣言

法国国家信息与自由委员会（CNIL）、欧洲数据保护专员、意大利个人数据保护专员提出，并获得多数国家和地区支持下，第40届数据保护与隐私专员国际大会通过《人工智能伦理与数据保护宣言》。第40届数据保护与隐私专员国际大会认为，任何人工智能系统的创建、开发和使用都应充分尊重人权，特别是保护个人数据和隐私权以及人的尊严不被损害的权利，并应提供解决方案，使个人能够控制和理解人工智能系统。

会议赞同将以下原则作为在人工智能发展中保护人权的核心价值观：

一是应根据公平原则，在基本人权层面设计、开发和使用人工智能和机器学习技术，特别是考虑个人的合理期望，确保人工智能系统的使用与其原始目的保持一致。数据的使用方式与其收集的最初目的相符，不仅要考虑人工智能的使用对个人的影响，还要考虑其对群体和整个社会的集体影响。确保人工智能系统的开发方式能够促进人类发展，不会阻碍或危害人类，需要系统用途进行划分和确定界限。

二是应对人工智能系统的潜在影响和后果的保持持续关注和警惕，确立问责制，包括利益相关者的个人、监管部门和其他第三方。建立人工智能系统的影响评估以及监督机制，定期审查、审计。监督涵盖参与者和利益相关者的整个链条。加大对于公众意识、教育、研究和培训的投资，以确保公众对信息和人工智能的理解以及它们的潜在影响保持在一个良好的水平；依托可信赖的第三方或建立独立的道德委员会。

三是应改进人工智能系统的透明度和可理解度。加大对人工智能的科研投入；提高透明度、可理解度和可用性，例如通过开发创新的沟通方式，同时考虑到每个相关受众所需的不同透明度和信息；使组织的实践更加透明，特别是通过提高算法透明度和系统的可审计性，同时确保所提供信息有意义，以及保证信息自决的权利，特别是通过确保个人在与人工智能系统直接互动时得到适当的信息,系统能够实现全面的人为控制。

四是作为“设计伦理”方法的一部分,应通过默认应用隐私原则和设计隐私来对人工智能系统进行负责任的设计和开发。确保在确定处理方式和数据处理时,使数据主体的隐私和个人数据得到尊重。评估和记录人工智能项目开始时对个人和社会的预期影响。确定系统尊重人权的具体要求,作为任何人工智能系统开发和运行的一部分。

五是应促进赋能每个人,并应鼓励行使个人权利,为公众的参与创造机会。特别是尊重数据保护和隐私权,包括信息权、访问权、反对处理权和删除权。通过教育和宣传活动促进这些权利的行使,尊重相关权利,包括言论和信息自由。在适用的情况下应当保证个人不受制于仅基于自动处理的决定的权利,同时在不适用的情况下保证个人具有挑战这种决定的权利。利用人工智能系统促进平等赋能和加强公众参与,例如提供适应性接口和可访问工具。

六是应当减少和减轻因使用人工智能数据而可能导致的非法偏见或歧视。确保尊重关于人权和不受歧视,投资研究识别、解决和减轻偏见的技术方法,采取合理措施确保自动决策中使用的个人数据和信息准确、最新且尽可能完整,制定解决偏见和歧视的具体指导方案和原则,并提升个人和利益相关者公平的意识。

(五)其他倡议

加拿大发布的《可靠的人工智能草案蒙特利尔宣言》提出了七种价值,并指出它们都是人工智能发展过程中应当遵守的道德原则:福祉、自主、正义、隐私、知识、民主和责任。

工会联合会全球联盟提出人工智能伦理十大原则:1. 要求人工智能系统透明;2. 使用“道德黑匣子”装备人工智能系统;3. 让人工智能服务人与地球;4. 采用人为命令的方法;5. 保证无性别偏见的人工智能;6. 分享人工智能系统的益处;7. 确保公平转型并确保对基本自由和权利的支持;8. 建立全球性的管理机制;9. 禁止机器人的责任;10. 禁止人工智能装备竞赛。

2019 年 4 月,欧盟委员会发布了由欧盟人工智能高级专家组撰写的《可信赖人工智能道德准则》,提出了实现可信赖人工智能全生命周期的框架,并具体阐述了“可信赖 AI 全生命周期框架”的三个基本要素、可信赖 AI 的基础原则、评估可信赖 AI 的关键要求及其实现等业内高度关注的问题。

二、我国提出的数据分析伦理原则

习近平总书记说,“科技是发展的利器,也可能成为风险的源头。要前瞻研判科技发展带来的规则冲突、社会风险、伦理挑战,完善相关法律法规、伦理审查规则及监管框架。要深度参与全球科技治理,贡献中国智慧,塑造科技向善的文化理念,让科技更好增进人类福祉,让中国科技为推动构建人类命运共同体做出更大贡献!”[①]我国不仅在人工智能、大数据领域取得瞩目成就,助力数字经济发展,数字政府建设,而且还不断推动人工智能、大数据伦理建设,向世界贡献中国经验。因此,大数据分析人员应当重点掌握我国提

① 习近平:在中国科学院第二十次院士大会、中国工程院第十五次院士大会、中国科协第十次全国代表大会上的讲话,国家网信办:http://www.cac.gov.cn/2021-05/29/c_1623877605421734.htm,2022 年 7 月 20 日。

出的数据分析伦理原则，规范开展数据收集、使用活动，促进科技向善。

（一）《新一代人工智能治理原则》

国家新一代人工智能治理专业委员会于2019年6月17日印发实施《新一代人工智能治理原则——发展负责任的人工智能》，提出如下原则：

全球人工智能发展进入新阶段，呈现出跨界融合、人机协同、群智开放等新特征，正在深刻改变人类社会生活、改变世界。为促进新一代人工智能健康发展，更好协调发展与治理的关系，确保人工智能安全可靠可控，推动经济、社会及生态可持续发展，共建人类命运共同体，人工智能发展相关各方应遵循以下原则：

1. 和谐友好。人工智能发展应以增进人类共同福祉为目标；应符合人类的价值观和伦理道德，促进人机和谐，服务人类文明进步；应以保障社会安全、尊重人类权益为前提，避免误用，禁止滥用、恶用。

2. 公平公正。人工智能发展应促进公平公正，保障利益相关者的权益，促进机会均等。通过持续提高技术水平、改善管理方式，在数据获取、算法设计、技术开发、产品研发和应用过程中消除偏见和歧视。

3. 包容共享。人工智能应促进绿色发展，符合环境友好、资源节约的要求；应促进协调发展，推动各行各业转型升级，缩小区域差距；应促进包容发展，加强人工智能教育及科普，提升弱势群体适应性，努力消除数字鸿沟；应促进共享发展，避免数据与平台垄断，鼓励开放有序竞争。

4. 尊重隐私。人工智能发展应尊重和保护个人隐私，充分保障个人的知情权和选择权。在个人信息的收集、存储、处理、使用等各环节应设置边界，建立规范。完善个人数据授权撤销机制，反对任何窃取、篡改、泄露和其他非法收集利用个人信息的行为。

5. 安全可控。人工智能系统应不断提升透明性、可解释性、可靠性、可控性，逐步实现可审核、可监督、可追溯、可信赖。高度关注人工智能系统的安全，提高人工智能鲁棒性及抗干扰性，形成人工智能安全评估和管控能力。

6. 共担责任。人工智能研发者、使用者及其他相关方应具有高度的社会责任感和自律意识，严格遵守法律法规、伦理道德和标准规范。建立人工智能问责机制，明确研发者、使用者和受用者等的责任。人工智能应用过程中应确保人类知情权，告知可能产生的风险和影响。防范利用人工智能进行非法活动。

7. 开放协作。鼓励跨学科、跨领域、跨地区、跨国界的交流合作，推动国际组织、政府部门、科研机构、教育机构、企业、社会组织、公众在人工智能发展与治理中的协调互动。开展国际对话与合作，在充分尊重各国人工智能治理原则和实践的前提下，推动形成具有广泛共识的国际人工智能治理框架和标准规范。

8. 敏捷治理。尊重人工智能发展规律，在推动人工智能创新发展、有序发展的同时，及时发现和解决可能引发的风险。不断提升智能化技术手段，优化管理机制，完善治理体系，推动治理原则贯穿人工智能产品和服务的全生命周期。对未来更高级人工智能的潜在风险持续开展研究和预判，确保人工智能始终朝着有利于社会的方向发展。

（二）《新一代人工智能伦理规范》

2021年9月25日，国家新一代人工智能治理专业委员会发布了《新一代人工智能伦理规范》（以下简称《伦理规范》），旨在将伦理道德融入人工智能全生命周期，为从事人工智能相关活动的自然人、法人和其他相关机构等提供伦理指引。《伦理规范》第3条规定，人工智能各类活动应遵循以下基本伦理规范。

1. 增进人类福祉。坚持以人为本，遵循人类共同价值观，尊重人权和人类根本利益诉求，遵守国家或地区伦理道德。坚持公共利益优先，促进人机和谐友好，改善民生，增强获得感幸福感，推动经济、社会及生态可持续发展，共建人类命运共同体。

2. 促进公平公正。坚持普惠性和包容性，切实保护各相关主体合法权益，推动全社会公平共享人工智能带来的益处，促进社会公平正义和机会均等。在提供人工智能产品和服务时，应充分尊重和帮助弱势群体、特殊群体，并根据需要提供相应替代方案。

3. 保护隐私安全。充分尊重个人信息知情、同意等权利，依照合法、正当、必要和诚信原则处理个人信息，保障个人隐私与数据安全，不得损害个人合法数据权益，不得以窃取、篡改、泄露等方式非法收集利用个人信息，不得侵害个人隐私权。

4. 确保可控可信。保障人类拥有充分自主决策权，有权选择是否接受人工智能提供的服务，有权随时退出与人工智能的交互，有权随时中止人工智能系统的运行，确保人工智能始终处于人类控制之下。

5. 强化责任担当。坚持人类是最终责任主体，明确利益相关者的责任，全面增强责任意识，在人工智能全生命周期各环节自省自律，建立人工智能问责机制，不回避责任审查，不逃避应负责任。

6. 提升伦理素养。积极学习和普及人工智能伦理知识，客观认识伦理问题，不低估不夸大伦理风险。主动开展或参与人工智能伦理问题讨论，深入推动人工智能伦理治理实践，提升应对能力。

(三)《关于加强科技伦理治理的意见》

2022年3月20日，中办、国办印发《关于加强科技伦理治理的意见》明确科技伦理的基本原则，包括：

1. 增进人类福祉。科技活动应坚持以人民为中心的发展思想，有利于促进经济发展、社会进步、民生改善和生态环境保护，不断增强人民获得感、幸福感、安全感，促进人类社会和平发展和可持续发展。

2. 尊重生命权利。科技活动应最大限度避免对人的生命安全、身体健康、精神和心理健康造成伤害或潜在威胁，尊重人格尊严和个人隐私，保障科技活动参与者的知情权和选择权。使用实验动物应符合"减少、替代、优化"等要求。

3. 坚持公平公正。科技活动应尊重宗教信仰、文化传统等方面的差异，公平、公正、包容地对待不同社会群体，防止歧视和偏见。

4. 合理控制风险。科技活动应客观评估和审慎对待不确定性和技术应用的风险，力求规避、防范可能引发的风险，防止科技成果误用、滥用，避免危及社会安全、公共安全、生物安全和生态安全。

5. 保持公开透明。科技活动应鼓励利益相关方和社会公众合理参与，建立涉及重大、敏感伦理问题的科技活动披露机制。公布科技活动相关信息时应提高透明度，做到客观真实。

这些科技伦理的基本原则，也同样适用于大数据、人工智能领域。

三、共识:重要的伦理原则

综合上述规定,可以看出在人工智能和大数据发展中重要的伦理规则为如下方面。

(一)促进人类根本利益原则/向善性原则

人类根本利益原则指人工智能应以实现人类根本利益为终极目标。人类根本利益原则有以下要求。

一是向善性。向善性是指人工智能、大数据应用的目的不应违背人类伦理道德的基本方向,在使用过程中不作恶。向善性要求考察人工智能、大数据是否以促进人类发展为目的,如和平利用人工智能、大数据及相关技术、避免致命性人工智能武器的军备竞赛;同时,也要求考察人工智能、大数据是否有滥用导致侵犯个人权利、损害社会利益的危险,例如是否用于欺诈客户、造成歧视、侵害弱势群体利益等。

二是保障人的尊严。人工智能、大数据的研发与应用应符合人的尊严,保障人的基本权利与自由;要确保算法决策的透明性,确保算法设定避免歧视;推动人工智能、大数据的效益在世界范围内公平分配,缩小数字鸿沟。无偏性是指人工智能、大数据的算法不能具有某些偏见或者偏向。无偏性要求使用到的数据的无偏性(使用到的数据应该保持相对的中立与客观)和完备性(数据应该具有整体的代表性,并且数据应该尽量全面地描述所要解决的问题)。

三是关注隐私保护,加强个人数据的控制,防止数据滥用。人类根本利益原则体现对人权的尊重、对人类和自然环境利益最大化以及降低技术风险和对社会的负面影响。

(二)责任原则/可问责原则

责任原则指在人工智能、大数据相关的技术开发和应用两方面都建立明确的责任体系。在责任原则下,在人工智能、大数据开发方面应遵循透明度原则。在人工智能、大数据应用方面则应当遵循权责一致原则。

一是透明度原则。透明度原则要求人工智能的设计中保证人类了解自主决策系统的工作原理,从而预测其输出结果,即人工智能如何以及为何做出特定决定。透明度原则的实现有赖于人工智能算法的可解释性、可验证性和可预测性。数据来源透明度亦十分重要,即便是在处理表面没有问题的数据集时,也有可能面临数据中所隐含的某种倾向或者偏见问题。

二是权责一致原则。权责一致原则,是指在人工智能、大数据的设计和应用中应当保证能够实现问责,包括:在人工智能的设计和使用中留存相关的算法、数据和决策的准确记录,以便在产生损害结果时能够进行审查并查明责任归属;即使无法解释算法产生的结果,使用了人工智能算法进行决策的机构也应对此负责。责任原则的意义在于,当人工智能应用结果导致人类伦理或法律的冲突问题时,人们能够从技术层面对人工智能技术开发人员或设计部门问责,并在人工智能应用层面建立合理的责任和赔偿体系,保障人工智能应用的公平合理性。

权责一致原则的实现有赖于利用人工智能算法进行的决策的组织和机构对算法决策遵循的程序和具体决策结果做出解释,同时用以训练人工智能算法的数据应当被保留并附带阐明在收集数据(人工或算法收集)中的潜在偏见和歧视。人工智能算法的公共审查制度能够提高相关政府、科研和商业机构采纳的人工智能算法被纠错的可能性。

(三)保障隐私原则

保障隐私是保障个人自主性、私密性生活,避免受到外界过度干预或者限制,实现自我决定权。这就要求:

一是个人敏感信息处理的审慎性。个人敏感信息处理的审慎性是指应在个人信息中着重认真对待个人敏感信息,例如对个人敏感信息的处理需要基于个人信息主体的明示同意,或重大合法利益或公共利益的需要等。同时,严格限制对个人敏感信息的自动化处理,并对其进行加密存储或采取更为严格的访问控制等安全保护措施。

二是隐私保护的充分性。隐私保护的充分性是指对个人信息的使用不得超出与收集个人信息时所声明的范围。当出现新的技术导致合法收集的个人信息可能超出个人同意使用的范围时,相关机构必须对上述个人信息的使用做出相应控制保证其不被滥用。

四、大数据职业道德具体要求

《新一代人工智能伦理规范》规定了大数据分析不同阶段应当遵守的职业道德原则。

(一)大数据风险管理中的职业道德

为确保人工智能伦理和大数据伦理的实现,应当加强管理,确保管理环节遵循伦理规范。大数据风险管理中应当遵守的职业道德主要有如下方面。

一是推动敏捷治理。尊重人工智能发展规律,充分认识人工智能的潜力与局限,持续优化治理机制和方式,在战略决策、制度建设、资源配置过程中,不脱离实际、不急功近利,有序推动人工智能健康和可持续发展。

二是积极实践示范。遵守人工智能相关法规、政策和标准,主动将人工智能伦理道德融入管理全过程,率先成为人工智能伦理治理的实践者和推动者,及时总结推广人工智能治理经验,积极回应社会对人工智能的伦理关切。

三是正确行权用权。明确人工智能相关管理活动的职责和权力边界,规范权力运行条件和程序。充分尊重并保障相关主体的隐私、自由、尊严、安全等权利及其他合法权益,禁止权力不当行使对自然人、法人和其他组织合法权益造成侵害。

四是加强风险防范。增强底线思维和风险意识,加强人工智能发展的潜在风险研判,及时开展系统的风险监测和评估,建立有效的风险预警机制,提升人工智能伦理风险管控和处置能力。

五是促进包容开放。充分重视人工智能各利益相关主体的权益与诉求,鼓励应用多样化的人工智能技术解决经济社会发展实际问题,鼓励跨学科、跨领域、跨地区、跨国界的交流与合作,推动形成具有广泛共识的人工智能治理框架和标准规范。

(二)大数据产品研发阶段中的职业道德

为规范大数据研发,提升大数据产品品质,从源头规制大数据开发,在大数据产品研发阶段中应当遵守的职业道德主要有如下方面。

一是强化自律意识。加强人工智能研发相关活动的自我约束,主动将人工智能伦理道德融入技术研发各环节,自觉开展自我审查,加强自我管理,不从事违背伦理道德的人工智能研发。

二是提升数据质量。在数据收集、存储、使用、加工、传输、提供、公开等环节,严格遵守数据相关法律、标准与规范，提升数据的完整性、及时性、一致性、规范性和准确性等。

三是增强安全透明。在算法设计、实现、应用等环节，提升透明性、可解释性、可理解性、可靠性、可控性，增强人工智能系统的韧性、自适应性和抗干扰能力，逐步实现可验证、可审核、可监督、可追溯、可预测、可信赖。

四是避免偏见歧视。在数据采集和算法开发中，加强伦理审查，充分考虑差异化诉求，避免可能存在的数据与算法偏见，努力实现人工智能系统的普惠性、公平性和非歧视性。

（三）大数据产品推广中的职业道德

为促进大数据产品公平、公正参与市场竞争，尊重用户选择权、保障用户合法权益，完善应急体制，防范和化解风险。大数据产品推广中应当遵守的职业道德主要有如下方面。

一是尊重市场规则，开展正当竞争。严格遵守市场准入、竞争、交易等活动的各种规章制度，积极维护市场秩序，营造有利于人工智能发展的市场环境，不得以数据垄断、平台垄断等破坏市场有序竞争，禁止以任何手段侵犯其他主体的知识产权。

二是加强质量管控，确保产品质量达标。强化人工智能产品与服务的质量监测和使用评估，避免因设计和产品缺陷等问题导致的人身安全、财产安全、用户隐私等侵害，不得经营、销售或提供不符合质量标准的产品与服务。

三是保障用户权益，尊重用户知情权和决定权。在产品与服务中使用人工智能技术应明确告知用户，应标识人工智能产品与服务的功能与局限，保障用户知情、同意等权利。为用户选择使用或退出人工智能模式提供简便易懂的解决方案，不得为用户平等使用人工智能设置障碍。

四是强化应急保障，有利规避风险。研究制定应急机制和损失补偿方案或措施，及时监测人工智能系统，及时响应和处理用户的反馈信息，及时防范系统性故障，随时准备协助相关主体依法依规对人工智能系统进行干预，减少损失，规避风险。

（四）大数据产品使用中的职业道德

大数据产品进入消费环节后，使用者应当合法、合理且善意使用大数据产品，及时反馈使用体验，促进大数据技术革新。在大数据产品使用环节中应当遵守的职业道德主要有如下方面。

一是提倡善意使用，促进公共利益。加强人工智能产品与服务使用前的论证和评估，充分了解人工智能产品与服务带来的益处，充分考虑各利益相关主体的合法权益，更好促进经济繁荣、社会进步和可持续发展。

二是避免误用滥用，减少不当侵害。充分了解人工智能产品与服务的适用范围和负面影响，切实尊重相关主体不使用人工智能产品或服务的权利，避免不当使用和滥用人工智能产品与服务，避免非故意造成对他人合法权益的损害。

三是禁止违规恶用，不得从事违法犯罪。禁止使用不符合法律法规、伦理道德和标准规范的人工智能产品与服务，禁止使用人工智能产品与服务从事不法活动，严禁危害国家安全、公共安全和生产安全，严禁损害社会公共利益等。

四是及时主动反馈，促进技术革新。积极参与人工智能伦理治理实践，对使用人工智能产品与服务过程中发现的技术安全漏洞、政策法规真空、监管滞后等问题，应及时向相关主体反馈，并协助解决。

五是提高使用能力，提升使用效能。积极学习人工智能相关知识，主动掌握人工智能产品与服务的运营、维护、应急处置等各使用环节所需技能，确保人工智能产品与服务安全使用和高效利用。

（五）算法推荐中的职业道德

2021 年 11 月 16 日国家网信办 2021 年第 20 次室务会议审议通过，并经工业和信息化部、公安部、国家市场监督管理总局同意，联合制定规章《互联网信息服务算法推荐管理规定》，自 2022 年 3 月 1 日起施行。对此，有学者认为，随着信息技术的发展、商业应用的演进和政府管理的迭代，我们已经进入“算法社会”。算法为我们规划道路，为我们筛选搜索结果，为我们选择朋友，甚至为我们打出社会信用分值，或者决定我们是否出行，在某种意义上，算法决定了我们是谁，我们看到什么，以及我们如何思考。

该规定表明中国对算法推荐服务的治理路径逐渐清晰，“算法协同治理”的中国道路悄然成型。一方面，算法协同治理是各监管机构的协作。作为一个通用技术，算法不仅是商业活动，也是社会建构。算法的复杂性使其治理必须依托于多个监管机构的分工合作。另一方面，算法协作治理是技术、法律和社会规范的协作，算法的底层是技术，对算法黑箱、算法歧视等问题，需要从技术入手为算法安全内生机理、算法安全风险评估、算法全周期安全检测提供科学依据，因此行业标准、行业准则、行业自律是算法治理的优先工具。

该规定科学构建了算法综合治理体系。首先，明确算法治理体制机制，算法治理涉及信息内容管理、电信服务、网络犯罪、市场竞争等多方面内容，需要多部门协作，形成有法可依、多远协同、多方参与的综合治理格局。其次，明确算法推荐相关保护法益。针对算法歧视、算法霸权、算法黑箱等问题设计出规制方案，重点从三个层面维护用户权益，即维护个人自主权益，规定算法透明度和用户自主选择机制，要求应当以适当方式公示算法推荐服务的基本原理、目的意图和主要运行机制等，并规定推出算法推荐、用户标签管理、算法说明解释义务等内容；维护用户平等权益，不得利用算法在交易价格等交易条件上实施不合理的差别待遇等违法行为；维护特殊群体权益，防止未成年人网络沉迷、老年人智能适老化服务、劳动者劳动权益保障等内容。最后，将算法监管纳入网络综合治理体系，我国以《网络安全法》《个人信息保护法》和《数据安全法》等立法为基础的网络法律体系初步形成，逐步形成较为完备的法律工具箱机制。该规定将算法监管纳入网络综合治理体系，建立算法备案、巡查、评估等法律义务，强调企业风险责任意识，要求健全算法安全管理组织机构，加强风险防控和隐患排查治理，提升应对算法安全突发事件的能力和水平，科学构建网络平台责任体系①。

《互联网信息服务算法推荐管理规定》规定算法服务提供者应当遵守的基本规则以及保障用户权益的义务。同时，还提出完善监管机制，实施分级分类管理、安全评估和监督检查工作。网信部门会同电信、公安、市场监管等有关部门建立算法分级分类安全管理制度，根据算法推荐服务的舆论属性或者社会动员能力、内容类别、用户规模、算法推

① 专家解读《互联网信息服务算法推荐管理规定》，https://www.sohu.com/a/514885786_121106991，2022 年 2 月 1 日访问。

荐技术处理的数据重要程度、对用户行为的干预程度等对算法推荐服务提供者实施分级分类管理。网信部门会同电信、公安、市场监管等有关部门对算法推荐服务依法开展安全评估和监督检查工作,对发现的问题及时提出整改意见并限期整改。

五、案例分析

1. 事件脉络:抓取微博后台数据构成不正当竞争[①]

甲技术公司系某微博的运营方,为消费者提供基于用户关系的社交媒体平台。甲技术公司通过运营的网页版鹰击系统和安卓手机端鹰击应用为其用户提供微博数据服务,具体包括获取、存储、展示和分析微博平台数据,并形成数据分析报告。该微博认为甲技术公司擅自获取、存储、展示和使用微博平台数据的行为构成不正当竞争,故诉至法院,要求甲技术公司立即停止涉案不正当竞争行为,消除影响并赔偿经济损失。法院经审理认为,微博平台数据可以分为公开和非公开数据,对于公开数据,可以通过网络爬虫等自动化程序获取并进行二次利用,对于非公开数据,只有在采取合法正当手段的情况下方可获取。本案中,在双方当事人不存在合作关系,且不能证明采用的技术手段具备合法正当性的情况下,能够合理推定甲技术公司利用了技术手段破坏或绕开了该微博所设定的访问权限,从而获取微博平台非公开数据。甲技术公司获取、存储、展示和使用微博平台数据的行为,干扰了微博平台的正常运行,给该微博增加了经营成本,并影响该微博对外授权并获得相关收益,构成《反不正当竞争法》第十二条规定的不正当竞争行为。据此,法院判决上诉人承担停止不正当竞争行为、消除影响并赔偿被上诉人经济损失及合理费用共计528万元。

2. 案例分析

(1)基本伦理的要求

大数据技术应当符合科技伦理要求。目前,在大数据、人工智能领域已经形成的共识包括:人类根本利益原则、责任原则、隐私保障原则等。其中,人类根本利益原则是最核心的基本原则,这就要求大数据、人工智能应当以实现人类根本利益为根本目标。具体来说:首先,大数据技术应当具备向善性,要求大数据技术能够促进人类发展,避免利用大数据侵犯个人权利、损害社会利益、进行不公平竞争等。其次,大数据技术应当能够保障人的尊严,避免歧视、缩小数字鸿沟等,数据应当具备无偏性(使用到的数据应该保持相对的中立与客观)和完备性(数据应该具有整体的代表性,并且数据应该尽量全面地描述所要解决的问题);最终,保障隐私,防止滥用数据侵犯人的隐私。

本案中,数据抓取行为不仅涉及公开数据,也涉及非公开数据。非公开数据涉及公民的隐私、个人信息等,侵犯了公民的权益,不符合科技向善的要求。

(2)数据抓取行为需要理清边界

数据抓取技术作为一项大数据技术,对推动数据收集、整合,提供更好的服务有帮助。但是数据抓取也并非毫无界限。首先,大数据抓取行为应当符合一般基本伦理原则,不得利用大数据抓取技术开展不正当竞争、侵犯公民隐私;其次,大数据抓取应当符合法律规定,不得进行违法操作。基于互联互通的平台运行原则,平台经营者应当允许

---

① 某软件公司与某网络技术公司不正当竞争纠纷上诉案,(2019)京73民终3789号。

其他经营者搜集、利用公开数据。但是,非公开数据的收集和利用则需要获得平台允许。通过技术手段抓取和存储已经设置访问权限的非公开数据,此种行为不具有正当性。

《新一代人工智能伦理规范》规定,大数据技术发展中要充分尊重个人信息知情、同意等权利,依照合法、正当、必要和诚信原则处理个人信息,保障个人隐私与数据安全,不得损害个人合法数据权益,不得以窃取、篡改、泄露等方式非法收集利用个人信息,不得侵害个人隐私权。

(3)大数据治理需要伦理和法律

大数据技术作为新兴技术,数字经济尚在发展阶段,既需要法律治理,也需要伦理治理。首先,要重视伦理治理,加强平台自我治理,避免行为越界;其次,要尊重伦理共识,并在此基础上加强法律治理,推动平台竞争治理的法治化。

第二节 数据从业人员行为规范

一、一般行为规范

为促进大数据行业健康持续发展,保护用户利益,规范大数据从业人员执业行为,树立从业人员的良好职业形象和维护行业声誉,提高从业人员专业服务水平,大数据从业人员还应严格遵守一般行为规范。

(一)爱岗敬业

爱岗敬业,是从业人员应该具备的一种基本要求。要求大数据从业人员应安心工作、热爱工作、献身所从的行业。在实际工作中积极进取,忘我工作,把好工作质量关。对工作认真负责和核实,认真进行分析工作的不足和积累经验。大数据从业人员在执业过程中应当维护用户和其他相关方的合法利益,诚实守信,勤勉尽责,维护行业声誉。大数据从业人员应具备从事相关业务活动所需的专业知识和技能,取得相应的从业资格,接受后续职业培训,维持专业胜任能力。

(二)实事求是

实事求是要求大数据从业人员应当办实事求实效,不能为了满足自己的私利或私欲而弄虚作假。大数据从业人员应当秉持公正理念,在数据采集和产品设计中不得将个人偏见带入其中。

(三)保障用户权益

大数据从业人员应依照相应的业务规范开展大数据产品研发、推广和使用,充分揭示其推荐产品或服务涉及的责任、义务及潜在法律风险、使用风险等。大数据从业人员应保守国家秘密、所在机构的商业秘密、客户的商业秘密及个人隐私。

(四)遵纪守法

遵纪守法是公民的基本义务,大数据从业人员在执业中应当遵守本行业的法律法规和基本纪律,以确保行为的合法性合规性。近些年来,我国加快了大数据行业的立法工作进程,法律体系更加健全。大数据从业人员应自觉遵守法律、行政法规,接受并配合监管部门的监督与管理,遵守大数据采集、流转、交易、使用及开发的所有关规则、所在机构的规章制度以及行业公认的职业道德和行为准则。大数据从业人员要积极学习法律法规，不得突破法律法规设定的底线。

二、特殊行为规范：以算法推荐为例

大数据行业的特殊性，要求大数据从业者应当遵循特殊行为规范。以《互联网信息服务算法推荐管理规定》为例，大数据从业者或者服务者应当遵守的大数据伦理有如下方面。

(一)科技向善，不得违反法律法规和社会伦理

算法推荐相关人员应当遵守的行为规范主要包括：

1. 提供算法推荐服务，应当遵守法律法规，尊重社会公德和伦理，遵守商业道德和职业道德，遵循公正公平、公开透明、科学合理和诚实信用的原则。算法推荐服务提供者应当坚持主流价值导向，优化算法推荐服务机制，积极传播正能量，促进算法应用向上向善。

2. 算法推荐服务提供者不得利用算法推荐服务从事危害国家安全和社会公共利益、扰乱经济秩序和社会秩序、侵犯他人合法权益等法律、行政法规禁止的活动。不得利用算法推荐服务传播法律、行政法规禁止的信息，应当采取措施防范和抵制传播不良信息。

3. 算法推荐服务提供者不得利用算法虚假注册账号、非法交易账号、操纵用户账号或者虚假点赞、评论、转发。不得利用算法屏蔽信息、过度推荐、操纵榜单或者检索结果排序、控制热搜或者精选等干预信息呈现，实施影响网络舆论或者规避监督管理行为。

4. 算法推荐服务提供者提供互联网新闻信息服务的，应当依法取得互联网新闻信息服务许可。规范开展互联网新闻信息采编发布服务、转载服务和传播平台服务，不得生成合成虚假新闻信息，不得传播非国家规定范围内的单位发布的新闻信息。

(二)公平公正，不得进行算法歧视和算法滥用

算法推荐服务提供者应该遵循以下行为规范：

1. 算法推荐服务提供者应当定期审核、评估、验证算法机制机理、模型、数据和应用结果等，不得设置诱导用户沉迷、过度消费等违反法律法规或者违背伦理道德的算法模型。

2. 算法推荐服务提供者应当加强用户模型和用户标签管理。完善记入用户模型的兴趣点规则和用户标签管理规则，不得将违法和不良信息关键词记入用户兴趣点或者作为用户标签并据以推送信息。

3. 算法推荐服务提供者应当加强算法推荐服务版面页面生态管理，建立完善人工干预和用户自主选择机制。在首页首屏、热搜、精选、榜单类、弹窗等重点环节积极呈现符合主流价值导向的信息。

(三)加强监管，采取措施防范违法信息传播

算法推荐服务提供者应当加强信息安全管理，建立健全用于识别违法和不良信息的特征库，完善入库标准、规则和程序。发现未做显著标识的算法生成合成信息的，应当做出显著标识后，方可继续传输。发现违法信息的，应当立即停止传输，采取消除等处置措施，防止信息扩散，保存有关记录，并向网信部门和有关部门报告。发现不良信息的，应当按照网络信息内容生态治理有关规定予以处置。

(四)透明开放，保障用户知情权和决定权

1. 算法推荐服务提供者综合运用内容去重、打散干预等策略，并优化检索、排序、选

择、推送、展示等规则的透明度和可解释性，避免对用户产生不良影响，预防和减少争议纠纷。

2. 算法推荐服务提供者应当以显著方式告知用户其提供算法推荐服务的情况，并以适当方式公示算法推荐服务的基本原理、目的意图和主要运行机制等。

3. 算法推荐服务提供者应当向用户提供不针对其个人特征的选项，或者向用户提供便捷的关闭算法推荐服务的选项。用户选择关闭算法推荐服务的，算法推荐服务提供者应当立即停止提供相关服务。算法推荐服务提供者应当向用户提供选择或者删除用于算法推荐服务的针对其个人特征的用户标签的功能。算法推荐服务提供者应用算法对用户权益造成重大影响的，应当依法予以说明并承担相应责任。

(五)特殊群体的保护义务

1. 算法推荐服务提供者向未成年人提供服务的，应当依法履行未成年人网络保护义务，并通过开发适合未成年人使用的模式、提供适合未成年人特点的服务等方式，便利未成年人获取有益身心健康的信息。算法推荐服务提供者不得向未成年人推送可能引发未成年人模仿不安全行为和违反社会公德行为、诱导未成年人不良嗜好等可能影响未成年人身心健康的信息，不得利用算法推荐服务诱导未成年人沉迷网络。

2. 算法推荐服务提供者向老年人提供服务的，应当保障老年人依法享有的权益。充分考虑老年人出行、就医、消费、办事等需求，按照国家有关规定提供智能化适老服务，依法开展涉电信网络诈骗信息的监测、识别和处置，便利老年人安全使用算法推荐服务。

3. 算法推荐服务提供者向劳动者提供工作调度服务的，应当保护劳动者取得劳动报酬、休息休假等合法权益。建立完善平台订单分配、报酬构成及支付、工作时间、奖惩等相关算法。

4. 算法推荐服务提供者向消费者销售商品或者提供服务的，应当保护消费者公平交易的权利，不得根据消费者的偏好、交易习惯等特征，利用算法在交易价格等交易条件上实施不合理的差别待遇等违法行为。

5. 算法推荐服务提供者应当设置便捷有效的用户申诉和公众投诉、举报入口，明确处理流程和反馈时限，及时受理、处理并反馈处理结果。

(六)算法服务提供者加强自律机制

1. 算法推荐服务提供者应当落实算法安全主体责任，建立健全算法机制机理审核、科技伦理审查、用户注册、信息发布审核、数据安全和个人信息保护、反电信网络诈骗、安全评估监测、安全事件应急处置等管理制度和技术措施，制定并公开算法推荐服务相关规则，配备与算法推荐服务规模相适应的专业人员和技术支撑。

2. 具有舆论属性或者社会动员能力的算法推荐服务提供者应当在提供服务之日起十个工作日内通过互联网信息服务算法备案系统填报服务提供者的名称、服务形式、应用领域、算法类型、算法自评估报告、拟公示内容等信息，履行备案手续。

3. 具有舆论属性或者社会动员能力的算法推荐服务提供者应当按照国家有关规定开展安全评估。

4. 算法推荐服务提供者应当依法留存网络日志，配合网信部门和电信、公安、市场监管等有关部门开展安全评估和监督检查工作，并提供必要的技术、数据等支持和协助。

三、案例分析

(一)交通运输新业态平台整改[①]

1. 事件脉络

2021 年 5 月 14 日上午，交通运输部、中央网信办、国家发展改革委、工业和信息化部、公安部、人力资源社会保障部、市场监管总局、国家信访局等交通运输新业态协同监管部际联席会议成员单位对 10 家交通运输新业态平台公司进行联合约谈。约谈指出，近期社会各界集中反映网约车平台公司抽成比例高、分配机制不公开透明、随意调整计价规则，以及互联网货运平台垄断货运信息、恶意压低运价、随意上涨会员费等问题，涉嫌侵害从业人员合法权益，引发社会广泛关注。约谈要求，各平台公司要正视自身存在的问题，认真落实企业主体责任，立即开展整改。需要整改的问题主要有：

(1)合理确定抽成比例和信息服务费水平。网约车平台公司要保障驾驶员的知情权和监督权，公开抽成比例，确保清晰透明易懂，通知司机乘客支付金额、司机劳动报酬、平台抽成比例等信息；平台公司要主动降低抽成比例，保障驾驶员劳动报酬。网络货运平台要合理设定并主动降低信息服务费、会员费水平，不得相互串通、操纵市场价格，严禁以回程货价格竞价。

(2)整改侵害从业人员权益的经营行为。平台公司在制定或调整计价规则、抽成比例、派单规则、会员费、竞价规则等关系从业人员利益的经营策略时，要提前与从业人员充分沟通；要主动公开定价机制和计价规则，规范价格行为；要持续优化派单机制，科学确定从业人员工作时长和劳动强度，避免超时劳动和疲劳驾驶。

(3)改善司机经营环境。要采取有效措施，保障从业人员就业、劳动安全、社会保险、职业培训等基本权益；要增强诚信意识，切实履行承诺，坚决避免侵害驾驶员权益的不诚信行为；要完善投诉机制，畅通驾驶员利益诉求渠道，及时回应合理诉求与关切，不得敷衍推诿。

交通运输新业态平台公司在促进灵活就业、提供便捷交通运输服务、盘活社会闲置资源、促进经济社会发展方面发挥着重要作用，但是交通运输新业态平台公司运营中存在的问题也要引起高度重视，诸如对从业人员的劳动报酬权、休息休假权、社会保障权等法律权利保障不够充分。这些交通运输新业态平台公司主要利用大数据、算法等程序设计，为从业人员分配业务，并进行实时监督。

2. 案例分析

算法设计程序过度强调效益最大化、效率最大化，而无视从业人员的权利诉求，产生诸多法律问题。对交通运输新业态平台公司的监管，不仅要从形式上要求平台公司遵守法律法规，而且要加强算法规制，要求平台公司在算法设计时应当朝着有利于保障劳动者劳动报酬权、休息休假权的方向进行调整。

算法推荐服务提供者不得利用算法对其他互联网信息服务提供者进行不合理限制，或者妨碍、破坏其合法提供的互联网信息服务正常运行，实施垄断和不正当竞争行为。

---

① 8 部门联合约谈 10 家交通运输新业态平台公司，中国政府网：http://www.gov.cn/xinwen/2021-05/16/content_5606813.htm，2022 年 7 月 20 日访问。

2022年2月，国家网信办等多部委联合制定的《互联网信息服务算法推荐管理规定》要求，算法推荐服务提供者向劳动者提供工作调度服务的，应当保护劳动者取得劳动报酬、休息休假等合法权益，建立完善平台订单分配、报酬构成及支付、工作时间、奖惩等相关算法。这就为加强算法规制，保障劳动者权利提供了法律依据。

（二）算法推荐侵权案[①]

1. 事件脉络

某在线视频平台（以下简称A平台）起诉另一短视频平台（以下简称T平台），A平台称其依法享有热播某影视作品在全球范围内独占的信息网络传播权，并为此支付了巨额的版权费用，有权针对侵权行为依法进行维权。该影视作品在A平台进行全网独家播出期间，播放量超过150亿，产生了巨大的热播效应。T平台未经授权，在该影视作品热播期间，通过其运营的App，利用信息流推荐技术，将用户上传的截取自该影视作品的短视频向公众传播并推荐，侵权播放量极高，其中单条最高播放量超过110万次。A平台认为T平台在应知或明知侵权内容的情况下，未尽到合理注意义务，存在主观过错，侵害了A平台对该影视作品享有的独家信息网络传播权。T平台辩称，A平台的证据不足以证明其对该影视作品享有独家信息网络传播权。涉案短视频由用户自行上传，T平台仅提供信息存储空间服务。T平台作为网络服务提供者，已尽到合理注意义务，不存在任何侵权的主观过错，不构成侵权。

法院认为，T平台具有充分的条件、能力和合理的理由知道其众多头条号用户大量地实施了涉案侵权行为，属于法律所规定的应当知道情形。T平台在本案中所采取的相关措施，尚未达到"必要"程度。T平台不仅仅是信息存储空间服务，而是同时提供了信息流推荐服务，理应对用户的侵权行为负有更高的注意义务。最终，T平台的涉案行为构成帮助侵权，并判定赔偿原告经济损失150万元及诉讼合理开支50万元，共计200万。

2. 案例分析

该案中，T平台向用户提供的并不仅仅是信息存储空间服务，而是同时提供了信息流推荐服务。涉案侵权短视频的大范围传播，是用户的侵权行为与上述两种服务相结合的结果。T平台以其服务特点和技术优势帮助用户在移动互联网上高效率地获得更多的曝光和关注的同时，也为自身获取了更多的流量和市场竞争优势等利益。但不容忽视的是，T平台更加先进和高效的服务也存在着提高侵权传播效率、扩大侵权传播范围、加重侵权传播后果的风险。正因为存在获取更多优势、利益与带来更大侵权风险并存的上述情况，T平台与不采用算法推荐、仅提供信息存储空间服务的其他经营者相比，理应对用户的侵权行为负有更高的注意义务。

为规范算法推荐行为，《互联网信息服务算法推荐管理规定》明确，"算法推荐服务提供者应当加强信息安全管理，建立健全用于识别违法和不良信息的特征库，完善入库标准、规则和程序"，"算法推荐服务提供者不得利用算法对其他互联网信息服务提供者进行不合理限制，或者妨碍、破坏其合法提供的互联网信息服务正常运行，实施垄断和不正当竞争行为"。

因此，网络服务提供者利用算法技术进行主动的内容推荐，以此获取高曝光、高流量

① 案情参见（2018）京0108民初49421号。

等竞争优势，理应承担更高的注意义务，采取更加行之有效的措施及手段，真正实现制止和预防侵权行为发生的效果。

第三节　思考与练习

一、单选题

1. 在数据收集、存储、使用、加工、传输、提供、公开等环节，严格遵守数据相关法律、标准与规范，提升数据的完整性、及时性、一致性、规范性和准确性等。这属于下属哪项原则（　　）。

A. 增强安全透明　　B. 提升数据质量

C. 强化自律意识　　D. 避免偏见歧视

答案：B

2.《新一代人工智能治理原则——发展负责任的人工智能》提出的和谐友好原则，不包括（　　）。

A. 应以增进人类共同福祉为目标；

B. 应符合人类的价值观和伦理道德；

C. 应以保障社会安全、尊重人类权益为前提，避免误用

D. 应促进共享发展，避免数据与平台垄断，鼓励开放有序竞争

答案：D

3. 人工智能开发中，不属于开放协作要求的是（　　）。

A. 鼓励跨学科、跨领域、跨地区、跨国界的交流合作

B. 推动国际组织、政府部门、科研机构、教育机构、企业、社会组织、公众在人工智能发展与治理中的协调互动

C. 开展国际对话与合作，推动形成具有广泛共识的国际人工智能治理框架和标准规范

D. 完善个人数据授权撤销机制，反对任何窃取、篡改、泄露和其他非法收集利用个人信息的行为

答案：D

4. 为提升数据质量，在数据收集、存储、使用、加工、传输、提供、公开等环节，严格遵守数据相关法律、标准与规范，提升数据的完整性、及时性、（　　）、规范性和准确性等。

A. 一致性　　B. 全面性　　C. 可靠性　　D. 可控性

答案：A

5. 公平公正原则，要求在数据获取、算法设计、技术开发、产品研发和应用过程中（　　）。

A. 消除偏见和歧视　　B. 保护隐私　　C. 协作治理　　D. 包容分享

答案：A

6. 人类根本利益原则，是指人工智能和大数据应用应以实现人类根本利益为终极目标。不属于人类根本利益原则内涵的是（　　）

A. 向善性　　B. 保障人的尊严
C. 隐私保护　　D. 实现商业价值最大化
答案:D

7.《新一代人工智能治理原则——发展负责任的人工智能》提出人工智能发展应当遵循敏捷治理。其中有关敏捷治理原则表述错误的是(　　)

A. 尊重人工智能发展规律,及时发现和解决可能引发的风险
B. 优化管理机制,推动治理原则贯穿人工智能产品和服务的全生命周期
C. 在数据获取、算法设计、技术开发、产品研发和应用过程中消除偏见和歧视
D. 对未来更高级人工智能的潜在风险持续开展研究和预判,确保人工智能始终朝着有利于社会的方向发展

答案:C

8. 以下不属于大数据研发阶段应当遵循的职业道德的是(　　)。

A. 强化自律意识,加强人工智能研发相关活动的自我约束,主动将人工智能伦理道德融入技术研发各环节
B. 提升数据质量,在数据收集、存储、使用、加工、传输、提供、公开等环节,严格遵守数据相关法律、标准与规范
C. 增强安全透明,在算法设计、实现、应用等环节,提升透明性、可解释性、可理解性、可靠性、可控性
D. 尊重市场规则,开展正当竞争。严格遵守市场准入、竞争、交易等活动的各种规章制度,积极维护市场秩序

答案:D

解答,D 选项属于大数据产品推广中的职业道德,ABC 选项属于大数据研发阶段的伦理道德。

9. 2021 年 11 月 16 日,国家网信办会同工业和信息化部、公安部、国家市场监督管理总局同意,联合制定的《互联网信息服务算法推荐管理规定》,属于下列哪种位阶的法律规范(　　)。

A. 部门规章　　B. 行政法规　　C. 法律　　D. 规范性文件

答案:A

10. 算法推荐应当符合科技向善的基本原则,不得违反法律法规和社会伦理。以下不属于科技向善要求的是(　　)。

A. 算法推荐服务提供者应当遵守法律法规,尊重社会公德和伦理,遵守商业道德和职业道德,遵循公正公平、公开透明、科学合理和诚实信用的原则
B. 算法推荐服务提供者应当坚持主流价值导向,优化算法推荐服务机制,积极传播正能量,促进算法应用向上向善
C. 算法推荐服务提供者不得利用算法推荐服务从事危害国家安全和社会公共利益、扰乱经济秩序和社会秩序、侵犯他人合法权益等法律、行政法规禁止的活动
D. 算法推荐服务提供者可以利用算法操纵用户账号或者虚假点赞、评论、转发,实施影响网络舆论或者规避监督管理行为

答案:D

二、多选题

1.《新一代人工智能伦理规范》规定,人工智能要保护隐私安全,这就要做到(　　)。

A. 充分尊重个人信息知情、同意等权利

B. 依照合法、正当、必要和诚信原则处理个人信息

C. 保障个人隐私与数据安全

D. 不得损害个人合法数据权益

E. 不得以窃取、篡改、泄露等方式非法收集利用个人信息

答案:ABCDE

2. 下列属于大数据产品研发阶段中的职业道德有(　　)。

A. 提升数据质量　　B. 增强安全透明

C. 强化自律意识　　D. 避免偏见歧视

E. 开展正当竞争

答案:ABCD

3. 向善性是指人工智能的目的不应违背人类伦理道德的基本方向,在使用过程中不作恶。向善性的要求有(　　)。

A. 促进人类发展　　B. 保护个人权利

C. 促进社会利益　　D. 商业价值最大化

E. 个人利益最大化

答案:ABC

4. 透明度原则的实现有赖于人工智能算法(　　)。

A. 可解释性　　B. 可验证性　　C. 可复制

D. 可预测性　　E. 可监管性

答案:ABCD

5. 为确保人工智能伦理和大数据伦理的实现,在研发阶段应当遵循的职业道德有(　　)。

A. 强化自律意识,主动将人工智能伦理道德融入技术研发各环节

B. 提升数据质量,在数据收集、存储、使用、加工、传输、提供、公开等环节,严格遵守数据相关法律、标准与规范

C. 增强安全透明,在算法设计、实现、应用等环节,提升透明性、可解释性、可理解性、可靠性、可控性

D. 避免偏见歧视,在数据采集和算法开发中,加强伦理审查,充分考虑差异化诉求

E. 信任数据安全,尽可能减少干预

答案:ABCD

6. 以下关于数据透明度原则的表述正确的有(　　)

A. 人工智能的设计应保证人类了解自主决策系统的工作原理,预测其输出结果

B. 透明度原则的实现有赖于人工智能算法的可解释性、可验证性和可预测性。

C. 数据来源透明度对实现透明性原则至关重要

D. 努力克服数据开发中的数据隐含的倾向或者偏见问题

E. 数据来源并非数据透明性原则关注的重点

答案:ABCD

7. 2021年9月25日,国家新一代人工智能治理专业委员会发布的《新一代人工智能伦理规范》旨在将伦理道德融入人工智能全生命周期,提出人工智能各类活动应遵循以下基本伦理规范(　　)

A. 增进人类福祉　　B. 促进公平公正

C. 保护隐私安全　　D. 确保可控可信

E. 强化责任担当

答案:ABCDE

8.《新一代人工智能伦理规范》提出大数据风险管理方面应当遵循的伦理原则主要有(　　)。

A. 推动敏捷治理　　B. 积极实践示范

C. 正确行权用权　　D. 加强风险防范

E. 促进包容开放

答案:ABCDE

9. 人工智能、大数据产品使用阶段应当遵循的职业道德有(　　)。

A. 善意使用,促进公共利益　　B. 避免误用滥用,减少不当侵害

C. 禁止违规恶用,不得从事违法犯罪　　D. 及时主动反馈,促进技术革新

E. 提高使用能力,提升使用效能

答案:ABCDE

10. 为促进大数据行业健康持续发展,保护用户利益,规范大数据从业人员执业行为,树立从业人员的良好职业形象和维护行业声誉,提高从业人员专业服务水平,大数据从业人员应严格遵守的一般行为规范主要有(　　)。

A. 敬业精神,大数据从业人员应安心工作、热爱工作、献身所从的行业;

B. 实事求是,大数据从业人员应当办实事求实效,秉持公正理念;

C. 保障用户权益,大数据从业人员应依照相应的业务规范开展大数据产品研发、推广和使用;

D. 遵守法律,大数据从业人员在执业中应当遵守本行业的法律法规和基本纪律;

E. 遵守公司章程,并将公司章程作为优先于法律法规的行为准则;

答案:ABCD

三、填空题

1.(　　)是指在人工智能、大数据的设计和应用中应当保证能够实现问责。

答案:权责一致原则

2. 人工智能发展中,要坚持人类是最终责任主体,在人工智能全生命周期各环节自省自律,建立人工智能(　　),不回避责任审查,不逃避应负责任。

答案:问责机制

3. 在人工智能、大数据产品的推广应用中，应当为用户选择使用或退出人工智能模式提供简便易懂的解决方案，不得为用户(　　)使用人工智能、大数据产品设置障碍。

答案是:平等

4.《互联网信息服务算法推荐管理规定》的发布表明中国对算法推荐服务的治理路径逐渐清晰，(　　)的中国道路悄然成型。

答案:算法协同治理

5. 算法推荐服务提供者向劳动者提供工作调度服务的，应当保护劳动者取得劳动报酬、(　　)等合法权益。

答案:休息休假

参考文献

[1]托马斯－达文波特，金镇浩著，盛杨燕译．成为数据分析师—6步练就数据思维[M]．浙江：浙江人民出版社，2018.

[2]甘博，王珊珊，邢海燕．计算机应用基础[M]．北京：北京理工大学出版社，2021.

[3] Ethem Alpaydin. Introduction to Machine Learning [M]. Cambridge: MIT Press，2010.

[4]康跃．运筹学[M]．北京：首都经济贸易大学出版社，2005.

[5]康跃．智能技术基础及应用[M]．北京：首都经济贸易大学出版社，2021.

[6]杨合庆．中华人民共和国网络安全法解读[M]．北京：中国法制出版社，2017.

[7]郭锐．人工智能的伦理和治理[M]．北京：法律出版社，2020.

[8]程啸．个人信息保护法理解与适用[M]．北京：中国法制出版社，2021.

[9]杨合庆．中华人民共和国个人信息保护法释义[M]．北京：法律出版社，2022.